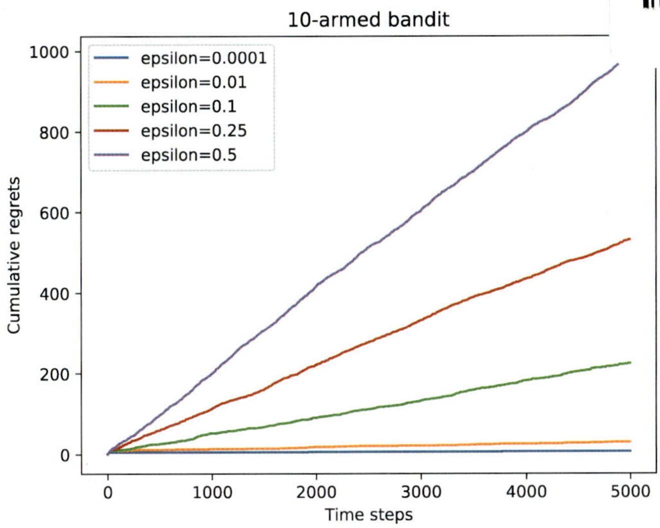
10-armed bandit
epsilon=0.0001
epsilon=0.01
epsilon=0.1
epsilon=0.25
epsilon=0.5
Cumulative regrets
Time steps
0
200
400
600
800
1000
0
1000
2000
3000
4000
5000

图 1

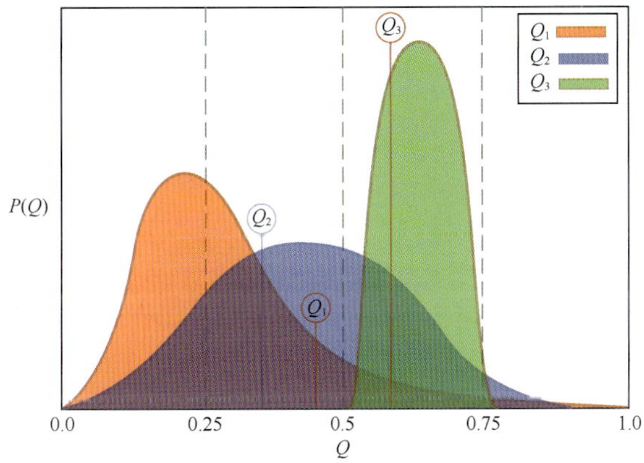
Q_1
Q_2
Q_3
$P(Q)$
Q
0.0
0.25
0.5
0.75
1.0

图 2

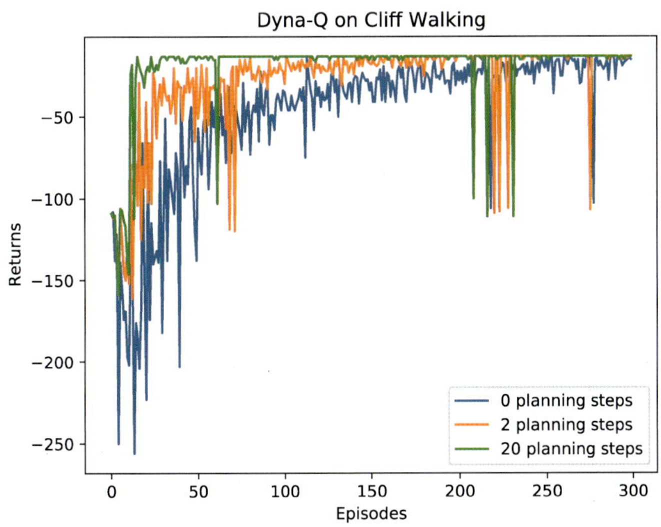
Dyna-Q on Cliff Walking
0 planning steps
2 planning steps
20 planning steps
Returns
Episodes
−50
−100
−150
−200
−250
0
50
100
150
200
250
300

图 3

状态价值
动作优势值
状态价值
动作优势值

图 4

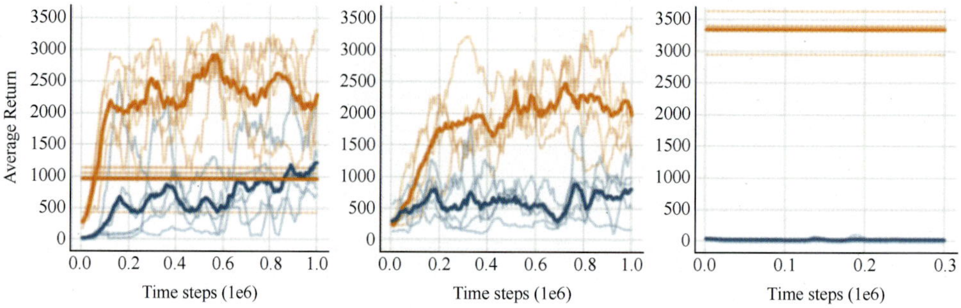
Average Return
3500
3000
2500
2000
1500
1000
500
0
0.0 0.2 0.4 0.6 0.8 1.0
Time steps (1e6)
0.0 0.1 0.2 0.3

图 5

新一代人工智能实战型人才培养系列教程

动手学

强化学习

HANDS-ON REINFORCEMENT LEARNING

张伟楠 沈键 俞勇 著

人民邮电出版社

北京

图书在版编目（CIP）数据

动手学强化学习 / 张伟楠，沈键，俞勇著. -- 北京：人民邮电出版社，2022.5
ISBN 978-7-115-58451-9

Ⅰ. ①动… Ⅱ. ①张… ②沈… ③俞… Ⅲ. ①机器学习 Ⅳ. ①TP181

中国版本图书馆CIP数据核字(2021)第276323号

内容提要

本书系统地介绍了强化学习的原理和实现，是一本理论扎实、落地性强的教材。

本书包含3个部分：第一部分为强化学习基础，讲解强化学习的基础概念和表格型强化学习方法；第二部分为强化学习进阶，讨论深度强化学习的思维方式、深度价值函数和深度策略学习方法；第三部分为强化学习前沿，介绍学术界在深度强化学习领域的主要关注方向和前沿算法。同时，本书提供配套的线上代码实践平台，展示源码的编写和运行过程，让读者进一步掌握强化学习算法的运行机制。

本书理论与实践并重，在介绍强化学习理论的同时，辅之以线上代码实践平台，帮助读者通过实践加深对理论的理解。本书适合对强化学习感兴趣的高校教师、学生用作教材或专业学习读物，也适合相关行业的开发和研究人员阅读、实践。

◆ 著　　张伟楠　沈　键　俞　勇
责任编辑　刘雅思
责任印制　王　郁　胡　南

◆ 人民邮电出版社出版发行　　北京市丰台区成寿寺路11号
邮编　100164　　电子邮件　315@ptpress.com.cn
网址　https://www.ptpress.com.cn
固安县铭成印刷有限公司印刷

◆ 开本：787×1092　1/16　　彩插：1
印张：16.25　　2022年5月第1版
字数：388千字　　2025年12月河北第27次印刷

定价：89.90元

读者服务热线：(010)81055410　印装质量热线：(010)81055316
反盗版热线：(010)81055315

作 者 简 介

张伟楠，上海交通大学副教授，博士生导师，ACM 班机器学习、强化学习课程授课老师，吴文俊人工智能优秀青年奖、达摩院青橙奖得主，获得中国科协“青年人才托举工程”支持。他的科研领域包括强化学习、数据挖掘、知识图谱、深度学习以及这些技术在推荐系统、搜索引擎、文本分析等场景中的应用。他在国际一流会议和期刊上发表了 100 余篇相关领域的学术论文，于 2016 年在英国伦敦大学学院（UCL）计算机系获得博士学位。

沈键，上海交通大学 APEX 实验室博士生，师从俞勇教授，研究方向为深度学习、强化学习和教育数据挖掘。在攻读博士期间，他以第一作者身份发表机器学习国际顶级会议 NeurIPS、AAAI 论文，参与发表多篇机器学习和数据挖掘国际顶级会议（包括 ICML、IJCAI、SIGIR、KDD、AISTATS 等）论文，并担任多个国际顶级会议和 SCI 学术期刊的审稿人。

俞勇，享受国务院特殊津贴专家，国家级教学名师，上海交通大学特聘教授，APEX 实验室主任，上海交通大学 ACM 班创始人。俞勇教授曾获得首批“国家高层次人才特殊支持计划”教学名师、“上海市教学名师奖”“全国师德标兵”“上海交通大学校长奖”和“最受学生欢迎教师”等荣誉。他于 2018 年创办了伯禹人工智能学院，在上海交通大学 ACM 班人工智能专业课程体系的基础上，对 AI 课程体系进行创新，致力于培养卓越的 AI 算法工程师和研究员。

前 言

本书写作目的

随着人工智能技术的日渐普及，人们对人工智能的期待越来越高，希望人工智能完成的任务也越来越多样化。在过去十多年的发展中，基于机器学习的智能检测和智能预测类的人工智能技术快速发展。例如，在门禁系统中应用的人脸活体检测、在个性化信息流推荐中应用的用户兴趣预测已成为人们日常生活中不可或缺的技术。如今，在这些成熟的人工智能技术基础上，服务于决策智能的技术变得越来越重要，这背后对应机器学习领域下的一个分支——强化学习。目前强化学习技术已经在机器人控制、游戏智能、智慧城市、推荐系统、能源优化等领域得到广泛应用，发展前景广阔，业界对强化学习人才的需求量也与日俱增。但是，强化学习的普及教育较为滞后，不少高校仍未开设强化学习课程，学生迫切需要一条系统学习强化学习技术的专业路径。

本书的作者之一张伟楠副教授在上海交通大学致远学院、电子信息与电气工程学院为大三本科生开设了强化学习课程。目前这两个学院的强化学习课程在学生的培养方案中皆占 2 学分，包含授课和实验学时。在授课和批改学生的课程作业的过程中，我们发现强化学习对学生和老师来说都是一个难度较大的科目。对于学生，强化学习的理论属于机器学习大科目中的进阶内容，涉及的数学内容比一般的有监督学习更加复杂，并且真正理解这些内容离不开第一手的编程和调试经验。例如，在 Q-learning 算法中，如果直接学习函数 Q 的更新公式，很难看出它可能会出现过高价值估计的问题，更难以理解为何这种过高价值估计在深度强化学习任务下总是导致学习失败。只有通过实验对比，学生才能真切体会双 Q 函数给这种过高价值估计带来的减缓效益。对于老师，要做好强化学习的教学工作，将强化学习的理论原理和实践经验在 2 学分的课程中讲透，实属不易。部分学生反映强化学习的理论难度大、授课节奏快；部分学生反馈理论授课内容和课程作业的差距太大，无法轻松衔接。总体来说，要想扎实掌握强化学习技术，离不开动手实践，而市面上目前尚未见到集强化学习原理和动手实践于一体的权威图书。

在 2021 年春季致远学院 ACM 班的强化学习课程中，我们尝试以在线 Python Notebook 的形式为学生提供课程辅助材料和代码小作业。对于一个强化学习主题单元，我们将原理讲解部分（包括配图和公式）与对应的代码实践部分耦合，使学生在学习完一个原理知识点后能立即以代码实践的形式学习其实现方式。更重要的是，这样的代码块可以直接在线运行和修改，也就是说学生可以在一个 Notebook 里完成对一个强化学习主题单元的原理学习和代码实践。从学生的反馈来看，这样的学习方式能帮助他们更好地将理论知识点与实践能力点对应，也能帮助老师更高效地授课、布置和批改作业。随后，在 2021 年秋季电子信息与电气工程学院人工智能专业的强化学习课程中，我们通过在线平台向学生完全公开了学习材料，并以“动手学强化学习”作为主要的课后学习形式，这种形式获得了学生更加积极的反馈。

基于在强化学习研究和教学中的浅薄经验，我们写作了这本《动手学强化学习》，旨在探索一种更好的强化学习教学方式，为我国人工智能人才的培养贡献一份力量。

本书使用方法

本书每一章都由一个 Python Notebook 组成，Notebook 中包括强化学习相关概念的定义、理论分析、算法过程和可运行代码。读者可以根据自己的需求自行选择感兴趣的部分阅读。例如，只想学习各个算法的整体思想而不关注具体实现细节的读者，可以只阅读除代码以外的文字部分；已经了解算法原理，只想动手进行代码实践的读者，可以只关注代码的具体实现部分。

本书面向的读者主要是对强化学习感兴趣的高校学生（无论是本科生、研究生还是博士生）、教师、企业研究员及工程师。在阅读本书之前，读者需要掌握一些基本的数学概念和机器学习的基础知识（如概率论和神经网络等）。

本书共包含强化学习基础、强化学习进阶和强化学习前沿三大部分。由于篇幅原因，我们只对这些前沿的强化学习研究进行较为简单的介绍，其中每个方向扩展开来都可以单独整理成一本专著。在本书的阅读和学习过程中，若读者对某一方向比较感兴趣，可以通过阅读相关论文进行更加全面、深入的了解。

本书可以作为高校强化学习课程的教材或者教辅材料。本书的“强化学习基础”部分可以支撑普通人工智能课程中关于强化学习的教学，“强化学习基础”和“强化学习进阶”两个部分可以支撑本科阶段的强化学习课程教学，本书的完整内容则可以支撑硕士和博士阶段的强化学习课程教学。

本书提供的代码都是基于 Python 3 编写的，因此读者需要具有一定的 Python 编程基础。此外，考虑到目前 PyTorch 机器学习框架比较受欢迎，本书中的代码在涉及自动求导时皆使用 PyTorch 框架实现。每一份示例代码中都包含可以由读者自行设置的变量，方便读者进行修改并观察相应的结果，从而加深对算法的理解。在代码的编写过程中，我们把一些重复的功能性代码整理在 rl_utils.py 文件中（可以在仓库 https://github.com/boyu-ai/Hands-on-RL 中找到），以方便在各个 Notebook 中调用。书中会尽可能对一些关键代码进行注释，但我们也深知无法将每行代码都解释清楚，还望读者在代码学习过程中多加思考，甚至翻阅一些其他资料，以做到完全理解。

我们为本书录制了在线视频课程，读者可扫描书中的二维码进行学习，也可在https://hrl.boyuai.com/网站中进行学习。

由于能力和精力有限，我们在撰写本书的过程中难免会出现一些小问题，如有不当之处，恳请读者批评指正，以便再版时修改完善。希望每一位读者在学习完本书之后都能有所收获，也许它能帮你了解强化学习的整体思想，也许它能帮你更加熟练地进行强化学习的代码实践，也许它能帮你开始更深层次的强化学习课题研究。无论是哪一种，对我们来说都是莫大的荣幸。

致谢

由衷感谢上海交通大学 APEX 数据和知识管理实验室强化学习小组的同学们为本书做出的卓越贡献，他们是：王可容、王航宇、刘伟、郭睿涵、张志成、张扬天、何泰然、吴润哲、赵寒烨、陈程、陈铭城、周铭、王锡淮、赖行、朱梦辉、万梓煜等。

感谢上海交通大学设计学院的刘天一同学为本书绘制的插图。

感谢伯禹教育的殷力昂、陆观、田园、张惠楚对本书进行了审阅并提出了十分宝贵的建议。

感谢上海交通大学致远学院 ACM 班、电子信息与电气工程学院人工智能专业的同学们对本书涉及的授课教案和代码做出的早期反馈，这让我们能更好地把握学生在学习过程中真正关心的问题和可能面临的困难，进而对本书内容做出及时的改进。

感谢和鲸平台、亚马逊 AWS 云计算、RLChina 学习社区以及 Datawhale 学习社区对本书的大力支持。

资源与支持

本书由异步社区出品，社区（https://www.epubit.com/）为您提供相关资源和后续服务。

读者服务

您可以扫描右侧的二维码，添加异步助手为好友，并发送“58451”获取异步社区服务。

如果您是教师，希望获得教学配套资源，请在社区本页面中直接联系本书的责任编辑。

提交勘误

作者和编辑尽最大努力来确保书中内容的准确性，但难免会存在疏漏。欢迎您将发现的问题反馈给我们，帮助我们提升图书的质量。

当您发现错误时，请登录异步社区，按书名搜索，进入本书页面，单击“提交勘误”，输入勘误信息，单击“提交”按钮即可。本书的作者和编辑会对您提交的勘误进行审核，确认并接受后，您将获赠异步社区的 100 积分。积分可用于在异步社区兑换优惠券、样书或奖品。

扫码关注本书

扫描下方二维码，您将会在异步社区微信服务号中看到本书信息及相关的服务提示。

与我们联系

我们的联系邮箱是 contact@epubit.com.cn。

如果您对本书有任何疑问或建议，请您发邮件给我们，并请在邮件标题中注明本书书名，以便我们更高效地做出反馈。

如果您有兴趣出版图书、录制教学视频，或者参与图书技术审校等工作，可以发邮件给本书的责任编辑（liuyasi@ptpress.com.cn）。

如果您来自学校、培训机构或企业，想批量购买本书或异步社区出版的其他图书，也可以发邮件给我们。

如果您在网上发现有针对异步社区出品图书的各种形式的盗版行为，包括对图书全部或部分内容的非授权传播，请您将怀疑有侵权行为的链接通过邮件发给我们。您的这一举动是对作者权益的保护，也是我们持续为您提供有价值的内容的动力之源。

关于异步社区和异步图书

“异步社区”是人民邮电出版社旗下 IT 专业图书社区，致力于出版精品 IT 图书和相关学习产品，为作译者提供优质出版服务。异步社区创办于 2015 年 8 月，提供大量精品 IT 图书和电子书，以及高品质技术文章和视频课程。更多详情请访问异步社区官网 https://www.epubit.com。

“异步图书”是由异步社区编辑团队策划出版的精品 IT 专业图书的品牌，依托于人民邮电出版社的计算机图书出版积累和专业编辑团队，相关图书在封面上印有异步图书的 LOGO。异步图书的出版领域包括软件开发、大数据、AI、测试、前端、网络技术等。

异步社区　　　　微信服务号

目　录

第一部分　强化学习基础

第二部分 强化学习进阶

第三部分 强化学习前沿

第一部分

强化学习基础

第1章

初探强化学习

1.1 简介

扫码观看视频课程

亲爱的读者，欢迎来到强化学习的世界。初探强化学习，你是否充满了好奇和期待呢？我们想说，首先感谢你的选择，学习本书不仅能够帮助你理解强化学习的算法原理，提高代码实践能力，更能让你了解自己是否喜欢决策智能这个方向，从而更好地决策未来是否从事人工智能方面的研究和实践工作。人生中充满选择，每次选择就是一次决策，我们正是从一次次决策中，把自己带领到人生的下一段旅程中。在回忆往事时，我们会对生命中某些时刻的决策印象深刻："还好我当时选择了读博，我在那几年找到了自己的兴趣所在，现在我能做自己喜欢的工作！""唉，当初我要是去那家公司实习就好了，在那里做的技术研究现在带来了巨大的社会价值。"通过这些反思，我们或许能领悟一些道理，变得更加睿智和成熟，以更积极的精神来迎接未来的选择和成长。

在机器学习领域，有一类重要的任务和人生选择很相似，即序贯决策（sequential decision making）任务。决策和预测任务不同，决策往往会带来"后果"，因此决策者需要为未来负责，在未来的时间点做出进一步的决策。实现序贯决策的机器学习方法就是本书讨论的主题——强化学习（reinforcement learning）。预测仅仅产生一个针对输入数据的信号，并期望它和未来可观测到的信号一致，这不会使未来情况发生任何改变。

本章主要讨论强化学习的基本概念和思维方式。希望通过本章的讨论，读者能了解强化学习在解决什么任务，其基本的数学刻画是什么样的，学习的目标是什么，以及它和预测型的有监督学习方法有什么根本性的区别。而关于如何设计强化学习算法，我们会在接下来的章节里面细细讨论。

1.2 什么是强化学习

广泛地讲，强化学习是机器通过与环境交互来实现目标的一种计算方法。机器和环境的一轮交互是指，机器在环境的一个状态下做一个动作决策，把这个动作作用到环境当中，这个环境发生相应的改变并且将相应的奖励反馈和下一轮状态传回机器。这种交互是迭代进行的，机器的目标是最大化在多轮交互过程中获得的累积奖励的期望。强化学习用智能体（agent）这个概念来表示做决策的机器。相比于有监督学习中的“模型”，强化学习中的“智能体”强调机器不但可以感知周围的环境信息，还可以通过做决策来直接改变这个环境，而不只是给出一些预测信号。

智能体和环境之间具体的交互方式如图 1-1 所示。在每一轮交互中，智能体感知到环境目前所处的状态，经过自身的计算给出本轮的动作，将其作用到环境中；环境得到智能体的动作后，产生相应的即时奖励信号并发生相应的状态转移。智能体则在下一轮交互中感知到新的环境状态，依次类推。

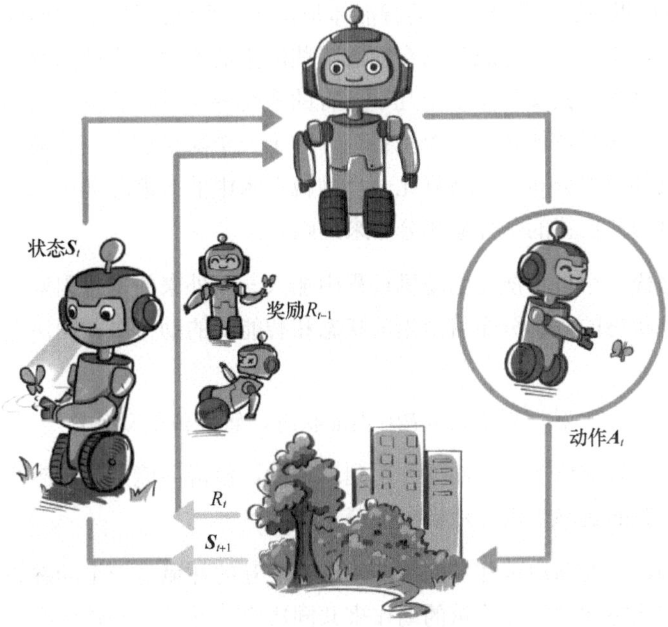

图 1-1　强化学习中智能体和环境之间的迭代式交互

这里，智能体有 3 种关键要素，即感知、决策和奖励。

- 感知。智能体在某种程度上感知环境的状态，从而知道自己所处的现状。例如，下围棋的智能体感知当前的棋盘情况；无人车感知周围道路的车辆、行人和红绿灯等情况；机器狗通过摄像头感知面前的图像，通过脚底的力学传感器来感知地面的摩擦功率和倾斜度等情况。
- 决策。智能体根据当前的状态计算出达到目标需要采取的动作的过程叫作决策。例如，针对当前的棋盘决定下一颗落子的位置；针对当前的路况，无人车计算出方向盘的角度和刹车、油门的力度；针对当前收集到的视觉和力觉信号，机器狗给出 4 条腿的齿轮的角速度。策略是智能体最终体现出的智能形式，是不同智能体之间的核心区别。
- 奖励。环境根据状态和智能体采取的动作，产生一个标量信号作为奖励反馈。这个标量信号衡量智能体这一轮动作的好坏。例如，围棋博弈是否胜利；无人车是否安全、平稳且快速地行驶；机器狗是否在前进而没有摔倒。最大化累积奖励期望是智能体提升策略的目标，也是衡量智能体策略好坏的关键指标。

从以上分析可以看出，面向决策任务的强化学习和面向预测任务的有监督学习在形式上是有不少区别的。首先，决策任务往往涉及多轮交互，即序贯决策；而预测任务总是单轮的独立任务。如果决策也是单轮的，那么它可以转化为“判别最优动作”的预测任务。其次，因为决策任务是多轮的，智能体就需要在每轮做决策时考虑未来环境相应的改变，所以当前轮带来最大奖励反馈的动作，在长期来看并不一定是最优的。

1.3 强化学习的环境

我们从 1.2 节可以看到，强化学习的智能体是在和一个动态环境的交互中完成序贯决策的。我们说一个环境是动态的，意思就是它会随着某些因素的变化而不断演变，这在数学和物理中往往用随机过程来刻画。其实，生活中几乎所有的系统都在进行演变，例如一座城市的交通、一片湖中的生态、一场足球比赛、一个星系等。对于一个随机过程，其最关键的要素就是状态以及状态转移的条件概率分布。这就好比一个微粒在水中的布朗运动可以由它的起始位置以及下一刻的位置相对当前位置的条件概率分布来刻画。

如果在环境这样一个自身演变的随机过程中加入一个外来的干扰因素，即智能体的动作，那么环境的下一刻状态的概率分布将由当前状态和智能体的动作来共同决定，用最简单的数学公式表示则是

$$\text{下一刻状态} \sim P(\cdot \mid \text{当前状态，智能体的动作})$$

根据上式可知，智能体决策的动作作用到环境中，使得环境发生相应的状态改变，而智能体接下来则需要在新的状态下进一步给出决策。

由此我们看到，与面向决策任务的智能体进行交互的环境是一个动态的随机过程，其未来状态的分布由当前状态和智能体决策的动作来共同决定，并且每一轮状态转移都伴随着两方面的随机性：一是智能体决策的动作的随机性，二是环境基于当前状态和智能体动作来采样下一刻状态的随机性。通过对环境的动态随机过程的刻画，我们能清楚地感受到，在动态随机过程中学习和在一个固定的数据分布下学习是非常不同的。

1.4 强化学习的目标

在上述动态环境下，智能体和环境每次进行交互时，环境会产生相应的奖励信号，其往往由实数标量来表示。这个奖励信号一般是诠释当前状态或动作的好坏的及时反馈信号，好比在玩游戏的过程中某一个操作获得的分数值。整个交互过程的每一轮获得的奖励信号可以进行累加，形成智能体的整体回报（return），好比一盘游戏最后的分数值。根据环境的动态性我们可以知道，即使环境和智能体策略不变，智能体的初始状态也不变，智能体和环境交互产生的结果也很可能是不同的，对应获得的回报也会不同。因此，在强化学习中，我们关注回报的期望，并将其定义为价值（value），这就是强化学习中智能体学习的优化目标。

价值的计算有些复杂，因为需要对交互过程中每一轮智能体采取动作的概率分布和环境相

应的状态转移的概率分布做积分运算。强化学习和有监督学习的学习目标其实是一致的，即在某个数据分布下优化一个分数值的期望。不过，经过后面的分析我们会发现，强化学习和有监督学习的优化途径是不同的。

1.5 强化学习中的数据

接下来我们从数据层面谈谈有监督学习和强化学习的区别。

有监督学习的任务建立在从给定的数据分布中采样得到的训练数据集上，通过优化在训练数据集中设定的目标函数（如最小化预测误差）来找到模型的最优参数。这里，训练数据集背后的数据分布是完全不变的。

在强化学习中，数据是在智能体与环境交互的过程中得到的。如果智能体不采取某个决策动作，那么该动作对应的数据就永远无法被观测到，所以当前智能体的训练数据来自之前智能体的决策结果。因此，智能体的策略不同，与环境交互所产生的数据分布就不同，如图 1-2 所示。

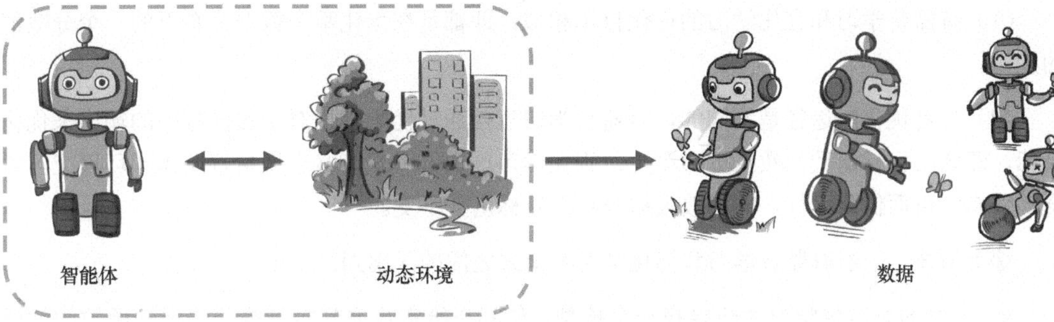

图 1-2 强化学习中智能体与环境交互产生相应的数据分布

具体而言，强化学习中有一个关于数据分布的概念，叫作**占用度量**（occupancy measure），其具体的数学定义和性质会在第 3 章讨论，在这里我们只做简要的陈述：归一化的占用度量用于衡量在一个智能体决策与一个动态环境的交互过程中，采样到一个具体的状态动作对（state-action pair）的概率分布。

占用度量有一个很重要的性质：给定两个策略及其与一个动态环境交互得到的两个占用度量，那么当且仅当这两个占用度量相同时，这两个策略相同。也就是说，如果一个智能体的策略有所改变，那么它和环境交互得到的占用度量也会相应改变。

根据占用度量这一重要的性质，我们可以领悟到强化学习本质的思维方式。

（1）强化学习的策略在训练中会不断更新，其对应的数据分布（即占用度量）也会相应地改变。因此，强化学习的一大难点就在于，智能体看到的数据分布是随着智能体的学习而不断发生改变的。

（2）由于奖励建立在状态动作对之上，一个策略对应的价值其实就是一个占用度量下对应的奖励的期望，因此寻找最优策略对应着寻找最优占用度量。

1.6 强化学习的独特性

通过前面 5 节的讲解，读者现在应该已经对强化学习的基本数学概念有了一定的了解。这里我们回过头来再看看一般的有监督学习和强化学习的区别。

对于一般的有监督学习任务，我们的目标是找到一个最优的模型函数，使其在训练数据集上最小化一个给定的损失函数。在训练数据独立同分布的假设下，这个优化目标表示最小化模型在整个数据分布上的*泛化误差*（generalization error），用简要的公式可以概括为：

$$\text{最优模型} = \arg\min_{\text{模型}} \mathrm{E}_{(\text{特征},\,\text{标签})\sim\text{数据分布}}[\text{损失函数}(\text{标签},\,\text{模型}(\text{特征}))]$$

相比之下，强化学习任务的最终优化目标是最大化智能体策略在和动态环境交互过程中的价值。根据 1.5 节的分析，策略的价值可以等价转换成奖励函数在策略的占用度量上的期望，即：

$$\text{最优策略} = \arg\max_{\text{策略}} \mathrm{E}_{(\text{状态},\text{动作})\sim\text{策略的占用度量}}[\text{奖励函数}(\text{状态},\text{动作})]$$

观察以上两个优化公式，我们可以回顾 1.4 节，总结出两者的相似点和不同点。

（1）有监督学习和强化学习的优化目标相似，即都是在优化某个数据分布下的一个分数值的期望。

（2）二者优化的途径是不同的，有监督学习直接通过优化模型对于数据特征的输出来优化目标，即修改目标函数而数据分布不变；强化学习则通过改变策略来调整智能体和环境交互数据的分布，进而优化目标，即修改数据分布而目标函数不变。

综上所述，一般有监督学习和强化学习的范式之间的区别为：

- 一般的有监督学习关注寻找一个模型，使其在给定数据分布下得到的损失函数的期望最小；
- 强化学习关注寻找一个智能体策略，使其在与动态环境交互的过程中产生最优的数据分布，即最大化该分布下一个给定奖励函数的期望。

1.7 小结

本章通过简短的篇幅，大致介绍了强化学习的样貌，梳理了强化学习和有监督学习在范式以及思维方式上的相似点和不同点。在大多数情况下，强化学习任务往往比一般的有监督学习任务更难，因为一旦策略有所改变，其交互产生的数据分布也会随之改变，并且这样的改变是高度复杂、不可追踪的，往往不能用显式的数学公式刻画。这就好像一个混沌系统，我们无法得到其中一个初始设置对应的最终状态分布，而一般的有监督学习任务并没有这样的混沌效应。

好了，接下来该是我们躬身入局，通过理论学习和代码实践来学习强化学习的时候了。你准备好了吗？我们开始吧！

第 2 章 多臂老虎机问题

2.1 简介

我们在第 1 章中了解到，强化学习关注智能体和环境交互过程中的学习，这是一种试错型学习（trial-and-error learning）范式。在正式学习强化学习之前，我们需要先了解多臂老虎机问题，它可以被看作简化版的强化学习问题。与强化学习不同，多臂老虎机不存在状态信息，只有动作和奖励，算是最简单的“和环境交互中的学习”的一种形式。多臂老虎机中的探索与利用（exploration vs. exploitation）问题一直以来都是一个特别经典的问题，理解它能够帮助我们学习强化学习。

2.2 问题介绍

2.2.1 问题定义

在多臂老虎机（multi-armed bandit，MAB）问题（见图 2-1）中，有一个拥有 K 根拉杆的老虎机，拉动每一根拉杆都对应一个关于奖励的概率分布 $\mathcal{R}$ 。我们每次拉动其中一根拉杆，就可以从该拉杆对应的奖励概率分布中获得一个奖励 r。我们在各根拉杆的奖励概率分布未知的情况下，从头开始尝试，目标是在操作 T 次拉杆后获得尽可能高的累积奖励。由于奖励的概率分布是未知的，因此我们需要在“探索拉杆的获奖概率”和“根据经验选择获奖最多的拉杆”中进行权衡。“采用怎样的操作策略才能使获得的累积奖励最高”便是多臂老虎机问题。如果是你，会怎么做呢？

图 2-1 多臂老虎机

2.2.2 形式化描述

多臂老虎机问题可以表示为一个元组 $\langle \mathcal{A},\mathcal{R} \rangle$，其中：

- $\mathcal{A}$ 为动作集合，其中一个动作表示拉动一根拉杆，若多臂老虎机一共有 K 根拉杆，那动作空间就是集合 $\{\boldsymbol{a}_1,\cdots,\boldsymbol{a}_i,\cdots,\boldsymbol{a}_K\}$，我们用 $\boldsymbol{a}_t \in \mathcal{A}$ 表示任意一个动作；
- $\mathcal{R}$ 为奖励概率分布，拉动每一根拉杆的动作 $\boldsymbol{a}$ 都对应一个奖励概率分布 $\mathcal{R}(r\,|\,\boldsymbol{a})$，拉动不同拉杆的奖励分布通常是不同的。

假设每个时间步只能拉动一根拉杆，多臂老虎机的目标为最大化一段时间步 T 内累积的奖励：$\max \sum_{t=1}^{T} r_t, r_t \sim \mathcal{R}(\cdot\,|\,\boldsymbol{a}_t)$。其中 $\boldsymbol{a}_t$ 表示在第 t 时间步拉动某一拉杆的动作，r_t 表示动作 $\boldsymbol{a}_t$ 获得的奖励。

2.2.3 累积懊悔

对于每一个动作 $\boldsymbol{a}$，我们定义其期望奖励为 $Q(\boldsymbol{a}) = \mathrm{E}_{r\sim\mathcal{R}(\cdot|\boldsymbol{a})}\left[r\right]$。于是，至少存在一根拉杆，它的期望奖励不小于拉动其他任意一根拉杆，我们将该最优期望奖励表示为 $Q^* = \max_{\boldsymbol{a}\in\mathcal{A}} Q(\boldsymbol{a})$。为了更加直观、方便地观察拉动一根拉杆的期望奖励离最优拉杆期望奖励的差距，我们引入懊悔（regret）概念。懊悔被定义为拉动当前拉杆的动作 $\boldsymbol{a}$ 与最优拉杆的期望奖励差，即 $R(\boldsymbol{a}) = Q^* - Q(\boldsymbol{a})$。累积懊悔（cumulative regret）即操作 T 次拉杆后累积的懊悔总量，对于一次完整的 T 步决策 $\{\boldsymbol{a}_1,\boldsymbol{a}_2,\cdots,\boldsymbol{a}_T\}$，累积懊悔为 $\sigma_R = \sum_{t=1}^{T} R(\boldsymbol{a}_t)$。MAB 问题的目标为最大化累积奖励，等价于最小化累积懊悔。

2.2.4 估计期望奖励

为了知道拉动哪一根拉杆能获得更高的奖励，我们需要估计拉动这根拉杆的期望奖励。由于只拉动一次拉杆获得的奖励存在随机性，所以需要多次拉动一根拉杆，然后计算得到的多次奖励的期望，其算法流程如下所示。

> 对于 $\forall \boldsymbol{a}\in\mathcal{A}$，初始化计数器 $N(\boldsymbol{a})=0$ 和期望奖励估值 $\hat{Q}(\boldsymbol{a})=0$
>
> **for** $t=1\rightarrow T$ **do**
>
> 选取某根拉杆，该动作记为 $\boldsymbol{a}_t$
>
> 得到奖励 r_t
>
> 更新计数器：$N(\boldsymbol{a}_t)=N(\boldsymbol{a}_t)+1$
>
> 更新期望奖励估值：$\hat{Q}(\boldsymbol{a}_t)=\hat{Q}(\boldsymbol{a}_t)+\dfrac{1}{N(\boldsymbol{a}_t)}[r_t-\hat{Q}(\boldsymbol{a}_t)]$
>
> **end for**

以上 for 循环中的第四步如此更新估值，是因为这样可以进行增量式的期望更新，公式如下。

$$
\begin{aligned}
Q_k &= \frac{1}{k}\sum_{i=1}^{k} r_i \\
&= \frac{1}{k}\left(r_k + \sum_{i=1}^{k-1} r_i\right) \\
&= \frac{1}{k}(r_k + (k-1)Q_{k-1}) \\
&= \frac{1}{k}(r_k + kQ_{k-1} - Q_{k-1}) \\
&= Q_{k-1} + \frac{1}{k}[r_k - Q_{k-1}]
\end{aligned}
$$

如果将所有数求和再除以次数，其缺点是每次更新的时间复杂度和空间复杂度均为$O(n)$。而采用增量式更新，时间复杂度和空间复杂度均为$O(1)$。

下面我们编写代码来实现一个拉杆数为 10 的多臂老虎机。其中拉动每根拉杆的奖励服从伯努利分布（Bernoulli distribution），即每次拉下拉杆有p的概率获得的奖励为 1，有$1-p$的概率获得的奖励为 0。奖励为 1 代表获奖，奖励为 0 代表没有获奖。

```
# 导入需要使用的库,其中 numpy 是支持数组和矩阵运算的科学计算库,而 matplotlib 是绘图库
import numpy as np
import matplotlib.pyplot as plt


class BernoulliBandit:
    """ 伯努利多臂老虎机,输入 K 表示拉杆个数 """
    def __init__(self, K):
        self.probs = np.random.uniform(size=K) # 随机生成K个0~1的数,作为拉动每根拉杆的获奖
                                               # 概率
        self.best_idx = np.argmax(self.probs) # 获奖概率最大的拉杆
        self.best_prob = self.probs[self.best_idx] # 最大的获奖概率
        self.K = K

    def step(self, k):
        # 当玩家选择了 k 号拉杆后,根据拉动该老虎机的 k 号拉杆获得奖励的概率返回 1(获奖)或 0(未
        # 获奖)
        if np.random.rand() < self.probs[k]:
            return 1
        else:
            return 0

np.random.seed(1) # 设定随机种子,使实验具有可重复性
K = 10
bandit_10_arm = BernoulliBandit(K)
print("随机生成了一个%d 臂伯努利老虎机" % K)
print("获奖概率最大的拉杆为%d 号,其获奖概率为%.4f" % (bandit_10_arm.best_idx,
bandit_10_arm.best_prob))
```

```
随机生成了一个 10 臂伯努利老虎机
获奖概率最大的拉杆为 1 号,其获奖概率为 0.7203
```

接下来我们用一个 Solver 基础类来实现上述的多臂老虎机的求解方案。根据前文的算法流程，我们需要实现下列函数功能：根据策略选择动作、根据动作获取奖励、更新期望奖励估值、更新累积懊悔和计数。在下面的 MAB 算法基本框架中，我们将根据策略选择动作、根据动作获取奖励和更新期望奖励估值放在 run_one_step()函数中，由每个继承 Solver 类的策略具体实现。而更新累积懊悔和计数则直接放在主循环 run()函数中。

```
class Solver:
    """ 多臂老虎机算法基本框架 """
    def __init__(self, bandit):
        self.bandit = bandit
        self.counts = np.zeros(self.bandit.K) # 每根拉杆的尝试次数
        self.regret = 0. # 当前步的累积懊悔
        self.actions = [] # 维护一个列表,记录每一步的动作
        self.regrets = [] # 维护一个列表,记录每一步的累积懊悔

    def update_regret(self, k):
        # 计算累积懊悔并保存,k 为本次动作选择的拉杆的编号
        self.regret += self.bandit.best_prob - self.bandit.probs[k]
        self.regrets.append(self.regret)

    def run_one_step(self):
        # 返回当前动作选择哪一根拉杆,由每个具体的策略实现
        raise NotImplementedError

    def run(self, num_steps):
        # 运行一定次数,num_steps 为总运行次数
        for _ in range(num_steps):
            k = self.run_one_step()
            self.counts[k] += 1
            self.actions.append(k)
            self.update_regret(k)
```

2.3 探索与利用的平衡

在 2.2 节的算法框架中，还没有一个策略告诉我们应该采取哪个动作，即拉动哪根拉杆，所以接下来我们将学习如何设计一个策略。例如，一个最简单的策略就是一直采取第一个动作，但这就非常依赖运气的好坏。如果运气绝佳，可能拉动的刚好是能获得最大期望奖励的拉杆，即最优拉杆；但如果运气很糟糕，获得的就有可能是最小的期望奖励。在多臂老虎机问题中，一个经典的问题就是探索与利用的平衡问题。探索（exploration）是指尝试拉动更多可能的拉杆，这根拉杆不一定会获得最大的奖励，但这种方案能够摸清楚所有拉杆的获奖情况。例如，对于一个 10 臂老虎机，我们要把所有的拉杆都拉动一下才知道哪根拉杆可能获得最大的奖励。利用（exploitation）是指拉动已知期望奖励最大的那根拉杆，由于已知的信息仅仅来自有限次的交互观测，

所以当前的最优拉杆不一定是全局最优的。例如，对于一个 10 臂老虎机，我们只拉动过其中 3 根拉杆，接下来就一直拉动这 3 根拉杆中期望奖励最大的那根拉杆，但很有可能期望奖励最大的拉杆在剩下的 7 根当中，即使我们对 10 根拉杆各自都尝试了 20 次，发现 5 号拉杆的经验期望奖励是最高的，但仍然存在着微小的概率——另一根 6 号拉杆的真实期望奖励是比 5 号拉杆更高的。

于是在多臂老虎机问题中，设计策略时就需要平衡探索和利用的次数，使得累积奖励最大化。一个比较常用的思路是在开始时做比较多的探索，在对每根拉杆都有比较准确的估计后，再进行利用。目前已有一些比较经典的算法来解决这个问题，例如 ϵ-贪婪算法、上置信界算法和汤普森采样算法等，我们接下来将分别介绍这几种算法。

2.4 ϵ-贪婪算法

完全贪婪算法即在每一时刻采取期望奖励估值最大的动作（拉动拉杆），这就是纯粹的利用，而没有探索，所以我们通常需要对完全贪婪算法进行一些修改，其中比较经典的一种方法为 ϵ-贪婪（ϵ-Greedy）算法。ϵ-贪婪算法在完全贪婪算法的基础上添加了噪声，每次以概率 $1-\epsilon$ 选择以往经验中期望奖励估值最大的那根拉杆（利用），以概率 ϵ 随机选择一根拉杆（探索），公式如下：

$$\boldsymbol{a}_t = \begin{cases} \arg\max\limits_{\boldsymbol{a}\in\mathcal{A}} \hat{Q}(\boldsymbol{a}), \text{采样概率}: 1-\epsilon \\ \text{从}\mathcal{A}\text{中随机选择}, \text{采样概率}: \epsilon \end{cases}$$

随着探索次数的不断增加，我们对各个动作的奖励估计得越来越准，此时我们就没必要继续花大力气进行探索。所以在 ϵ-贪婪算法的具体实现中，我们可以令 ϵ 随时间衰减，即探索的概率将会不断降低。但是请注意，ϵ 不会在有限的步数内衰减至 0，因为基于有限步数观测的完全贪婪算法仍然是一个局部信息的贪婪算法，永远距离最优解有一个固定的差距。

我们接下来编写代码来实现一个 ϵ-贪婪算法，并用它去解决 2.2.4 节生成的 10 臂老虎机的问题。设置 $\epsilon = 0.01$，以及 $T = 5000$。

```python
class EpsilonGreedy(Solver):
    """ epsilon 贪婪算法,继承 Solver 类 """
    def __init__(self, bandit, epsilon=0.01, init_prob=1.0):
        super(EpsilonGreedy, self).__init__(bandit)
        self.epsilon = epsilon
        #初始化拉动所有拉杆的期望奖励估值
        self.estimates = np.array([init_prob] * self.bandit.K)

    def run_one_step(self):
        if np.random.random() < self.epsilon:
            k = np.random.randint(0, self.bandit.K)  # 随机选择一根拉杆
        else:
            k = np.argmax(self.estimates)  # 选择期望奖励估值最大的拉杆
        r = self.bandit.step(k)  # 得到本次动作的奖励
        self.estimates[k] += 1. / (self.counts[k] + 1) * (r - self.estimates[k])
        return k
```

为了更加直观地展示，可以把每一时间步的累积函数绘制出来。于是我们定义了以下绘图函数，方便之后调用。

```
def plot_results(solvers, solver_names):
    """生成累积懊悔随时间变化的图像。输入 solvers 是一个列表,列表中的每个元素是一种特定的策略。
    而 solver_names 也是一个列表,存储每个策略的名称"""
    for idx, solver in enumerate(solvers):
        time_list = range(len(solver.regrets))
        plt.plot(time_list, solver.regrets, label=solver_names[idx])
    plt.xlabel('Time steps')
    plt.ylabel('Cumulative regrets')
    plt.title('%d-armed bandit' % solvers[0].bandit.K)
    plt.legend()
    plt.show()


np.random.seed(1)
epsilon_greedy_solver = EpsilonGreedy(bandit_10_arm, epsilon=0.01)
epsilon_greedy_solver.run(5000)
print('epsilon-贪婪算法的累积懊悔为：', epsilon_greedy_solver.regret)
plot_results([epsilon_greedy_solver], ["EpsilonGreedy"])
```

```
epsilon-贪婪算法的累积懊悔为：25.526630933945313
```

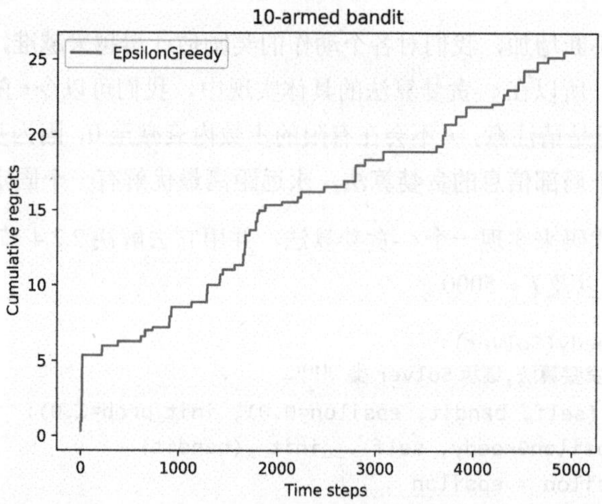

通过上面的实验可以发现，在经历了开始的一小段时间后，ϵ-贪婪算法的累积懊悔几乎是线性增长的。这是 $\epsilon=0.01$ 时的结果，因为一旦做出了随机拉杆的探索，那么产生的懊悔值是固定的。其他不同的 ϵ 取值又会带来怎样的变化呢？我们继续使用该 10 臂老虎机，我们尝试不同的参数 $\{10^{-4},0.01,0.1,0.25,0.5\}$，查看相应的实验结果（另见彩插图 1）。

```
np.random.seed(0)
epsilons = [1e-4, 0.01, 0.1, 0.25, 0.5]
epsilon_greedy_solver_list = [EpsilonGreedy(bandit_10_arm, epsilon=e) for e in epsilons]
epsilon_greedy_solver_names = ["epsilon={}".format(e) for e in epsilons]
```

```
for solver in epsilon_greedy_solver_list:
    solver.run(5000)

plot_results(epsilon_greedy_solver_list, epsilon_greedy_solver_names)
```

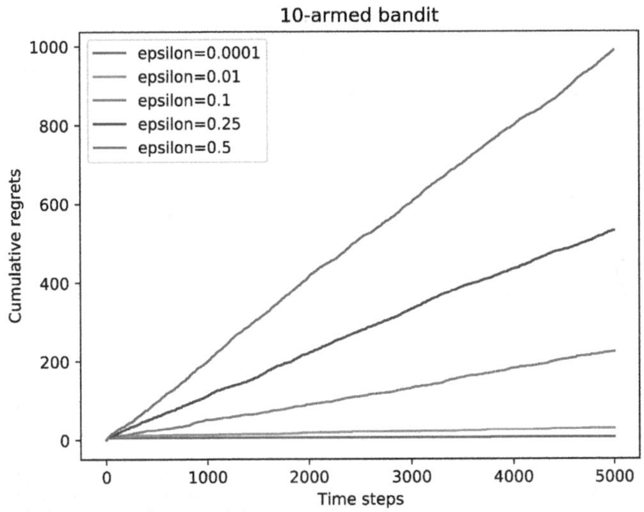

通过实验结果可以发现，基本上无论ϵ取值多少，累积懊悔都是线性增长的。在这个例子中，随着ϵ的增大，累积懊悔增长的速率也会增大。

接下来我们尝试ϵ值随时间衰减的ϵ-贪婪算法，采取的具体衰减形式为反比例衰减，公式为$\epsilon_t=\frac{1}{t}$。

```
class DecayingEpsilonGreedy(Solver):
    """ epsilon值随时间衰减的epsilon-贪婪算法,继承Solver类 """
    def __init__(self, bandit, init_prob=1.0):
        super(DecayingEpsilonGreedy, self).__init__(bandit)
        self.estimates = np.array([init_prob] * self.bandit.K)
        self.total_count = 0

    def run_one_step(self):
        self.total_count += 1
        if np.random.random() < 1 / self.total_count: # epsilon值随时间衰减
            k = np.random.randint(0, self.bandit.K)
        else:
            k = np.argmax(self.estimates)

        r = self.bandit.step(k)
        self.estimates[k] += 1. / (self.counts[k] + 1) * (r - self.estimates[k])

        return k

np.random.seed(1)
decaying_epsilon_greedy_solver = DecayingEpsilonGreedy(bandit_10_arm)
```

```
decaying_epsilon_greedy_solver.run(5000)
print('epsilon 值衰减的贪婪算法的累积懊悔为：', decaying_epsilon_greedy_solver.regret)
plot_results([decaying_epsilon_greedy_solver], ["DecayingEpsilonGreedy"])

epsilon 值衰减的贪婪算法的累积懊悔为：10.114334931260183
```

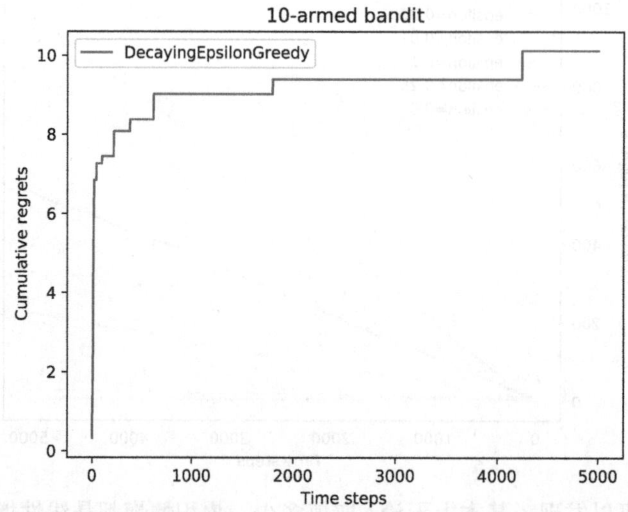

从实验结果图中可以发现，随时间做反比例衰减的ϵ-贪婪算法能够使累积懊悔与时间步的关系变成次线性（sublinear）的，这明显优于固定ϵ值的ϵ-贪婪算法。

2.5 上置信界算法

设想这样一种情况：对于一台双臂老虎机，其中第一根拉杆只被拉动过一次，得到的奖励为0；第二根拉杆被拉动过很多次，我们对它的奖励分布已经有了大致的把握。这时你会怎么做？或许你会进一步尝试拉动第一根拉杆，从而更加确定其奖励分布。这种思路主要是基于不确定性，因为此时第一根拉杆只被拉动过一次，它的不确定性很高。一根拉杆的不确定性越大，它就越具有探索的价值，因为探索之后我们可能发现它的期望奖励很大。我们在此引入不确定性度量$U(a)$，它会随着一个动作被尝试次数的增加而减小。我们可以使用一种基于不确定性的策略来综合考虑现有的期望奖励估值和不确定性，其核心问题是如何估计不确定性。

上置信界（upper confidence bound，UCB）算法是一种经典的基于不确定性的策略算法，它的思想用到了一个非常著名的数学原理：霍夫丁不等式（Hoeffding's inequality）。在霍夫丁不等式中，令$X_1,\cdots,X_n$为n个独立同分布的随机变量，取值范围为[0,1]，其经验期望为$\overline{x}_n=\frac{1}{n}\sum_{j=1}^{n}X_j$，则有

$$P(\mathrm{E}[X]\geqslant\overline{x}_n+u)\leqslant \mathrm{e}^{-2nu^2}$$

现在我们将霍夫丁不等式运用到多臂老虎机问题中。将 $\hat{Q}(a_t)$ 代入 $\bar{x}_t$，不等式中的参数 $u=\hat{U}(a_t)$ 代表不确定性度量。给定一个概率 $p=e^{-2N(a_t)U(a_t)^2}$，根据上述不等式，$Q(a_t)<\hat{Q}(a_t)+\hat{U}(a_t)$ 至少以概率 $1-p$ 成立。当 p 很小时，$Q(a_t)<\hat{Q}(a_t)+\hat{U}(a_t)$ 就以很大概率成立，$\hat{Q}(a_t)+\hat{U}(a_t)$ 便是期望奖励上界。此时，上置信界算法便选取期望奖励上界最大的动作，即 $a_t=\arg\max_{a\in\mathcal{A}}[\hat{Q}(a)+\hat{U}(a)]$。那其中 $\hat{U}(a_t)$ 具体是什么呢？根据等式 $p=e^{-2N(a_t)U(a_t)^2}$，解之即得 $\hat{U}(a_t)=\sqrt{\frac{-\log p}{2N(a_t)}}$。因此，设定一个概率 p 后，就可以计算相应的不确定性度量 $\hat{U}(a_t)$ 了。更直观地说，UCB 算法在每次选择拉杆前，先估计拉动每根拉杆的期望奖励上界，使得拉动每根拉杆的期望奖励只有一个较小的概率 p 超过这个上界，接着选出期望奖励上界最大的拉杆，从而选择最有可能获得最大期望奖励的拉杆。

我们编写代码来实现UCB算法，并且仍然使用2.2.4节定义的10臂老虎机来观察实验结果。在具体的实现过程中，设置 $p=\frac{1}{t}$，并且在分母中为拉动每根拉杆的次数加上常数1，以免出现分母为0的情形，即此时 $\hat{U}(a_t)=\sqrt{\frac{\log t}{2(N(a_t)+1)}}$。同时，我们设定一个系数 c 来控制不确定性比重，此时 $a_t=\arg\max_{a\in\mathcal{A}}\left[\hat{Q}(a)+c\cdot\hat{U}(a)\right]$。

```
class UCB(Solver):
    """ UCB算法,继承Solver类 """
    def __init__(self, bandit, coef, init_prob=1.0):
        super(UCB, self).__init__(bandit)
        self.total_count = 0
        self.estimates = np.array([init_prob] * self.bandit.K)
        self.coef = coef

    def run_one_step(self):
        self.total_count += 1
        ucb = self.estimates + self.coef * np.sqrt(np.log(self.total_count) /
              (2 * (self.counts + 1)))  # 计算上置信界
        k = np.argmax(ucb)  # 选出上置信界最大的拉杆
        r = self.bandit.step(k)
        self.estimates[k] += 1. / (self.counts[k] + 1) * (r - self.estimates[k])
        return k


np.random.seed(1)
coef = 1  # 控制不确定性比重的系数
UCB_solver = UCB(bandit_10_arm, coef)
UCB_solver.run(5000)
print('上置信界算法的累积懊悔为：', UCB_solver.regret)
plot_results([UCB_solver], ["UCB"])
```

```
上置信界算法的累积懊悔为：70.45281214197854
```

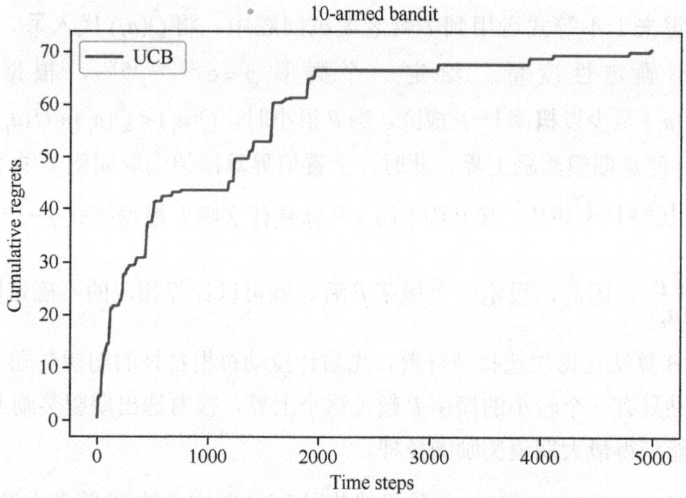

2.6　汤普森采样算法

MAB 中还有一种经典算法——*汤普森采样*（Thompson sampling），先假设拉动每根拉杆的奖励服从一个特定的概率分布，然后根据拉动每根拉杆的期望奖励来进行选择。但是由于计算所有拉杆的期望奖励的代价比较高，汤普森采样算法使用采样的方式，即根据当前每个动作 $\boldsymbol{a}$ 的奖励概率分布进行一轮采样，得到一组各根拉杆的奖励样本，再选择样本中奖励最大的动作。可以看出，汤普森采样是一种计算所有拉杆的最高奖励概率的蒙特卡洛采样方法。

了解了汤普森采样算法的基本思路后，我们需要解决另一个问题：怎样得到当前每个动作 $\boldsymbol{a}$ 的奖励概率分布并且在过程中进行更新？在实际情况中，我们通常用 Beta 分布对当前每个动作的奖励概率分布进行建模。具体来说，若某拉杆被选择了 k 次，其中 m_1 次奖励为 1，m_2 次奖励为 0，则该拉杆的奖励服从参数为 (m_1+1, m_2+1) 的 Beta 分布。图 2-2 是汤普森采样的一个示例（另见彩插图 2）。

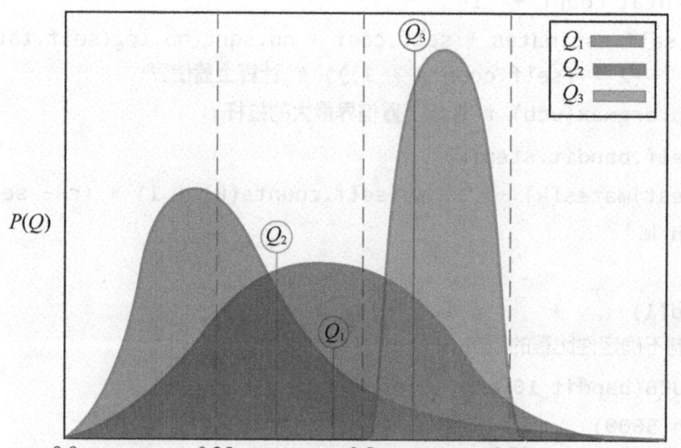

图 2-2　汤普森采样示例

我们编写代码来实现汤普森采样算法，并且仍然使用 2.2.4 节定义的 10 臂老虎机来观察实验结果。

```
class ThompsonSampling(Solver):
    """ 汤普森采样算法,继承 Solver 类 """
    def __init__(self, bandit):
        super(ThompsonSampling, self).__init__(bandit)
        self._a = np.ones(self.bandit.K)  # 列表,表示每根拉杆奖励为 1 的次数
        self._b = np.ones(self.bandit.K)  # 列表,表示每根拉杆奖励为 0 的次数

    def run_one_step(self):
        samples = np.random.beta(self._a, self._b) # 按照 Beta 分布采样一组奖励样本
        k = np.argmax(samples) # 选出采样奖励最大的拉杆
        r = self.bandit.step(k)

        self._a[k] += r # 更新 Beta 分布的第一个参数
        self._b[k] += (1 - r) # 更新 Beta 分布的第二个参数
        return k

np.random.seed(1)
thompson_sampling_solver = ThompsonSampling(bandit_10_arm)
thompson_sampling_solver.run(5000)
print('汤普森采样算法的累积懊悔为：', thompson_sampling_solver.regret)
plot_results([thompson_sampling_solver], ["ThompsonSampling"])
```

```
汤普森采样算法的累积懊悔为：57.19161964443925
```

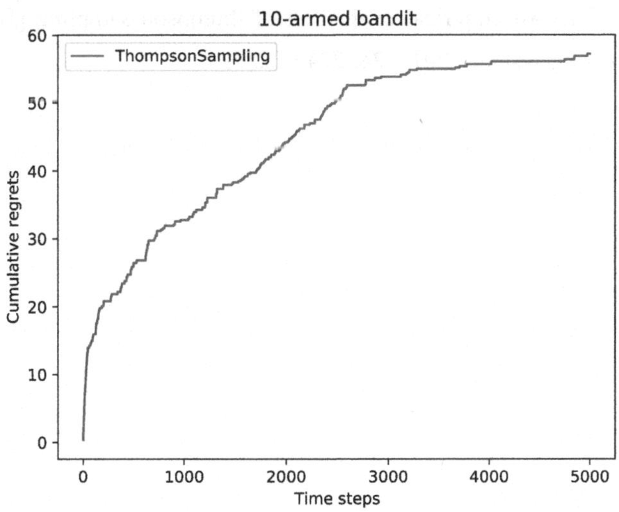

通过实验我们可以得到以下结论：ϵ-贪婪算法的累积懊悔是随时间线性增长的，而另外 3 种算法（ϵ-衰减贪婪算法、上置信界算法、汤普森采样算法）的累积懊悔都是随时间次线性增长的（具体为对数形式增长）。

2.7 小结

探索与利用是与环境做交互学习的重要问题，是强化学习试错法中的必备技术，而多臂老虎机问题是研究探索与利用技术理论的最佳环境。了解多臂老虎机的探索与利用问题，对接下来我们学习强化学习环境探索有很重要的帮助。对于多臂老虎机各种算法的累积懊悔理论分析，有兴趣的同学可以自行查阅相关资料。ϵ-贪婪算法、上置信界算法和汤普森采样算法在多臂老虎机问题中十分常用，其中上置信界算法和汤普森采样方法均能保证对数的渐进最优累积懊悔。

多臂老虎机问题与强化学习的一大区别在于其与环境的交互并不会改变环境，即多臂老虎机的每次交互的结果和以往的动作无关，所以可看作*无状态的强化学习*（stateless reinforcement learning）。第 3 章将开始在有状态的环境下讨论强化学习，即马尔可夫决策过程。

2.8 参考文献

[1] AUER P, CESA-BIANCHI N,FISCHER P. Finite-time analysis of the multiarmed bandit problem[J]. Machine learning,2002, 47 (2) : 235-256.

[2] AUER P. Using confidence bounds for exploitation-exploration trade-offs[J]. Journal of Machine Learning Research,2002, 3(3): 397-422.

[3] GITTINS J, GLAZEBROOK K,WEBER R. Multi-armed bandit allocation indices[M]. 2nd ed. America: John Wiley & Sons, 2011.

[4] CHAPELLE O, LI L. An empirical evaluation of thompson sampling [J]. Advances in neural information processing systems, 2011, 24: 2249-2257.

第3章 马尔可夫决策过程

3.1 简介

扫码观看视频课程

马尔可夫决策过程（Markov decision process，MDP）是强化学习的重要概念。要学好强化学习，我们首先要掌握马尔可夫决策过程的基础知识。前两章所说的强化学习中的环境一般就是一个马尔可夫决策过程。与多臂老虎机问题不同，马尔可夫决策过程包含状态信息以及状态之间的转移机制。如果要用强化学习去解决一个实际问题，第一步要做的事情就是把这个实际问题抽象为一个马尔可夫决策过程，也就是明确马尔可夫决策过程的各个组成要素。本章将从马尔可夫过程出发，一步一步地进行介绍，最后引出马尔可夫决策过程。

3.2 马尔可夫过程

3.2.1 随机过程

随机过程（stochastic process）是概率论的“动力学”部分。概率论的研究对象是静态的随机现象，而随机过程的研究对象是随时间演变的随机现象（例如天气随时间的变化、城市交通随时间的变化）。在随机过程中，随机现象在某时刻t的取值是一个向量随机变量，用$\boldsymbol{S}_t$表示，所有可能的状态组成状态集合$\mathcal{S}$。随机现象便是状态的变化过程。在某时刻t的状态$\boldsymbol{S}_t$通常取决于t时刻之前的状态。我们将已知历史信息$(\boldsymbol{S}_1,\cdots,\boldsymbol{S}_t)$时下一个时刻的状态为$\boldsymbol{S}_{t+1}$的概率表示成$P(\boldsymbol{S}_{t+1}\mid\boldsymbol{S}_1,\cdots,\boldsymbol{S}_t)$。

3.2.2 马尔可夫性质

当且仅当某时刻的状态只取决于上一时刻的状态时，一个随机过程被称为具有马尔可夫性质（Markov property），用公式表示为$P(\boldsymbol{S}_{t+1}\mid\boldsymbol{S}_t)=P(\boldsymbol{S}_{t+1}\mid\boldsymbol{S}_1,\cdots,\boldsymbol{S}_t)$。也就是说，当前状态是未来状态的充分统计量，即下一刻状态只取决于当前状态，而不会受到过去状态的影响。需要明确的是，具有马尔可夫性质并不代表这个随机过程就和历史完全没有关系。因为虽然$t+1$时刻的状态只与t时刻的状态有关，但是t时刻的状态其实包含了$t-1$时刻的状态的信息，通过这种链式的关系，历史的信息被传递到了现在。马尔可夫性质可以大大简化运算，因为只要当前状态可知，所有的历史信息就都不再需要了，利用当前状态的信息就可以决定未来。

3.2.3　马尔可夫过程

马尔可夫过程（Markov process）指具有马尔可夫性质的随机过程，也被称为马尔可夫链（Markov chain）。我们通常用元组$\langle \mathcal{S},\mathcal{P} \rangle$描述一个马尔可夫过程，其中$\mathcal{S}$是有限数量的状态集合，$\mathcal{P}$是状态转移矩阵（state transition matrix）。假设一共有n个状态，此时$\mathcal{S}=\{s_1,s_2,\cdots,s_n\}$。状态转移矩阵$\mathcal{P}$定义了所有状态对之间的转移概率，即

$$\mathcal{P}=\begin{bmatrix} P(s_1 \mid s_1) & \cdots & P(s_n \mid s_1) \\ \vdots & \ddots & \vdots \\ P(s_1 \mid s_n) & \cdots & P(s_n \mid s_n) \end{bmatrix}$$

矩阵$\mathcal{P}$中第i行第j列元素$P(s_j \mid s_i)=P(S_{t+1}=s_j \mid S_t=s_i)$表示从状态$s_i$转移到状态$s_j$的概率，我们称$P(s' \mid s)$为状态转移函数。从某个状态出发，到达其他状态的概率和必须为 1，即状态转移矩阵$\mathcal{P}$的每一行的和为 1。

图 3-1 是一个具有 6 个状态的马尔可夫过程的简单例子。其中每个圆圈表示一个状态，每个状态都有一定概率（包括概率为 0）转移到其他状态，其中s_6通常被称为终止状态（terminal state），因为它不会再转移到其他状态，可以理解为它永远以概率 1 转移到自己。状态之间的虚线箭头表示状态的转移，箭头旁的数字表示发生该状态转移的概率。从每个状态出发转移到其他状态的概率总和为 1。例如，s_1有 90%的概率保持不变，有 10%的概率转移到s_2，而s_2又有 50%的概率回到s_1，有 50%的概率转移到s_3。

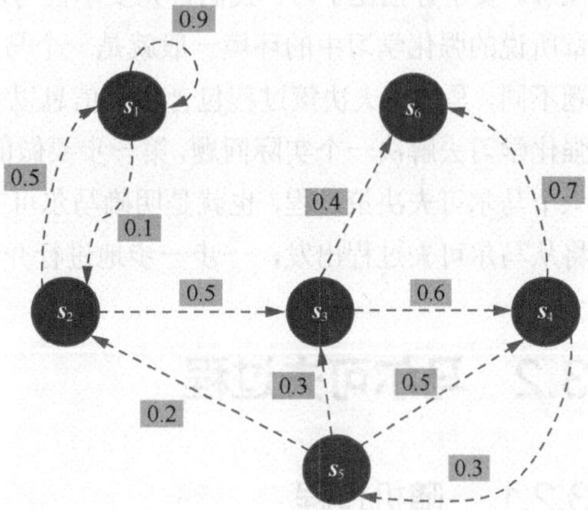

图 3-1　马尔可夫过程的一个简单例子

我们可以写出这个马尔可夫过程的状态转移矩阵：

$$\mathcal{P}=\begin{bmatrix} 0.9 & 0.1 & 0 & 0 & 0 & 0 \\ 0.5 & 0 & 0.5 & 0 & 0 & 0 \\ 0 & 0 & 0 & 0.6 & 0 & 0.4 \\ 0 & 0 & 0 & 0 & 0.3 & 0.7 \\ 0 & 0.2 & 0.3 & 0.5 & 0 & 0 \\ 0 & 0 & 0 & 0 & 0 & 1 \end{bmatrix}$$

其中第i行j列的值$\mathcal{P}_{i,j}$则代表从状态s_i转移到s_j的概率。

给定一个马尔可夫过程，我们就可以从某个状态出发，根据它的状态转移矩阵生成一个状态序列（episode），这个步骤也被叫作采样（sampling）。例如，从s_1出发，可以生成序列

$s_1 \to s_2 \to s_3 \to s_6$ 或序列 $s_1 \to s_1 \to s_2 \to s_3 \to s_4 \to s_5 \to s_3 \to s_6$ 等。生成这些序列的概率和状态转移矩阵有关。

3.3 马尔可夫奖励过程

在马尔可夫过程的基础上加入奖励函数 r 和折扣因子 γ，就可以得到马尔可夫奖励过程（Markov reward process，MRP）。一个马尔可夫奖励过程由 $\langle \mathcal{S},\mathcal{P},r,\gamma \rangle$ 构成，各个组成元素的含义如下所示。

- $\mathcal{S}$ 是有限状态的集合。
- $\mathcal{P}$ 是状态转移矩阵。
- r 是奖励函数，某个状态 s 的奖励 $r(s)$ 指转移到该状态时可以获得的奖励的期望。
- γ 是折扣因子（discount factor），取值范围为[0,1)。引入折扣因子是因为远期利益具有一定的不确定性，有时我们更希望能够尽快获得一些奖励，所以需要对远期利益打一些折扣。接近 1 的 γ 更关注长期的累积奖励，接近 0 的 γ 更考虑短期奖励。

3.3.1 回报

在一个马尔可夫奖励过程中，从第 t 时刻状态 S_t 开始，直到终止状态时，所有奖励的衰减之和称为回报（Return），公式如下：

$$G_t = R_t + \gamma R_{t+1} + \gamma^2 R_{t+2} + \cdots = \sum_{k=0}^{\infty} \gamma^k R_{t+k}$$

其中，R_t 表示在时刻 t 获得的奖励。在图 3-2 中，我们继续沿用图 3-1 马尔可夫过程的例子，并在其基础上添加奖励函数，构建成一个马尔可夫奖励过程。例如，进入状态 s_2 可以得到奖励−2，表明我们不希望进入 s_2，进入 s_4 可以获得最高的奖励 10，但是进入 s_6 之后奖励为零，并且此时序列也终止了。

如果选取 s_1 为起始状态，设置 $\gamma = 0.5$，采样到一条状态序列为 $s_1 \to s_2 \to s_3 \to s_6$，就可以计算 s_1 的回报 G_1，得到 $G_1 = -1 + 0.5 \times (-2) + 0.5^2 \times (-2) = -2.5$。

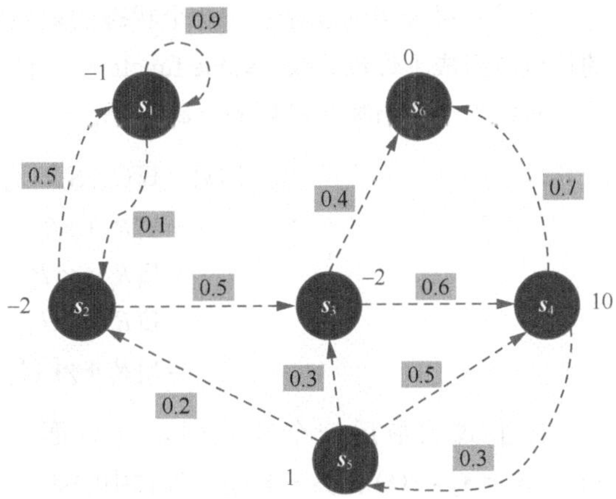

图 3-2 马尔可夫奖励过程的一个简单例子

接下来我们用代码表示图 3-2 中的马尔可夫奖励过程，并且定义计算回报的函数。

```
import numpy as np
np.random.seed(0)
# 定义状态转移概率矩阵 P
P = [
```

```
    [0.9, 0.1, 0.0, 0.0, 0.0, 0.0],
    [0.5, 0.0, 0.5, 0.0, 0.0, 0.0],
    [0.0, 0.0, 0.0, 0.6, 0.0, 0.4],
    [0.0, 0.0, 0.0, 0.0, 0.3, 0.7],
    [0.0, 0.2, 0.3, 0.5, 0.0, 0.0],
    [0.0, 0.0, 0.0, 0.0, 0.0, 1.0],
]
P = np.array(P)

rewards = [-1, -2, -2, 10, 1, 0] # 定义奖励函数
gamma = 0.5 # 定义折扣因子
# 给定一条序列,计算从某个索引（起始状态）开始到序列最后（终止状态）得到的回报
def compute_return(start_index, chain, gamma):
    G = 0
    for i in reversed(range(start_index, len(chain))):
        G = gamma * G + rewards[chain[i]-1]
    return G

# 一个状态序列,s1-s2-s3-s6
chain = [1, 2, 3, 6]
start_index = 0
G = compute_return(start_index, chain, gamma)
print("根据本序列计算得到回报为：%s。" % G)
```

```
根据本序列计算得到回报为：-2.5。
```

3.3.2　价值函数

在马尔可夫奖励过程中，一个状态的期望回报被称为这个状态的价值（value）。所有状态的价值就组成了*价值函数*（value function），价值函数的输入为某个状态，输出为这个状态的价值。我们将价值函数写成 $V(s)=\mathrm{E}[G_t \mid S_t=s]$，展开为

$$
\begin{aligned}
V(s) &= \mathrm{E}[G_t \mid S_t = s] \\
&= \mathrm{E}[R_t + \gamma R_{t+1} + \gamma^2 R_{t+2} + \cdots \mid S_t = s] \\
&= \mathrm{E}[R_t + \gamma (R_{t+1} + \gamma R_{t+2} + \cdots) \mid S_t = s] \\
&= \mathrm{E}[R_t + \gamma G_{t+1} \mid S_t = s] \\
&= \mathrm{E}[R_t + \gamma V(S_{t+1}) \mid S_t = s]
\end{aligned}
$$

在上式的最后一个等式中，一方面，即时奖励的期望正是奖励函数的输出，即 $\mathrm{E}[R_t \mid S_t=s]=r(s)$；另一方面，等式中的剩余部分 $\mathrm{E}[\gamma V(S_{t+1}) \mid S_t=s]$ 可以根据从状态 s 出发的转移概率得到，即可以得到

$$V(s)=r(s)+\gamma\sum_{s'\in\mathcal{S}}P(s'\mid s)V(s')$$

上式就是马尔可夫奖励过程中非常有名的*贝尔曼方程*（Bellman equation），对每一个状态都成立。若一个马尔可夫奖励过程一共有 n 个状态，即 $\mathcal{S}=\{s_1,s_2,\cdots,s_n\}$，我们将所有状态的价值表示成一个列向量 $\mathcal{V}=[V(s_1),V(s_2),\cdots,V(s_n)]^{\mathrm{T}}$，同理，将奖励函数表示成一个列向量

$\mathcal{R}=[r(s_1),r(s_2),\cdots,r(s_n)]^{\mathrm{T}}$ 。于是我们可以将贝尔曼方程写成矩阵的形式：

$$\mathcal{V}=\mathcal{R}+\gamma\mathcal{P}\mathcal{V}$$

$$\begin{bmatrix} V(s_1) \\ V(s_2) \\ \cdots \\ V(s_n) \end{bmatrix} = \begin{bmatrix} r(s_1) \\ r(s_2) \\ \cdots \\ r(s_n) \end{bmatrix} + \gamma \begin{bmatrix} P(s_1|s_1) & P(s_2|s_1) & \cdots & P(s_n|s_1) \\ P(s_1|s_2) & P(s_2|s_2) & \cdots & P(s_n|s_2) \\ \cdots & & & \\ P(s_1|s_n) & P(s_2|s_n) & \cdots & P(s_n|s_n) \end{bmatrix} \begin{bmatrix} V(s_1) \\ V(s_2) \\ \cdots \\ V(s_n) \end{bmatrix}$$

我们可以直接根据矩阵运算求解，得到以下解析解：

$$\mathcal{V}=\mathcal{R}+\gamma\mathcal{P}\mathcal{V}$$
$$(\mathcal{I}-\gamma\mathcal{P})\mathcal{V}=\mathcal{R}$$
$$\mathcal{V}=(\mathcal{I}-\gamma\mathcal{P})^{-1}\mathcal{R}$$

以上解析解的计算复杂度是 $O(n^3)$，其中 n 是状态个数，因此这种方法只适用于很小的马尔可夫奖励过程。求解较大规模的马尔可夫奖励过程中的价值函数时，可以使用*动态规划*（dynamic programming）算法、*蒙特卡洛方法*（Monte Carlo method）和*时序差分*（temporal difference）算法，这些方法将在之后的章节介绍。

接下来编写代码来实现求解价值函数的解析解方法，并据此计算该马尔可夫奖励过程中所有状态的价值。

```
def compute(P, rewards, gamma, states_num):
    ''' 利用贝尔曼方程的矩阵形式计算解析解，states_num 是 MRP 的状态数 '''
    rewards = np.array(rewards).reshape((-1,1)) #将 rewards 写成列向量形式
    value = np.dot(np.linalg.inv(np.eye(states_num, states_num) - gamma * P), rewards)
    return value

V = compute(P, rewards, gamma, 6)
print("MRP 中每个状态价值分别为\n", V)
```

```
MRP 中每个状态价值分别为
 [[-2.01950168]
 [-2.21451846]
 [ 1.16142785]
 [10.53809283]
 [ 3.58728554]
 [ 0.        ]]
```

根据以上代码，求解得到各个状态的价值 $V(s)$，具体如下：

$$\begin{bmatrix} V(s_1) \\ V(s_2) \\ V(s_3) \\ V(s_4) \\ V(s_5) \\ V(s_6) \end{bmatrix} = \begin{bmatrix} -2.02 \\ -2.21 \\ 1.16 \\ 10.54 \\ 3.59 \\ 0 \end{bmatrix}$$

我们现在用贝尔曼方程来进行简单的验证。例如，对状态 s_4 来说，当 $\gamma = 0.5$ 时，有

$$V(s_4) = r(s_4) + \gamma \sum_{s' \in \mathcal{S}} P(s \mid s_4) V(s')$$

$$10.54 \approx 10 + 0.5 \times (0.7 \times 0 + 0.3 \times 3.59)$$

可以发现等号左右两边的值几乎是相等的，这说明我们求解得到的价值函数满足状态为 s_4 时的贝尔曼方程。读者可以自行验证在其他状态时贝尔曼方程是否也成立。若贝尔曼方程对于所有状态都成立，就可以说明我们求解得到的价值函数是正确的。除了使用动态规划算法，马尔可夫奖励过程中的价值函数也可以通过蒙特卡洛方法估计得到，我们将在 3.5 节中介绍该方法。

3.4 马尔可夫决策过程

3.2 节和 3.3 节讨论到的马尔可夫过程和马尔可夫奖励过程都是自发改变的随机过程；而如果有一个外界的“刺激”来共同改变这个随机过程，就有了**马尔可夫决策过程**（Markov decision process，MDP）。我们将这个来自外界的刺激称为**智能体**（agent）的动作，在马尔可夫奖励过程（MRP）的基础上加入动作，就得到了马尔可夫决策过程（MDP）。马尔可夫决策过程由元组 $\langle \mathcal{S}, \mathcal{A}, P, r, \gamma \rangle$ 构成，其中：

- $\mathcal{S}$ 是状态的集合；
- $\mathcal{A}$ 是动作的集合；
- γ 是折扣因子；
- $r(s,a)$ 是奖励函数，此时奖励可以同时取决于状态 s 和动作 a，在奖励函数只取决于状态 s 时，则退化为 $r(s)$；
- $P(s' \mid s,a)$ 是状态转移函数，表示在状态 s 执行动作 a 之后到达状态 s' 的概率。

我们可以发现 MDP 与 MRP 非常相像，主要区别为 MDP 中的状态转移函数和奖励函数都比 MRP 多了作为自变量的动作 a。注意，在上面 MDP 的定义中，我们不再使用类似 MRP 定义中的状态转移矩阵，而是直接使用状态转移函数。这样做一是因为此时的状态转移与动作也有关，变成了一个三维数组，而不再是一个矩阵（二维数组）；二是因为状态转移函数更具有一般意义，例如，如果状态集合不是有限的，就无法用数组表示，但仍然可以用状态转移函数表示。我们在之后的学习中会遇到连续状态的 MDP 环境，那时状态集合都不是有限的。现在我们主要关注离散状态的 MDP 环境，此时状态集合是有限的。

不同于马尔可夫奖励过程，在马尔可夫决策过程中，通常存在一个智能体来执行动作。例如，一艘小船在大海中随着水流自由飘荡的过程就是一个马尔可夫奖励过程，它如果凭借运气漂到了一个目的地，就能获得比较大的奖励；如果有水手在控制着这条船往哪个方向前进，就可以主动选择前往目的地来获得比较大的奖励。马尔可夫决策过程是一个与时间相关的不断进行的过程，在智能体和环境 MDP 之间存在一个不断交互的过程。一般而言，它们之间的交互如图 3-3 的循环过程所示：智能体根据当前状态 S_t 选择动作 A_t；对于状态 S_t 和动作 A_t，MDP 根据奖励函数和状态转移函数得到 S_{t+1} 和 R_t 并反馈给智能体。智能体的目标是最大化得到的累

积奖励的期望。智能体根据当前状态从动作的集合 $\mathcal{A}$ 中选择一个动作的函数，被称为策略。

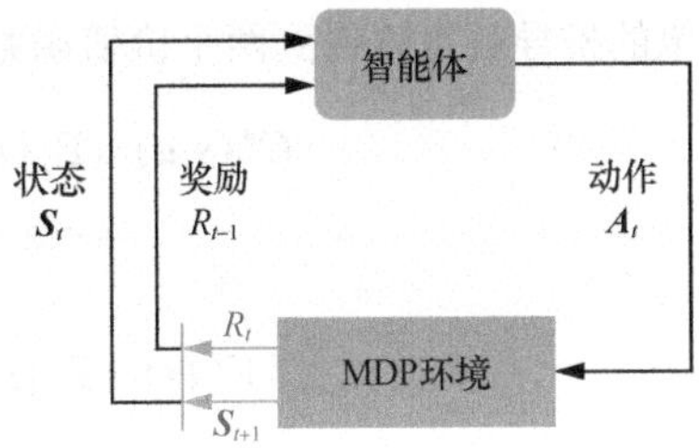

图 3-3 智能体与 MDP 环境的交互示意图

3.4.1 策略

智能体的策略（policy）通常用字母 π 表示。策略 $\pi(\boldsymbol{a}\mid\boldsymbol{s})=P(A_t=\boldsymbol{a}\mid S_t=\boldsymbol{s})$ 是一个函数，表示在输入状态为 $\boldsymbol{s}$ 的情况下采取动作 $\boldsymbol{a}$ 的概率。当一个策略是确定性策略（deterministic policy）时，它在每个状态下只输出一个确定性的动作，即只有该动作的概率为 1，其他动作的概率为 0；当一个策略是随机性策略（stochastic policy）时，它在每个状态下输出的是关于动作的概率分布，然后根据该分布进行采样就可以得到一个动作。在 MDP 中，由于马尔可夫性质的存在，策略只需要与当前状态有关，不需要考虑历史状态。回顾一下 MRP 中的价值函数，在 MDP 中也同样可以定义类似的价值函数。但此时的价值函数与策略有关，这意味着对两个不同的策略来说，它们在同一个状态下的价值也很可能是不同的。这很好理解，因为不同的策略会采取不同的动作，从而之后会遇到不同的状态，以及获得不同的奖励，所以它们的累积奖励的期望也就不同，即状态价值不同。

3.4.2 状态价值函数

我们用 $V^{\pi}(\boldsymbol{s})$ 表示在 MDP 中基于策略 π 的状态价值函数（state-value function），它被定义为从状态 $\boldsymbol{s}$ 出发遵循策略 π 能获得的期望回报，数学表达为：

$$V^{\pi}(\boldsymbol{s})=\mathrm{E}_{\pi}[G_t\mid S_t=\boldsymbol{s}]$$

3.4.3 动作价值函数

不同于 MRP，在 MDP 中，由于动作的存在，我们额外定义一个动作价值函数（action-value function）。我们用 $Q^{\pi}(\boldsymbol{s},\boldsymbol{a})$ 表示在 MDP 遵循策略 π 时，对当前状态 $\boldsymbol{s}$ 执行动作 $\boldsymbol{a}$ 得到的期望回报：

$$Q^{\pi}(\boldsymbol{s},\boldsymbol{a})=\mathrm{E}_{\pi}[G_t\mid S_t=\boldsymbol{s},A_t=\boldsymbol{a}]$$

状态价值函数和动作价值函数之间的关系为：在使用策略 π 时，状态 $\boldsymbol{s}$ 的价值等于在该状态下基于策略 π 采取所有动作的概率与相应的价值相乘再求和的结果：

$$V^{\pi}(\boldsymbol{s})=\sum_{\boldsymbol{a}\in\mathcal{A}}\pi(\boldsymbol{a}\mid\boldsymbol{s})Q^{\pi}(\boldsymbol{s},\boldsymbol{a})$$

使用策略 π 时，在状态 $\boldsymbol{s}$ 下采取动作 $\boldsymbol{a}$ 的价值等于即时奖励加上经过衰减的所有可能的下一个状态的状态转移概率与相应的价值的乘积：

$$Q^{\pi}(\boldsymbol{s},\boldsymbol{a})=r(\boldsymbol{s},\boldsymbol{a})+\gamma\sum_{\boldsymbol{s}'\in\mathcal{S}}P(\boldsymbol{s}'\mid\boldsymbol{s},\boldsymbol{a})V^{\pi}(\boldsymbol{s}')$$

3.4.4 贝尔曼期望方程

在贝尔曼方程中加上“期望”二字是为了与接下来的贝尔曼最优方程进行区分。我们通过简单的推导就可以得到两个价值函数的贝尔曼期望方程（Bellman expectation equation）：

$$\begin{aligned}Q^{\pi}(s,a) &= \mathrm{E}_{\pi}[R_t + \gamma Q^{\pi}(s',a') \mid S_t = s, A_t = a] \\ &= r(s,a) + \gamma \sum_{s'\in\mathcal{S}} P(s' \mid s,a) \sum_{a'\in\mathcal{A}} \pi(a' \mid s') Q^{\pi}(s',a')\end{aligned}$$

$$\begin{aligned}V^{\pi}(s) &= \mathrm{E}_{\pi}[R_t + \gamma V^{\pi}(s') \mid S_t = s] \\ &= \sum_{a\in\mathcal{A}} \pi(a \mid s)\left(r(s,a) + \gamma \sum_{s'\in\mathcal{S}} P(s' \mid s,a) V^{\pi}(s') \right)\end{aligned}$$

价值函数和贝尔曼方程是强化学习非常重要的组成部分，之后的一些强化学习算法都是据此推导出来的，读者需要明确掌握！

图 3-4 是一个马尔可夫决策过程的简单例子，其中每个深色圆圈代表一个状态，一共有 s_1～s_5 这 5 个状态。此马尔可夫决策过程的初始状态为 s_1～s_4 的任意一个状态，终止状态为 s_5。黑色实线箭头代表可以采取的动作，浅色小圆圈代表动作，需要注意，并非在每个状态下都能采取所有动作，例如在状态 s_1，智能体只能采取“保持 s_1”和“前往 s_2”这两个动作，无法采取其他动作。

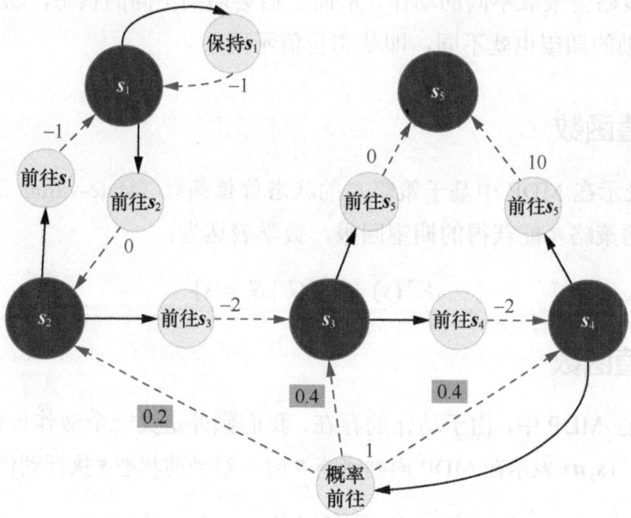

图 3-4 马尔可夫决策过程的一个简单例子

每个浅色小圆圈旁的数字代表在某个状态下采取某个动作能获得的奖励。虚线箭头代表采取动作后可能转移到的状态，箭头边上的数字代表转移概率，如果没有数字则表示转移概率为 1。例如，在 s_2 下如果采取动作“前往 s_3”，就能得到奖励-2，并且转移到 s_3；在 s_4 下如果采取“概率前往”，就能得到奖励 1，并且会分别以概率 0.2、0.4、0.4 转移到 s_2、s_3 或 s_4。

接下来我们编写代码来表示图 3-4 中的马尔可夫决策过程，并定义两个策略。第一个策略是一个完全随机策略，即在每个状态下，智能体会以同样的概率选取它可能采取的动作。例如，在 s_1 下智能体会以 0.5 和 0.5 的概率选取动作“保持 s_1”和“前往 s_2”。第二个策略是一个提前设定的策略。

```
S = ["s1","s2","s3","s4","s5"] # 状态集合
A = ["保持s1","前往s1","前往s2","前往s3","前往s4","前往s5","概率前往"] # 动作集合
```

```
# 状态转移函数
P = {
    "s1-保持 s1-s1":1.0, "s1-前往 s2-s2":1.0,
    "s2-前往 s1-s1":1.0, "s2-前往 s3-s3":1.0,
    "s3-前往 s4-s4":1.0, "s3-前往 s5-s5":1.0,
    "s4-前往 s5-s5":1.0, "s4-概率前往-s2":0.2,
    "s4-概率前往-s3":0.4, "s4-概率前往-s4":0.4,
}
# 奖励函数
R = {
    "s1-保持 s1":-1, "s1-前往 s2":0,
    "s2-前往 s1":-1, "s2-前往 s3":-2,
    "s3-前往 s4":-2, "s3-前往 s5":0,
    "s4-前往 s5":10, "s4-概率前往":1,
}
gamma = 0.5 # 折扣因子
MDP = (S, A, P, R, gamma)

# 策略 1,随机策略
Pi_1 = {
    "s1-保持 s1":0.5, "s1-前往 s2":0.5,
    "s2-前往 s1":0.5, "s2-前往 s3":0.5,
    "s3-前往 s4":0.5, "s3-前往 s5":0.5,
    "s4-前往 s5":0.5, "s4-概率前往":0.5,
}
# 策略 2
Pi_2 = {
    "s1-保持 s1":0.6, "s1-前往 s2":0.4,
    "s2-前往 s1":0.3, "s2-前往 s3":0.7,
    "s3-前往 s4":0.5, "s3-前往 s5":0.5,
    "s4-前往 s5":0.1, "s4-概率前往":0.9,
}
# 把输入的两个字符串通过“-”连接,便于使用上述定义的 P、R 变量
def join(str1, str2):
    return str1 + '-' + str2
```

接下来我们要计算该 MDP 下，一个策略 π 的状态价值函数。我们现有的工具是 MRP 的解析解方法。于是，一个很自然的想法是：给定一个 MDP 和一个策略 π，是否可以将其转化为一个 MRP？答案是肯定的。我们将策略的动作选择进行边缘化（marginalization)，就可以得到没有动作的 MRP 了。具体来说，对于某一个状态，我们根据策略将所有动作的概率进行加权，得到的奖励和就可以被认为是一个 MRP 在该状态下的奖励，即：

$$r'(s) = \sum_{a \in \mathcal{A}} \pi(a \mid s) r(s,a)$$

同理，我们计算采取动作的概率与使 s 转移到 s' 的概率的乘积，再将这些乘积相加，其和就是一个 MRP 的状态从 s 转移至 s' 的概率：

$$P'(s' \mid s) = \sum_{a \in \mathcal{A}} \pi(a \mid s) P(s' \mid s,a)$$

于是，我们构建得到了一个 MRP：$\langle \mathcal{S}, P', r', \gamma \rangle$。根据价值函数的定义可以发现，转化前的

MDP 的状态价值函数和转化后的 MRP 的价值函数是一样的。于是我们可以用 MRP 中计算价值函数的解析解来计算这个 MDP 中该策略的状态价值函数。

我们接下来就编写代码来实现该方法，计算用随机策略（也就是代码中的 Pi_1）时的状态价值函数。为了简单起见，我们直接给出转化后的 MRP 的状态转移矩阵和奖励函数，感兴趣的读者可以自行验证。

```
gamma = 0.5
# 转化后的MRP的状态转移矩阵
P_from_mdp_to_mrp = [
    [0.5, 0.5, 0.0, 0.0, 0.0],
    [0.5, 0.0, 0.5, 0.0, 0.0],
    [0.0, 0.0, 0.0, 0.5, 0.5],
    [0.0, 0.1, 0.2, 0.2, 0.5],
    [0.0, 0.0, 0.0, 0.0, 1.0],
]
P_from_mdp_to_mrp = np.array(P_from_mdp_to_mrp)
R_from_mdp_to_mrp = [-0.5, -1.5, -1.0, 5.5, 0]

V = compute(P_from_mdp_to_mrp, R_from_mdp_to_mrp, gamma, 5)
print("MDP中每个状态价值分别为\n", V)
```

```
MDP中每个状态价值分别为
 [[-1.22555411]
 [-1.67666232]
 [ 0.51890482]
 [ 6.0756193 ]
 [ 0.        ]]
```

知道了状态价值函数 $V^\pi(s)$ 后，我们可以计算动作价值函数 $Q^\pi(s,a)$。例如（s_4,概率前往）的动作价值为 2.152，根据以下公式可以计算得到：

$$Q^\pi(s,a)=r(s,a)+\gamma\sum_{s'\in\mathcal{S}}P(s'\mid s,a)V^\pi(s')$$

$$2.152=1+0.5\times[0.2\times(-1.68)+0.4\times0.52+0.4\times6.08]$$

这个 MRP 解析解的方法在状态动作集合比较大的时候不是很适用，那有没有其他的方法呢？第 4 章将介绍用动态规划算法来计算得到价值函数。3.5 节将介绍用蒙特卡洛方法来近似估计这个价值函数，用蒙特卡洛方法的好处在于我们不需要知道 MDP 的状态转移函数和奖励函数，它可以得到一个近似值，并且采样数越多越准确。

3.5 蒙特卡洛方法

蒙特卡洛方法（Monte Carlo method）也被称为统计模拟方法，是一种基于概率统计的数值计算方法。运用蒙特卡洛方法时，我们通常使用重复随机抽样，然后运用概率统计方法来从抽样结果中归纳出我们想得到的目标的数值估计。一个简单的例子是用蒙特卡洛方法来估计圆的面积。例如，在图 3-5 所示的正方形内部随机产生若干个点，细数落在圆中的点的个数，圆的面积与正方形的面积之比就等于圆中点的个数与正方形中点的个数之比。随机产生的点的个数越

扫码观看视频课程

多，计算得到圆的面积就越接近于真实的圆的面积。

$$\frac{\text{圆的面积}}{\text{正方形的面积}}=\frac{\text{圆中点的个数}}{\text{正方形中点的个数}}$$

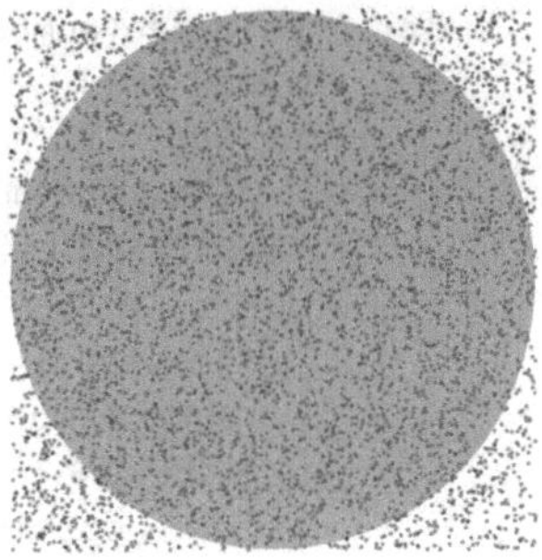

图 3-5 用蒙特卡洛方法估计圆的面积

我们现在介绍如何用蒙特卡洛方法来估计一个策略在一个马尔可夫决策过程中的状态价值。回忆一下，一个状态的价值是它的期望回报，那么一个很直观的想法就是用策略在 MDP 上采样很多条序列，计算从这个状态出发的回报再求其期望就可以了，公式如下：

$$V^\pi(s)=\mathrm{E}_\pi[G_t\mid S_t=s]\approx\frac{1}{N}\sum_{i=1}^{N}G_t^{(i)}$$

在一条序列中，可能没有出现过这个状态，可能只出现过一次这个状态，也可能出现过很多次这个状态。我们介绍的蒙特卡洛价值估计方法会在该状态每一次出现时计算它的回报。还有一种选择是一条序列只计算一次回报，也就是在这条序列第一次出现该状态时计算后面的累积奖励，而后面再次出现该状态时，该状态就被忽略了。假设我们现在用策略 π 从状态 s 开始采样序列，据此来计算状态价值。我们为每一个状态维护一个计数器和总回报，计算状态价值的具体过程如下所示。

（1）使用策略 π 采样若干条序列：

$$s_0^{(i)}\xrightarrow{a_0^{(i)}}r_0^{(i)},s_1^{(i)}\xrightarrow{a_1^{(i)}}r_1^{(i)},s_2^{(i)}\xrightarrow{a_2^{(i)}}\cdots\xrightarrow{a_{T-1}^{(i)}}r_{T-1}^{(i)},s_T^{(i)}$$

（2）对每一条序列中的每一时间步 t 的状态 s 进行以下操作：

- 更新状态 s 的计数器 $N(s)\leftarrow N(s)+1$；
- 更新状态 s 的总回报 $M(s)\leftarrow M(s)+G$；

（3）每一个状态的价值被估计为回报的期望 $V(s)=M(s)/N(s)$。

根据大数定律，当 $N(s)\to\infty$ 时，有 $V(s)\to V^\pi(s)$。计算回报的期望时，除了可以把所有的回报加起来除以次数，还有一种增量更新的方法。对于每个状态 s 和对应回报 G，进行如下计算：

- $N(s)\leftarrow N(s)+1$
- $V(s)\leftarrow V(s)+\dfrac{1}{N(s)}(G-V(s))$

这种增量式更新期望的方法已经在第 2 章中展示过。

接下来我们用代码定义一个采样函数。采样函数需要遵守状态转移矩阵和相应的策略，每次将（s,a,r,s_next）元组放入序列中，直到到达终止序列。然后我们通过该函数，用随机策略在图 3-4 的 MDP 中随机采样几条序列。

```
def sample(MDP, Pi, timestep_max, number):
    ''' 采样函数,策略 Pi,限制最长时间步 timestep_max,总共采样序列数 number '''
    S, A, P, R, gamma = MDP
```

```
    episodes = []
    for _ in range(number):
        episode = []
        timestep = 0
        s = S[np.random.randint(4)] # 随机选择一个除 s5 以外的状态 s 作为起点
        # 当前状态为终止状态或者时间步太长时,一次采样结束
        while s != "s5" and timestep <= timestep_max:
            timestep += 1
            rand, temp = np.random.rand(), 0
            # 在状态 s 下根据策略选择动作
            for a_opt in A:
                temp += Pi.get(join(s, a_opt), 0)
                if temp > rand:
                    a = a_opt
                    r = R.get(join(s, a), 0)
                    break
            rand, temp = np.random.rand(), 0
            # 根据状态转移概率得到下一个状态 s_next
            for s_opt in S:
                temp += P.get(join(join(s, a), s_opt), 0)
                if temp > rand:
                    s_next = s_opt
                    break
            episode.append((s, a, r, s_next)) # 把 (s,a,r,s_next) 元组放入序列中
            s = s_next # s_next 变成当前状态,开始接下来的循环
        episodes.append(episode)
    return episodes

# 采样 5 次,每个序列最长不超过 20 步
episodes = sample(MDP, Pi_1, 20, 5)
print('第一条序列\n', episodes[0])
print('第二条序列\n', episodes[1])
print('第五条序列\n', episodes[4])
```

```
第一条序列
 [('s1', '前往s2', 0, 's2'), ('s2', '前往s3', -2, 's3'), ('s3', '前往s5', 0, 's5')]
第二条序列
 [('s4', '概率前往', 1, 's4'), ('s4', '前往s5', 10, 's5')]
第五条序列
 [('s2', '前往s3', -2, 's3'), ('s3', '前往s4', -2, 's4'), ('s4', '前往s5', 10, 's5')]
```

```
# 对所有采样序列计算所有状态的价值
def MC(episodes, V, N, gamma):
    for episode in episodes:
        G = 0
        for i in range(len(episode)-1, -1, -1): #一个序列从后往前计算
            (s, a, r, s_next) = episode[i]
            G = r + gamma * G
            N[s] = N[s] + 1
            V[s] = V[s] + (G - V[s]) / N[s]

timestep_max = 20
# 采样 1000 次,可以自行修改
episodes = sample(MDP, Pi_1, timestep_max, 1000)
gamma = 0.5
```

```
V = {"s1":0, "s2":0, "s3":0, "s4":0, "s5":0}
N = {"s1":0, "s2":0, "s3":0, "s4":0, "s5":0}
MC(episodes, V, N, gamma)
print("使用蒙特卡洛方法计算 MDP 的状态价值为\n", V)
```

```
使用蒙特卡洛方法计算 MDP 的状态价值为
 {'s1': -1.228923788722258, 's2': -1.6955696284402704, 's3': 0.4823809701532294,
's4': 5.967514743019431, 's5': 0}
```

可以看到用蒙特卡洛方法估计得到的状态价值和我们用 MRP 解析解得到的状态价值是很接近的。这得益于我们采样了比较多的序列，感兴趣的读者可以尝试修改采样次数，然后观察蒙特卡洛方法的结果。

3.6 占用度量

3.4 节提到，不同策略的价值函数是不一样的。这是因为对于同一个 MDP，不同策略会访问到的状态的概率分布是不同的。想象一下，图 3-4 的 MDP 中现在有一个策略，它的动作执行会使得智能体尽快到达终止状态 s_5，于是当智能体处于状态 s_3 时，不会采取“前往 s_4”的动作，而只会以 1 的概率采取“前往 s_5”的动作，智能体也不会获得在 s_4 状态下采取“前往 s_5”可以得到的很大的奖励 10。可想而知，根据贝尔曼方程，这个策略在状态 s_3 的概率会比较小，究其原因是智能体无法到达状态 s_4。因此我们需要理解不同策略会使智能体访问到不同概率分布的状态这个事实，这会影响到策略的价值函数。

首先我们定义 MDP 的初始状态分布 $\nu_0(s)$，在有些资料中，初始状态分布会被定义进 MDP 的组成元素中。我们用 $P_t^\pi(s)$ 表示采取策略 π 使得智能体在 t 时刻状态为 s 的概率，所以有 $P_0^\pi(s)=\nu_0(s)$，然后就可以定义一个策略的状态访问分布（state visitation distribution）：

$$\nu^\pi(s)=(1-\gamma)\sum_{t=0}^{\infty}\gamma^t P_t^\pi(s)$$

其中，$1-\gamma$ 是用来使概率加和为 1 的归一化因子。状态访问概率表示在一个策略下智能体和 MDP 交互会访问到的状态的分布。需要注意的是，理论上在计算该分布时需要交互到无穷步之后，但实际上智能体和 MDP 的交互在一个序列中是有限的。不过我们仍然可以用以上公式来表达状态访问概率的思想，状态访问概率有如下性质：

$$\nu^\pi(s')=(1-\gamma)\nu_0(s')+\gamma\int P(s'\mid s,a)\pi(a\mid s)\nu^\pi(s)\mathrm{d}s\mathrm{d}a$$

此外，我们还可以定义策略的占用度量（occupancy measure）：

$$\rho^\pi(s,a)=(1-\gamma)\sum_{t=0}^{\infty}\gamma^t P_t^\pi(s)\pi(a\mid s)$$

它表示状态动作对 (s,a) 被访问到的概率。二者之间存在如下关系：

$$\rho^\pi(s,a)=\nu^\pi(s)\pi(a\mid s)$$

进一步得出如下两个定理。

定理 1：智能体分别以策略 π_1 和 π_2 和同一个 MDP 交互得到的占用度量 ρ^{π_1} 和 ρ^{π_2} 满足

$$\rho^{\pi_1} = \rho^{\pi_2} \Leftrightarrow \pi_1 = \pi_2$$

定理 2：给定一合法占用度量 ρ，可生成该占用度量的唯一策略是

$$\pi_\rho = \frac{\rho(s,a)}{\sum_{a'} \rho(s,a')}$$

注意：以上提到的“合法”占用度量是指存在一个策略使智能体与 MDP 交互产生的状态动作对被访问到的概率。

接下来我们编写代码来近似估计占用度量。这里我们采用近似估计，即设置一个较大的采样轨迹长度的最大值，然后采样很多次，用状态动作对出现的频率估计实际概率。

```
def occupancy(episodes, s, a, timestep_max, gamma):
    ''' 计算状态动作对（s,a）出现的频率,以此来估算策略的占用度量 '''
    rho = 0
    total_times = np.zeros(timestep_max) # 记录每个时间步 t 各被经历过几次
    occur_times = np.zeros(timestep_max) # 记录(s_t,a_t)=(s,a)的次数
    for episode in episodes:
        for i in range(len(episode)):
            (s_opt, a_opt, r, s_next) = episode[i]
            total_times[i] += 1
            if s == s_opt and a == a_opt:
                occur_times[i] += 1
    for i in reversed(range(timestep_max)):
        if total_times[i]:
            rho += gamma**i * occur_times[i] / total_times[i]
    return (1 - gamma) * rho

gamma = 0.5
timestep_max = 1000

episodes_1 = sample(MDP, Pi_1, timestep_max, 1000)
episodes_2 = sample(MDP, Pi_2, timestep_max, 1000)
rho_1 = occupancy(episodes_1, "s4", "概率前往", timestep_max, gamma)
rho_2 = occupancy(episodes_2, "s4", "概率前往", timestep_max, gamma)
print(rho_1, rho_2)
```

```
0.112567796310472 0.23199480615618912
```

通过以上结果可以发现，不同策略对于同一个状态动作对的占用度量是不一样的。

3.7 最优策略

强化学习的目标通常是找到一个策略，使得智能体从初始状态出发能获得最多的期望回报。我们首先定义策略之间的偏序关系：当且仅当对于任意的状态 s 都有 $V^{\pi}(s) \geqslant V^{\pi'}(s)$ 时，记 $\pi \geqslant \pi'$。于是在有限状态和动作集合的 MDP 中，至少存在一个策略比其他所有策略都好或者至少存在一个策略不差于其他所有策略，这个策略就是最优策略（optimal policy）。最优策略可能有很多

个，我们都将其表示为$\pi^*(s)$。

最优策略都有相同的状态价值函数，称之为最优状态价值函数，表示为：

$$V^*(s)=\max_{\pi} V^{\pi}(s),\quad \forall s\in\mathcal{S}$$

同理，定义最优动作价值函数：

$$Q^*(s,a)=\max_{\pi} Q^{\pi}(s,a),\quad \forall s\in\mathcal{S},a\in\mathcal{A}$$

为了使$Q^{\pi}(s,a)$最大，我们需要在当前的状态动作对(s,a)之后都执行最优策略。于是我们得到了最优状态价值函数和最优动作价值函数之间的关系：

$$Q^*(s,a)=r(s,a)+\gamma\sum_{s'\in\mathcal{S}}P(s'\mid s,a)V^*(s')$$

这与在普通策略下的状态价值函数和动作价值函数之间的关系是一样的。另一方面，最优状态价值是选择此时使最优动作价值最大的那一个动作时的状态价值：

$$V^*(s)=\max_{a\in\mathcal{A}} Q^*(s,a)$$

贝尔曼最优方程

根据$V^*(s)$和$Q^*(s,a)$的关系，我们可以得到贝尔曼最优方程（Bellman optimality equation）：

$$V^*(s)=\max_{a\in\mathcal{A}}\{r(s,a)+\gamma\sum_{s'\in\mathcal{S}}P(s'\mid s,a)V^*(s')\}$$

$$Q^*(s,a)=r(s,a)+\gamma\sum_{s'\in\mathcal{S}}P(s'\mid s,a)\max_{a'\in\mathcal{A}} Q^*(s',a')$$

第 4 章将介绍如何用动态规划算法得到最优策略。

3.8 小结

本章从零开始介绍了马尔可夫决策过程的基础概念知识，并讲解了如何通过求解贝尔曼方程得到状态价值的解析解以及如何用蒙特卡洛方法估计各个状态的价值。马尔可夫决策过程是强化学习中的基础概念，强化学习中的环境就是一个马尔可夫决策过程。我们接下来将要介绍的强化学习算法通常都是在求解马尔可夫决策过程中的最优策略。

3.9 参考文献

[1] SUTTON R S, BARTO A G. Reinforcement learning: an introduction [M]. Cambridge:MIT press, 2018.

[2] OTTERLO M V, WIERING M. Reinforcement learning and markov decision processes [M]. Berlin, Heidelberg: Springer, 2012: 3-42.

第 4 章

动态规划算法

4.1 简介

扫码观看视频课程

动态规划（dynamic programming）是程序设计算法中非常重要的内容，能够高效地解决一些经典问题，例如背包问题和最短路径规划。动态规划的基本思想是将待求解问题分解成若干个子问题，先求解子问题，然后从这些子问题的解得到目标问题的解。动态规划会保存已解决的子问题的答案，在求解目标问题的过程中，需要这些子问题的答案时就可以直接利用，避免重复计算。本章介绍如何用动态规划的思想来求解马尔可夫决策过程中的最优策略。

基于动态规划的强化学习算法主要有两种：一是*策略迭代*（policy iteration），二是*价值迭代*（value iteration）。其中，策略迭代由两部分组成：*策略评估*（policy evaluation）和*策略提升*（policy improvement）。具体来说，策略迭代中的策略评估使用贝尔曼期望方程来得到一个策略的状态价值函数，这是一个动态规划的过程；而价值迭代直接使用贝尔曼最优方程来进行动态规划，得到最终的最优状态价值函数。

不同于 3.5 节介绍的蒙特卡洛方法和第 5 章将要介绍的时序差分算法，基于动态规划的这两种强化学习算法要求事先知道环境的状态转移函数和奖励函数，也就是需要知道整个马尔可夫决策过程。在这样一个白盒环境中，不需要通过智能体和环境的大量交互来学习，可以直接用动态规划求解状态价值函数。但是，现实中的白盒环境很少，这也是动态规划算法的局限之处，我们无法将其运用到很多实际场景中。另外，策略迭代和价值迭代通常只适用于有限马尔可夫决策过程，即状态空间和动作空间是离散且有限的。

4.2 悬崖漫步环境

本节使用策略迭代和价值迭代来求解*悬崖漫步*（Cliff Walking）这个环境中的最优策略。接下来先简单介绍一下该环境。

悬崖漫步是一个非常经典的强化学习环境，它要求一个智能体从起点出发，避开悬崖行走，最终到达目标位置。如图 4-1 所示，有一个 4×12 的网格世界，每一个网格表示一个状态。智能体的起点是左下角的状态，目标是右下角的状态，智能体在每一个状态都可以采取 4 种动作：上、下、左、右。如果智能体采取动作后触碰到边界墙壁则状态不发生改变，否则就会相应到达下一个状态。环境中有一段悬崖，智能体掉入悬崖或到达目标状态都会结束动作并回到起点，也就是说掉入悬崖或者达到目标状态是终止状态。智能体每走一步的奖励是 −1，掉入悬崖的奖励是−100。

图 4-1 悬崖漫步环境示意图

接下来一起来看一看悬崖漫步环境的代码吧。

```
import copy

class CliffWalkingEnv:
    """ 悬崖漫步环境"""
    def __init__(self, ncol=12, nrow=4):
        self.ncol = ncol # 定义网格世界的列
        self.nrow = nrow # 定义网格世界的行
        # 转移矩阵P[state][action] = [(p, next_state, reward, done)]包含下一个状态和奖励
        self.P = self.createP()

    def createP(self):
        # 初始化
        P = [[[] for j in range(4)] for i in range(self.nrow * self.ncol)]
        # 4种动作, change[0]:上,change[1]:下, change[2]:左, change[3]:右。坐标系原点(0,0)
        # 定义在左上角
        change = [[0, -1], [0, 1], [-1, 0], [1, 0]]
        for i in range(self.nrow):
            for j in range(self.ncol):
                for a in range(4):
                    # 位置在悬崖或者目标状态,因为无法继续交互,任何动作奖励都为 0
                    if i == self.nrow - 1 and j > 0:
                        P[i * self.ncol + j][a] = [(1, i * self.ncol + j, 0, True)]
                        continue
                    # 其他位置
                    next_x = min(self.ncol - 1, max(0, j + change[a][0]))
                    next_y = min(self.nrow - 1, max(0, i + change[a][1]))
                    next_state = next_y * self.ncol + next_x
                    reward = -1
                    done = False
                    # 下一个位置在悬崖或者终点
                    if next_y == self.nrow - 1 and next_x > 0:
                        done = True
                        if next_x != self.ncol - 1: # 下一个位置在悬崖
                            reward = -100
                    P[i * self.ncol + j][a] = [(1, next_state, reward, done)]
        return P
```

4.3 策略迭代算法

策略迭代是策略评估和策略提升不断循环交替，直至最后得到最优策略的过程。本节分别对这两个过程进行详细介绍。

4.3.1 策略评估

策略评估这一过程用来计算一个策略的状态价值函数。回顾一下之前学习的贝尔曼期望方程：

$$V^\pi(s)=\sum_{a\in\mathcal{A}}\pi(a|s)\left(r(s,a)+\gamma\sum_{s'\in\mathcal{S}}P(s'|s,a)V^\pi(s')\right)$$

其中，$\pi(a|s)$是策略π在状态s下采取动作a的概率。可以看到，当知道奖励函数和状态转移函数时，我们可以根据下一个状态的价值来计算当前状态的价值。因此，根据动态规划的思想，可以把计算下一个可能状态的价值当成一个子问题，把计算当前状态的价值看作当前问题。在得知子问题的解后，就可以求解当前问题。更一般地，考虑所有的状态，就变成了用上一轮的状态价值函数来计算当前轮的状态价值函数，即

$$V^{k+1}(s)=\sum_{a\in\mathcal{A}}\pi(a|s)\left(r(s,a)+\gamma\sum_{s'\in\mathcal{S}}P(s'|s,a)V^k(s')\right)$$

我们可以选定任意初始值V^0。根据贝尔曼期望方程，可以得知$V^k=V^\pi$是以上更新公式的一个*不动点*（fixed point）。事实上，可以证明当$k\to\infty$时，序列$\{V^k\}$会收敛到V^π，所以可以据此来计算得到一个策略的状态价值函数。可以看到，由于需要不断做贝尔曼期望方程迭代，策略评估其实会耗费很大的计算代价。在实际的实现过程中，如果某一轮$\max_{s\in\mathcal{S}}\left|V^{k+1}(s)-V^k(s)\right|$的值非常小，可以提前结束策略评估。这样做可以提升效率，并且得到的价值非常接近真实的价值。

4.3.2 策略提升

使用策略评估计算得到当前策略的状态价值函数之后，我们可以据此来改进该策略。假设此时对于策略π，我们已经知道其价值V^π，也就是知道了在策略π下从每一个状态s出发最终得到的期望回报。我们要如何改变策略来获得在状态s下更高的期望回报呢？假设智能体在状态s下采取动作a，之后的动作依旧遵循策略π，此时得到的期望回报其实就是动作价值$Q^\pi(s,a)$。如果有$Q^\pi(s,a)>V^\pi(s)$，则说明在状态s下采取动作a会比原来的策略$\pi(a|s)$得到更高的期望回报。以上假设只针对一个状态，现在假设存在一个确定性策略π'，在任意一个状态s下，都满足

$$Q^\pi(s,\pi'(s))\geqslant V^\pi(s)$$

于是在任意状态s下，有

$$V^{\pi'}(s)\geqslant V^\pi(s)$$

这便是*策略提升定理*（policy improvement theorem）。于是我们可以贪心地在每一个状态选择动作价值最大的动作，也就是

$$\pi'(s)=\arg\max_a Q^\pi(s,a)=\arg\max_a\{r(s,a)+\gamma\sum_{s'}P(s'|s,a)V^\pi(s')\}$$

可以发现，我们构造的贪婪策略 π' 满足策略提升定理的条件，所以策略 π' 能够比策略 π 更好或者至少与其一样好。这个根据贪婪算法选取动作从而得到新的策略的过程称为策略提升。当策略提升之后得到的策略 π' 和之前的策略 π 一样时，说明策略迭代达到了收敛，此时 π 和 π' 就是最优策略。

策略提升定理的证明

通过以下推导过程可以证明，使用上述提升公式得到的新策略 π' 在每个状态的价值都不低于原策略 π 在该状态的价值。

$$\begin{aligned}V^\pi(s)&\leqslant Q^\pi(s,\pi'(s))\\&=\mathrm{E}_{\pi'}[R_t+\gamma V^\pi(S_{t+1})|S_t=s]\\&\leqslant\mathrm{E}_{\pi'}[R_t+\gamma Q^\pi(S_{t+1},\pi'(S_{t+1}))|S_t=s]\\&=\mathrm{E}_{\pi'}[R_t+\gamma R_{t+1}+\gamma^2V^\pi(S_{t+2})|S_t=s]\\&\leqslant\mathrm{E}_{\pi'}[R_t+\gamma R_{t+1}+\gamma^2R_{t+2}+\gamma^3V^\pi(S_{t+3})|S_t=s]\\&\vdots\\&\leqslant\mathrm{E}_{\pi'}[R_t+\gamma R_{t+1}+\gamma^2R_{t+2}+\gamma^3R_{t+3}+\cdots|S_t=s]\\&=V^{\pi'}(s)\end{aligned}$$

可以看到，推导过程中的每一个时间步都用到局部动作价值优势 $V^\pi(S_{t+1})\leqslant Q^\pi(S_{t+1},\pi'(S_{t+1}))$，累积到无穷步或者终止状态时，我们就得到了整个策略价值提升的不等式。

4.3.3 策略迭代

总体来说，策略迭代算法的过程如下：对当前的策略进行策略评估，得到其状态价值函数，然后根据该状态价值函数进行策略提升以得到一个更好的新策略，接着继续评估新策略、提升策略……直至最后收敛到最优策略（收敛性证明参见 4.7 节）：

$$\pi^0\xrightarrow{\text{策略评估}}V^{\pi^0}\xrightarrow{\text{策略提升}}\pi^1\xrightarrow{\text{策略评估}}V^{\pi^1}\xrightarrow{\text{策略提升}}\pi^2\xrightarrow{\text{策略评估}}\cdots\xrightarrow{\text{策略提升}}\pi^*$$

结合策略评估和策略提升，可以得到以下策略迭代算法：

```
随机初始化策略函数 π(s) 和状态价值函数 V(s)
while Δ > θ do:（策略评估循环）
    Δ ← 0
    对于每一个状态 s ∈ S：
        v ← V(s)
        V(s) ← r(s,π(s)) + γ Σ_{s'} P(s'|s,π(s))V(s')
        Δ ← max(Δ, |v − V(s)|)
end while
```

$\pi_{\text{old}} \leftarrow \pi$

对于每一个状态 $s \in \mathcal{S}$：

$$\pi(s) \leftarrow \arg\max_a \{r(s,a) + \gamma \sum_{s'} P(s' \mid s,a) V(s')\}$$

若 $\pi_{\text{old}} = \pi$，则停止算法并返回 V 和 π，否则转到策略评估循环

我们现在来看一下策略迭代算法的代码实现过程。

```
class PolicyIteration:
    """ 策略迭代算法 """
    def __init__(self, env, theta, gamma):
        self.env = env
        self.v = [0] * self.env.ncol * self.env.nrow  # 初始化价值为 0
        self.pi = [[0.25, 0.25, 0.25, 0.25] for i in range(self.env.ncol * self.
                env.nrow)]  # 初始化为均匀随机策略
        self.theta = theta  # 策略评估收敛阈值
        self.gamma = gamma  # 折扣因子

    def policy_evaluation(self): # 策略评估
        cnt = 1 # 计数器
        while 1:
            max_diff = 0
            new_v = [0] * self.env.ncol * self.env.nrow
            for s in range(self.env.ncol * self.env.nrow):
                qsa_list = [] # 开始计算状态 s 下的所有 Q(s,a)价值
                for a in range(4):
                    qsa = 0
                    for res in self.env.P[s][a]:
                        p, next_state, r, done = res
                        qsa += p * (r + self.gamma * self.v[next_state] * (1-done))
                        # 本章环境比较特殊,奖励和下一个状态有关,所以需要和状态转移概率相乘
                    qsa_list.append(self.pi[s][a] * qsa)
                new_v[s] = sum(qsa_list)  # 状态价值函数和动作价值函数之间的关系
                max_diff = max(max_diff, abs(new_v[s] - self.v[s]))
            self.v = new_v
            if max_diff < self.theta: break # 满足收敛条件,退出评估迭代
            cnt += 1
        print("策略评估进行%d 轮后完成" % cnt)

    def policy_improvement(self): # 策略提升
        for s in range(self.env.nrow * self.env.ncol):
            qsa_list = []
            for a in range(4):
                qsa = 0
                for res in self.env.P[s][a]:
                    p, next_state, r, done = res
                    qsa += p * (r + self.gamma * self.v[next_state] * (1-done))
                qsa_list.append(qsa)
            maxq = max(qsa_list)
            cntq = qsa_list.count(maxq) # 计算有几个动作得到了最大的 Q 值
            # 让这些动作均分概率
            self.pi[s] = [1/cntq if q == maxq else 0 for q in qsa_list]
```

```
        print("策略提升完成")
        return self.pi

    def policy_iteration(self): # 策略迭代
        while 1:
            self.policy_evaluation()
            old_pi = copy.deepcopy(self.pi) # 将列表进行深拷贝,方便接下来进行比较
            new_pi = self.policy_improvement()
            if old_pi == new_pi: break
```

现在我们已经写好了环境代码和策略迭代代码。为了更好地展现最终的策略，接下来增加一个打印策略的函数，用于打印当前策略在每个状态下的价值以及智能体会采取的动作。对于打印出来的动作，我们用^o<o 表示等概率采取向上和向左两种动作，ooo>表示在当前状态下只采取向右动作。

```
def print_agent(agent, action_meaning, disaster=[], end=[]):
    print("状态价值：")
    for i in range(agent.env.nrow):
        for j in range(agent.env.ncol):
            # 为了输出美观,保持输出 6 个字符
            print('%6.6s' % ('%.3f' % agent.v[i * agent.env.ncol + j]), end=' ')
        print()

    print("策略：")
    for i in range(agent.env.nrow):
        for j in range(agent.env.ncol):
            # 一些特殊的状态,例如悬崖漫步中的悬崖
            if (i * agent.env.ncol + j) in disaster:
                print('****', end=' ')
            elif (i * agent.env.ncol + j) in end: # 目标状态
                print('EEEE', end=' ')
            else:
                a = agent.pi[i * agent.env.ncol + j]
                pi_str = ''
                for k in range(len(action_meaning)):
                    pi_str += action_meaning[k] if a[k] > 0 else 'o'
                print(pi_str, end=' ')
        print()

env = CliffWalkingEnv()
action_meaning = ['^', 'v', '<', '>']
theta = 0.001
gamma = 0.9
agent = PolicyIteration(env, theta, gamma)
agent.policy_iteration()
print_agent(agent, action_meaning, list(range(37, 47)), [47])
```

```
策略评估进行 60 轮后完成
策略提升完成
策略评估进行 72 轮后完成
策略提升完成
```

```
策略评估进行 44 轮后完成
策略提升完成
策略评估进行 12 轮后完成
策略提升完成
策略评估进行 1 轮后完成
策略提升完成
状态价值：
-7.712 -7.458 -7.176 -6.862 -6.513 -6.126 -5.695 -5.217 -4.686 -4.095 -3.439 -2.710
-7.458 -7.176 -6.862 -6.513 -6.126 -5.695 -5.217 -4.686 -4.095 -3.439 -2.710 -1.900
-7.176 -6.862 -6.513 -6.126 -5.695 -5.217 -4.686 -4.095 -3.439 -2.710 -1.900 -1.000
-7.458  0.000  0.000  0.000  0.000  0.000  0.000  0.000  0.000  0.000  0.000  0.000
策略：
ovo> ovo> ovo> ovo> ovo> ovo> ovo> ovo> ovo> ovo> ovo> ovoo
ovo> ovo> ovo> ovo> ovo> ovo> ovo> ovo> ovo> ovo> ovo> ovoo
ooo> ooo> ooo> ooo> ooo> ooo> ooo> ooo> ooo> ooo> ooo> ovoo
^ooo **** **** **** **** **** **** **** **** **** **** EEEE
```

经过 5 次策略评估和策略提升的循环迭代，策略收敛了，此时将获得的策略打印出来。用贝尔曼最优方程去检验其中每一个状态的价值，可以发现最终输出的策略的确是最优策略。

4.4 价值迭代算法

从上面的代码运行结果中我们能发现，策略迭代中的策略评估需要进行很多轮才能收敛得到某一策略的状态函数，这需要很大的计算量，尤其是在状态和动作空间比较大的情况下。我们是否必须要完全等到策略评估完成后再进行策略提升呢？试想一下，可能出现这样的情况：虽然状态价值函数还没有收敛，但是不论接下来怎么更新状态价值，策略提升得到的都是同一个策略。如果只在策略评估中进行一轮价值更新，然后直接根据更新后的价值进行策略提升，这样是否可以呢？答案是肯定的，这其实就是本节将要讲解的价值迭代算法，它可以被认为是一种策略评估只进行了一轮更新的策略迭代算法。需要注意的是，价值迭代中不存在显式的策略，我们只维护一个状态价值函数。

确切来说，价值迭代可以被看成一种动态规划过程，它利用的是贝尔曼最优方程：

$$V^*(s)=\max_{a\in\mathcal{A}}\{r(s,a)+\gamma\sum_{s'\in\mathcal{S}}P(s'|s,a)V^*(s')\}$$

将其写成迭代更新的方式：

$$V^{k+1}(s)=\max_{a\in\mathcal{A}}\{r(s,a)+\gamma\sum_{s'\in\mathcal{S}}P(s'|s,a)V^k(s')\}$$

价值迭代便是按照以上更新方式来进行的。等到 V^{k+1} 和 V^k 相同时，它就是贝尔曼最优方程的不动点，此时对应着最优状态价值函数 $V^*(s)$ 。然后我们利用 $\pi(s)=\arg\max_a\{r(s,a)+\gamma\sum_{s'}P(s'|s,a)V^{k+1}(s')\}$ ，从中恢复出最优策略即可。

价值迭代的算法流程如下：

随机初始化$V(s)$

while $\Delta > \theta$ **do**:

　$\Delta \leftarrow 0$

　对于每一个状态$s \in \mathcal{S}$：

　　$v \leftarrow V(s)$

　　$V(s) \leftarrow \max_a \{r(s,a) + \gamma \sum_{s'} P(s' \mid s,a) V(s')\}$

　　$\Delta \leftarrow \max(\Delta, |v - V(s)|)$

end while

返回一个确定性策略$\pi(s) = \arg\max_a \{r(s,a) + \gamma \sum_{s'} P(s' \mid s,a) V(s')\}$

我们现在来编写价值迭代的代码。

```
class ValueIteration:
    """ 价值迭代算法 """
    def __init__(self, env, theta, gamma):
        self.env = env
        self.v = [0] * self.env.ncol * self.env.nrow  # 初始化价值为 0
        self.theta = theta  # 价值收敛阈值
        self.gamma = gamma
        # 价值迭代结束后得到的策略
        self.pi = [None for i in range(self.env.ncol * self.env.nrow)]

    def value_iteration(self):
        cnt = 0
        while 1:
            max_diff = 0
            new_v = [0] * self.env.ncol * self.env.nrow
            for s in range(self.env.ncol * self.env.nrow):
                qsa_list = [] # 开始计算状态 s 下的所有 Q(s,a)价值
                for a in range(4):
                    qsa = 0
                    for res in self.env.P[s][a]:
                        p, next_state, r, done = res
                        qsa += p * (r + self.gamma * self.v[next_state] * (1-done))
                    qsa_list.append(qsa) # 这一行和下一行代码是价值迭代和策略迭代的主要区别
                new_v[s] = max(qsa_list)
                max_diff = max(max_diff, abs(new_v[s] - self.v[s]))
            self.v = new_v
            if max_diff < self.theta: break # 满足收敛条件,退出评估迭代
            cnt += 1
        print("价值迭代一共进行%d 轮" % cnt)
        self.get_policy()

    def get_policy(self): # 根据价值函数导出一个贪婪策略
        for s in range(self.env.nrow * self.env.ncol):
            qsa_list = []
            for a in range(4):
```

```
                qsa = 0
                for res in self.env.P[s][a]:
                    p, next_state, r, done = res
                    qsa += p * (r + self.gamma * self.v[next_state] * (1-done))
                qsa_list.append(qsa)
            maxq = max(qsa_list)
            cntq = qsa_list.count(maxq) # 计算有几个动作得到了最大的Q值
            # 让这些动作均分概率
            self.pi[s] = [1/cntq if q == maxq else 0 for q in qsa_list]

env = CliffWalkingEnv()
action_meaning = ['^', 'v', '<', '>']
theta = 0.001
gamma = 0.9
agent = ValueIteration(env, theta, gamma)
agent.value_iteration()
print_agent(agent, action_meaning, list(range(37, 47)), [47])
```

```
价值迭代一共进行14轮
状态价值:
-7.712 -7.458 -7.176 -6.862 -6.513 -6.126 -5.695 -5.217 -4.686 -4.095 -3.439 -2.710
-7.458 -7.176 -6.862 -6.513 -6.126 -5.695 -5.217 -4.686 -4.095 -3.439 -2.710 -1.900
-7.176 -6.862 -6.513 -6.126 -5.695 -5.217 -4.686 -4.095 -3.439 -2.710 -1.900 -1.000
-7.458  0.000  0.000  0.000  0.000  0.000  0.000  0.000  0.000  0.000  0.000  0.000
策略:
ovo> ovo> ovo> ovo> ovo> ovo> ovo> ovo> ovo> ovo> ovo> ovoo
ovo> ovo> ovo> ovo> ovo> ovo> ovo> ovo> ovo> ovo> ovo> ovoo
ooo> ooo> ooo> ooo> ooo> ooo> ooo> ooo> ooo> ooo> ooo> ovoo
^ooo **** **** **** **** **** **** **** **** **** **** EEEE
```

可以看到，解决同样的训练任务，价值迭代总共进行了数十轮，而策略迭代中的策略评估总共进行了数百轮，价值迭代中的循环次数远少于策略迭代。

4.5　冰湖环境

除了悬崖漫步环境，本章还准备了另一个环境——冰湖（Frozen Lake）。冰湖环境的状态空间和动作空间是有限的，我们在该环境中也尝试一下策略迭代算法和价值迭代算法，以便更好地理解这两个算法。

冰湖是 OpenAI Gym 库中的一个环境。OpenAI Gym 库中包含了很多有名的环境，例如 Atari 和 MuJoCo，并且支持我们定制自己的环境。在之后的章节中，我们还会使用到更多来自 OpenAI Gym 库的环境。如图 4-2 所示，冰湖环境和悬崖漫步环境相似，也是一个网格世界，大小为 4×4。每一个网格是一个状态，智能体起点状态 ***S*** 在左上角，目标状态 ***G*** 在右下角，中间还有若干冰洞 *H*。智能体在每一个状态都可以采取上、下、左、右 4 个动作。由于智能体在冰面行走，因此每次行走都有一定的概率滑行到附近的其他状态，并且到达冰洞或目标状态时行走会提前结束。每一步行走的奖励是 0，到达目标的奖励是 1。

图 4-2 冰湖环境示意图

我们先创建 OpenAI Gym 中的 FrozenLake-v0 环境，并简单查看环境信息，然后找出冰洞和目标状态。在本书后续章节中，若运行 gym 环境的代码时遇到报错，请尝试使用 pip install gym==0.18.3 安装此版本的 gym 库，本书写作时使用的是该版本。

```
import gym
env = gym.make("FrozenLake-v0")  # 创建环境
env = env.unwrapped  # 解封装才能访问状态转移矩阵 P
env.render()  # 环境渲染,通常是弹窗显示或打印出可视化的环境

holes = set()
ends = set()
for s in env.P:
    for a in env.P[s]:
        for s_ in env.P[s][a]:
            if s_[2] == 1.0:  # 获得奖励为 1,代表是目标
                ends.add(s_[1])
            if s_[3] == True:
                holes.add(s_[1])
holes = holes - ends
print("冰洞的索引:", holes)
print("目标的索引:", ends)

for a in env.P[14]:  # 查看目标左边一格的状态转移信息
    print(env.P[14][a])
```

```
SFFF
FHFH
FFFH
HFFG
冰洞的索引: {11, 12, 5, 7}
目标的索引: {15}
[(0.3333333333333333, 10, 0.0, False), (0.3333333333333333, 13, 0.0, False),
 (0.3333333333333333, 14, 0.0, False)]
```

```
[(0.3333333333333333, 13, 0.0, False), (0.3333333333333333, 14, 0.0, False),
 (0.3333333333333333, 15, 1.0, True)]
[(0.3333333333333333, 14, 0.0, False), (0.3333333333333333, 15, 1.0, True),
 (0.3333333333333333, 10, 0.0, False)]
[(0.3333333333333333, 15, 1.0, True), (0.3333333333333333, 10, 0.0, False),
 (0.3333333333333333, 13, 0.0, False)]
```

首先，我们发现冰洞的索引是{5,7,11,12}（集合 set 的索引是无序的），起点状态（索引为 0）在左上角，和悬崖漫步环境一样。其次，根据第 15 个状态（即目标左边一格，数组下标索引为 14）的信息，我们可以看到每个动作都会等概率“滑行”到 3 种可能的结果，这一点和悬崖漫步环境是不一样的。我们接下来先在冰湖环境中尝试一下策略迭代算法。

```
# 这个动作意义是 Gym 库针对冰湖环境事先规定好的
action_meaning = ['<', 'v', '>', '^']
theta = 1e-5
gamma = 0.9
agent = PolicyIteration(env, theta, gamma)
agent.policy_iteration()
print_agent(agent, action_meaning, [5, 7, 11, 12], [15])
```

```
策略评估进行 25 轮后完成
策略提升完成
策略评估进行 58 轮后完成
策略提升完成
状态价值：
 0.069  0.061  0.074  0.056
 0.092  0.000  0.112  0.000
 0.145  0.247  0.300  0.000
 0.000  0.380  0.639  0.000
策略：
<ooo ooo^ <ooo ooo^
<ooo **** <o>o ****
ooo^ ovoo <ooo ****
**** oo>o ovoo EEEE
```

这个最优策略很看上去比较反直觉，其原因是这是一个智能体会随机滑向其他状态的冰冻湖面。例如，在目标左边一格的状态，采取向右的动作时，它有可能会滑到目标左上角的位置，从该位置再次到达目标会更加困难，所以此时采取向下的动作是更为保险的，并且有一定概率能够滑到目标。我们再来尝试一下价值迭代算法。

```
action_meaning = ['<', 'v', '>', '^']
theta = 1e-5
gamma = 0.9
agent = ValueIteration(env, theta, gamma)
agent.value_iteration()
print_agent(agent, action_meaning, [5, 7, 11, 12], [15])
```

```
价值迭代一共进行 60 轮
状态价值：
 0.069  0.061  0.074  0.056
 0.092  0.000  0.112  0.000
```

```
 0.145  0.247  0.300  0.000
 0.000  0.380  0.639  0.000
策略：
<ooo ooo^ <ooo ooo^
<ooo **** <o>o ****
ooo^ ovoo <ooo ****
**** oo>o ovoo EEEE
```

可以发现价值迭代算法的结果和策略迭代算法的结果完全一致，这也互相验证了各自的结果。

4.6 小结

本章讲解了强化学习中两个经典的动态规划算法：策略迭代算法和价值迭代算法，它们都能用于求解最优价值和最优策略。动态规划的主要思想是利用贝尔曼方程对所有状态进行更新。需要注意的是，在利用贝尔曼方程进行状态更新时，我们会用到马尔可夫决策过程中的奖励函数和状态转移函数。如果智能体无法事先得知奖励函数和状态转移函数，就只能通过和环境进行交互来采样（状态-动作-奖励-下一状态）这样的数据，我们将在之后的章节中讲解如何求解这种情况下的最优策略。

4.7 扩展阅读：收敛性证明

4.7.1 策略迭代

策略迭代的过程如下：

$$\pi^0 \xrightarrow{\text{策略评估}} V^{\pi^0} \xrightarrow{\text{策略提升}} \pi^1 \xrightarrow{\text{策略评估}} V^{\pi^1} \xrightarrow{\text{策略提升}} \pi^2 \xrightarrow{\text{策略评估}} \cdots \xrightarrow{\text{策略提升}} \pi^*$$

根据策略提升定理，我们知道更新后的策略的状态价值函数满足单调性，即 $V^{\pi^{k+1}} \geq V^{\pi^k}$。所以只要所有可能策略的个数是有限的，策略迭代就能收敛到最优策略。假设 MDP 的状态空间大小为 $|\mathcal{S}|$，动作空间大小为 $|\mathcal{A}|$，此时所有可能策略的个数为 $|\mathcal{A}|^{|\mathcal{S}|}$，是有限个，所以策略迭代能够在有限步找到其中的最优策略。

还有另一种类似的证明思路。在有限马尔可夫决策过程中，如果 $\gamma<1$，那么很显然存在一个上界 $C=R_{\max}/(1-\gamma)$（这里的 $R_{\max}$ 为最大单步奖励值），使得对于任意策略 π 和状态 s，其价值 $V^{\pi}(s)<C$。因此，对于每个状态 s，我们可以将策略迭代得到的价值写成数列 $\{V^{\pi^k}\}_{k=1\cdots\infty}$。根据实数列的单调有界收敛定理，该数列一定收敛，即策略迭代算法一定收敛。

4.7.2 价值迭代

价值迭代的更新公式为：

$$V^{k+1}(s)=\max_{a\in\mathcal{A}}\{r(s,a)+\gamma\sum_{s'\in\mathcal{S}}P(s'|s,a)V^k(s')\}$$

我们为其定义一个贝尔曼最优算子 T:

$$V^{k+1}(s)=TV^k(s)=\max_{a\in\mathcal{A}}\{r(s,a)+\gamma\sum_{s'\in\mathcal{S}}P(s'|s,a)V^k(s')\}$$

然后引入压缩算子(contraction operator):若 O 是一个算子,并且满足 $\|OV-OV'\|_q\leqslant\|V-V'\|_q$,则称 O 是一个压缩算子。其中,$\|x\|_q$ 表示 x 的 L_q 范数,包括我们将会用到的无穷范数 $\|x\|_\infty=\max_i|x_i|$。

我们接下来证明当 $\gamma\leqslant1$ 时,贝尔曼最优算子 T 是一个 γ-压缩算子。

$$\begin{aligned}\|TV-TV'\|_\infty&=\max_{s\in\mathcal{S}}\left|\max_{a\in\mathcal{A}}\{r(s,a)+\gamma\sum_{s'\in\mathcal{S}}P(s'|s,a)V(s')\}-\max_{a'\in\mathcal{A}}\{r(s,a')+\gamma\sum_{s'\in\mathcal{S}}P(s'|s,a')V'(s')\}\right|\\&\leqslant\max_{s,a}\left|r(s,a)+\gamma\sum_{s'\in\mathcal{S}}P(s'|s,a)V(s')-r(s,a)-\gamma\sum_{s'\in\mathcal{S}}P(s'|s,a)V'(s')\right|\\&=\gamma\max_{s,a}\left|\sum_{s'\in\mathcal{S}}P(s'|s,a)(V(s')-V'(s'))\right|\\&\leqslant\gamma\max_{s,a}\sum_{s'\in\mathcal{S}}P(s'|s,a)\max_{s'}|V(s')-V'(s')|\\&=\gamma\|V-V'\|_\infty\end{aligned}$$

将 V' 设为最优价值函数 V^*,于是有:

$$\|V^{k+1}-V^*\|_\infty=\|TV^k-TV^*\|_\infty\leqslant\gamma\|V^k-V^*\|_\infty\leqslant\cdots\leqslant\gamma^{k+1}\|V^0-V^*\|_\infty$$

这意味着,在 $\gamma\leqslant1$ 的情况下,随着迭代次数 k 越来越大,V^k 会越来越接近 V^*,即 $\lim_{k\to\infty}V^k=V^*$。至此,价值迭代的收敛性得到证明。

4.8 参考文献

[1] GERAMIFARD A, WALSN T J, TELLEX S, et al. A tutorial on linear function approximators for dynamic programming and reinforcement learning [J]. Foundations and Trends®in Machine Learning, 2013, 6 (4): 375-451.

[2] SZEPESVÁRI C, LITTMAN M L. Generalized markov decision processes: dynamic-programming and reinforcement-learning algorithms [C]//International Conference of Machine Learning, 1996: 96.

第5章 时序差分算法

5.1 简介

第 4 章介绍的动态规划算法要求马尔可夫决策过程是已知的，即要求与智能体交互的环境是完全已知的（例如迷宫或者给定规则的网格世界）。在此条件下，智能体其实并不需要和环境真正交互来采样数据，直接用动态规划算法就可以解出最优价值或策略。这就好比对于有监督学习任务，如果直接显式给出了数据的分布公式，那么也可以通过在期望层面上直接最小化模型的泛化误差来更新模型参数，并不需要采样任何数据点。

扫码观看视频课程

但这在大部分场景下并不现实，机器学习的主要方法都是在数据分布未知的情况下针对具体的数据点来对模型做出更新的。对于大部分强化学习现实场景（例如电子游戏或者一些复杂物理环境），其马尔可夫决策过程的状态转移概率是无法写出来的，也就无法直接进行动态规划。在这种情况下，智能体只能和环境进行交互，通过采样到的数据来学习，这类学习方法统称为*无模型的强化学习*（model-free reinforcement learning）。

不同于动态规划算法，无模型的强化学习算法不需要事先知道环境的奖励函数和状态转移函数，而是直接使用和环境交互的过程中采样到的数据来学习，这使得它可以被应用到一些简单的实际场景中。本章将要讲解无模型的强化学习中的两大经典算法：Sarsa 和 Q-learning，它们都是基于*时序差分*（temporal difference，TD）的强化学习算法。同时，本章还会引入一组概念：在线策略学习和离线策略学习。通常来说，在线策略学习要求使用在当前策略下采样得到的样本进行学习，一旦策略被更新，当前的样本就被放弃了，就好像在水龙头下用自来水洗手；而离线策略学习使用经验回放池将之前采样得到的样本收集起来再次利用，就好像使用脸盆接水后洗手。因此，离线策略学习往往能够更好地利用历史数据，并具有更小的样本复杂度（算法达到收敛结果需要在环境中采样的样本数量），这使其被更广泛地应用。

5.2 时序差分

扫码观看视频课程

时序差分是一种用来估计一个策略的价值函数的方法，它结合了蒙特卡洛和动态规划算法的思想。时序差分方法和蒙特卡洛的相似之处在于可以从样本数据中学习，不需要事先知道环境；和动态规划的相似之处在于可以根据贝尔曼方程的思想，利用后续状态的价值估计来更新当前状态的价值估计。回顾一下蒙特卡洛方法对价值函数的增量更新方式：

$$V(\boldsymbol{s}_t) \leftarrow V(\boldsymbol{s}_t) + \alpha[G_t - V(\boldsymbol{s}_t)]$$

这里我们将 3.5 节的 $1/N(\boldsymbol{s})$替换成 α，表示对价值估计更新的步长。可以将 α 取为一个常数，此时更新方式不再像蒙特卡洛方法那样严格地取期望。蒙特卡洛方法必须要等整个序列采样结束之后才能计算得到这一次的回报 G_t，而时序差分算法只需要当前步结束即可进行计算。具体来说，时序差分算法用当前获得的奖励加上下一个状态的价值估计来作为在当前状态会获得的回报，即：

$$V(\boldsymbol{s}_t) \leftarrow V(\boldsymbol{s}_t) + \alpha[r_t + \gamma V(\boldsymbol{s}_{t+1}) - V(\boldsymbol{s}_t)]$$

其中，$r_t + \gamma V(\boldsymbol{s}_{t+1}) - V(\boldsymbol{s}_t)$ 通常被称为*时序差分*（temporal difference，TD）*误差*（error），时序差分算法将其与步长的乘积作为状态价值的更新量。可以用 $r_t + \gamma V(\boldsymbol{s}_{t+1})$ 来代替 G_t 的原因是：

$$\begin{aligned} V^{\pi}(\boldsymbol{s}) &= \mathrm{E}_{\pi}[G_t \mid \boldsymbol{S}_t = \boldsymbol{s}] \\ &= \mathrm{E}_{\pi}[\sum_{k=0}^{\infty} \gamma^k R_{t+k} \mid \boldsymbol{S}_t = \boldsymbol{s}] \\ &= \mathrm{E}_{\pi}[R_t + \gamma \sum_{k=0}^{\infty} \gamma^k R_{t+k+1} \mid \boldsymbol{S}_t = \boldsymbol{s}] \\ &= \mathrm{E}_{\pi}[R_t + \gamma V^{\pi}(\boldsymbol{S}_{t+1}) \mid \boldsymbol{S}_t = \boldsymbol{s}] \end{aligned}$$

因此蒙特卡洛方法将上式第一行作为更新的目标，而时序差分算法将上式最后一行作为更新的目标。于是，在用策略和环境交互时，每采样一步，我们就可以用时序差分算法来更新状态价值估计。时序差分算法用到了 $V(\boldsymbol{s}_{t+1})$ 的估计值，可以证明它最终收敛到策略 π 的价值函数，我们在此不对此进行展开说明。

5.3 Sarsa 算法

扫码观看视频课程

既然我们可以用时序差分算法来估计状态价值函数，那一个很自然的问题是，我们能否用类似策略迭代的方法来进行强化学习。策略评估已经可以通过时序差分算法实现，那么在不知道奖励函数和状态转移函数的情况下该怎么进行策略提升呢？答案是可以直接用时序差分算法来估计动作价值函数 Q：

$$Q(\boldsymbol{s}_t, \boldsymbol{a}_t) \leftarrow Q(\boldsymbol{s}_t, \boldsymbol{a}_t) + \alpha[r_t + \gamma Q(\boldsymbol{s}_{t+1}, \boldsymbol{a}_{t+1}) - Q(\boldsymbol{s}_t, \boldsymbol{a}_t)]$$

然后我们用贪婪算法来选取在某个状态下动作价值最大的那个动作，即 $\arg\max_a Q(\boldsymbol{s}, \boldsymbol{a})$。这样似乎已经形成了一个完整的强化学习算法：用贪婪算法根据动作价值选取动作来和环境交互，再根据得到的数据用时序差分算法更新动作价值估计。

然而这个简单的算法存在两个需要进一步考虑的问题。第一，如果要用时序差分算法来准确地估计策略的状态价值函数，我们需要用极大量的样本来进行更新。但实际上我们可以忽略这一点，直接用一些样本来评估策略，然后就可以更新策略了。我们可以这么做的原因是策略提升可以在策略评估未完全进行的情况进行，回顾一下，价值迭代（参见 4.4 节）就是这样，这其实是广义策略迭代（generalized policy iteration）的思想。第二，如果在策略提升中一直根据贪婪算法得到一个确定性策略，可能会导致某些状态动作对 (s,a) 永远没有在序列中出现，以至于无法对其动作价值进行估计，进而无法保证策略提升后的策略比之前的好。我们在第 2 章中对此有详细讨论。简单常用的解决方案是不再一味使用贪婪算法，而是采用一个 ϵ -贪婪策略：有 $1-\epsilon$ 的概率采用动作价值最大的那个动作，另外有 ϵ 的概率从动作空间中随机采取一个动作，其公式表示为：

$$\pi(a \mid s)=\begin{cases}\epsilon/|A|+1-\epsilon & \text{if } a=\arg\max_{a'} Q(s,a') \\ \epsilon/|A| & \text{其他动作}\end{cases}$$

现在，我们就可以得到一个实际的基于时序差分算法的强化学习算法。该算法的动作价值更新用到了当前状态 s 、当前动作 a 、获得的奖励 r 、下一个状态 s' 和下一个动作 a' ，将这些符号拼接后就得到了算法名称——Sarsa。Sarsa 算法的具体流程如下：

> 初始化 $Q(s,a)$
> **for** 序列 $e=1\to E$ **do**：
>   得到初始状态 s
>   用 ϵ -贪婪策略根据 Q 选择当前状态 s 下的动作 a
>   **for** 时间步 $t=1\to T$ **do**：
>   得到环境反馈的 r,s'
>   用 ϵ -贪婪策略根据 Q 选择当前状态 s' 下的动作 a'
> $Q(s,a)\leftarrow Q(s,a)+\alpha\left[r+\gamma Q(s',a')-Q(s,a)\right]$
> $s\leftarrow s', a\leftarrow a'$
>   **end for**
> **end for**

我们仍然在悬崖漫步环境下尝试 Sarsa 算法。首先来看一下悬崖漫步环境的代码，这份环境代码和第 4 章中的不一样，因为此时环境不需要提供奖励函数和状态转移函数，而需要提供一个和智能体进行交互的函数 `step()`，该函数将智能体的动作作为输入，输出奖励和下一个状态给智能体。

```
import matplotlib.pyplot as plt
import numpy as np
from tqdm import tqdm # tqdm是显示循环进度条的库


class CliffWalkingEnv:
    def __init__(self, ncol, nrow):
        self.nrow = nrow
        self.ncol = ncol
        self.x = 0 # 记录当前智能体位置的横坐标
        self.y = self.nrow - 1 # 记录当前智能体位置的纵坐标

    def step(self, action): # 外部调用这个函数来改变当前位置
```

```
        # 4种动作, change[0]:上, change[1]:下, change[2]:左, change[3]:右。坐标系原点(0,0)
        # 定义在左上角
        change = [[0, -1], [0, 1], [-1, 0], [1, 0]]
        self.x = min(self.ncol - 1, max(0, self.x + change[action][0]))
        self.y = min(self.nrow - 1, max(0, self.y + change[action][1]))
        next_state = self.y * self.ncol + self.x
        reward = -1
        done = False
        if self.y == self.nrow - 1 and self.x > 0: # 下一个位置在悬崖或者目标
            done = True
            if self.x != self.ncol - 1:
                reward = -100
        return next_state, reward, done

    def reset(self): # 回归初始状态,坐标轴原点在左上角
        self.x = 0
        self.y = self.nrow - 1
        return self.y * self.ncol + self.x
```

然后我们来实现 Sarsa 算法，主要维护一个表格 Q_table()，用来存储当前策略下所有状态动作对的价值，在用 Sarsa 算法和环境交互时，用 ϵ-贪婪策略进行采样，在更新 Sarsa 算法时，使用时序差分算法的公式。我们默认终止状态时所有动作的价值都是 0，这些价值在初始化为 0 后就不会进行更新。

```
class Sarsa:
    """ Sarsa算法 """
    def __init__(self, ncol, nrow, epsilon, alpha, gamma, n_action=4):
        self.Q_table = np.zeros([nrow * ncol, n_action]) # 初始化Q(s,a)表格
        self.n_action = n_action # 动作个数
        self.alpha = alpha # 学习率
        self.gamma = gamma # 折扣因子
        self.epsilon = epsilon # epsilon-贪婪策略中的参数

    def take_action(self, state): # 选取下一步的操作,具体实现为epsilon-贪婪
        if np.random.random() < self.epsilon:
            action = np.random.randint(self.n_action)
        else:
            action = np.argmax(self.Q_table[state])
        return action

    def best_action(self, state): # 用于打印策略
        Q_max = np.max(self.Q_table[state])
        a = [0 for _ in range(self.n_action)]
        for i in range(self.n_action): # 若两个动作的价值一样,都会记录下来
            if self.Q_table[state, i] == Q_max:
                a[i] = 1
        return a

    def update(self, s0, a0, r, s1, a1):
        td_error = r + self.gamma * self.Q_table[s1, a1] - self.Q_table[s0, a0]
        self.Q_table[s0, a0] += self.alpha * td_error
```

接下来我们就在悬崖漫步环境中运行 Sarsa 算法，一起来看看结果吧！

```
ncol = 12
nrow = 4
env = CliffWalkingEnv(ncol, nrow)
np.random.seed(0)
epsilon = 0.1
alpha = 0.1
gamma = 0.9
agent = Sarsa(ncol, nrow, epsilon, alpha, gamma)
num_episodes = 500 # 智能体在环境中运行的序列的数量

return_list = [] # 记录每一条序列的回报
for i in range(10): # 显示 10 个进度条
    # tqdm 的进度条功能
    with tqdm(total=int(num_episodes/10), desc='Iteration %d' % i) as pbar:
        for i_episode in range(int(num_episodes/10)): # 每个进度条的序列数
            episode_return = 0
            state = env.reset()
            action = agent.take_action(state)
            done = False
            while not done:
                next_state, reward, done = env.step(action)
                next_action = agent.take_action(next_state)
                episode_return += reward # 这里回报的计算不进行折扣因子衰减
                agent.update(state, action, reward, next_state, next_action)
                state = next_state
                action = next_action
            return_list.append(episode_return)
            if (i_episode+1) % 10 == 0: # 每 10 条序列打印一下这 10 条序列的平均回报
                pbar.set_postfix({'episode': '%d' % (num_episodes / 10 * i +
                        i_episode+1), 'return': '%.3f' % np.mean(return_list[-10:])})
            pbar.update(1)

episodes_list = list(range(len(return_list)))
plt.plot(episodes_list, return_list)
plt.xlabel('Episodes')
plt.ylabel('Returns')
plt.title('Sarsa on {}'.format('Cliff Walking'))
plt.show()
```

```
Iteration 0: 100%|██████████| 50/50 [00:00<00:00, 1206.19it/s, episode=50,
return=-119.400]
Iteration 1: 100%|██████████| 50/50 [00:00<00:00, 1379.84it/s, episode=100,
return=-63.000]
Iteration 2: 100%|██████████| 50/50 [00:00<00:00, 2225.14it/s, episode=150,
return=-51.200]
Iteration 3: 100%|██████████| 50/50 [00:00<00:00, 2786.80it/s, episode=200,
return=-48.100]
Iteration 4: 100%|██████████| 50/50 [00:00<00:00, 1705.21it/s, episode=250,
return=-35.700]
```

```
Iteration 5: 100%|██████████| 50/50 [00:00<00:00, 3393.12it/s, episode=300,
return=-29.900]
Iteration 6: 100%|██████████| 50/50 [00:00<00:00, 3694.32it/s, episode=350,
return=-28.300]
Iteration 7: 100%|██████████| 50/50 [00:00<00:00, 3705.87it/s, episode=400,
return=-27.700]
Iteration 8: 100%|██████████| 50/50 [00:00<00:00, 4115.61it/s, episode=450,
return=-28.500]
Iteration 9: 100%|██████████| 50/50 [00:00<00:00, 3423.20it/s, episode=500,
return=-18.900]
```

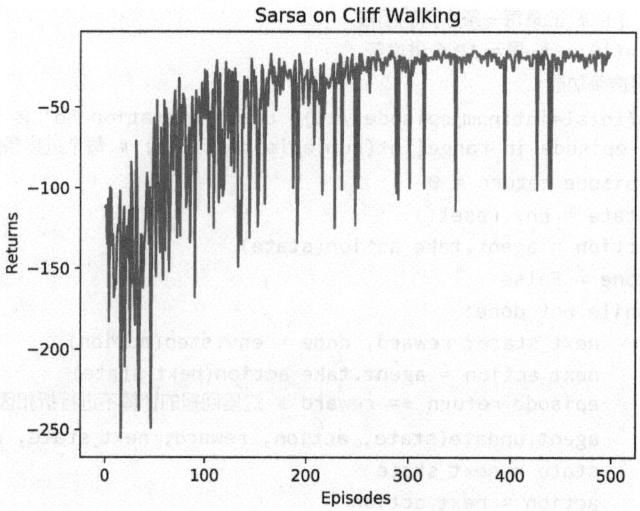

我们发现，随着训练的进行，Sarsa 算法获得的回报越来越高。在进行 500 条序列的学习后，可以获得−20 左右的回报，此时已经非常接近最优策略了。然后我们看一下 Sarsa 算法得到的策略在各个状态下会使智能体采取什么样的动作。

```
def print_agent(agent, env, action_meaning, disaster=[], end=[]):
    for i in range(env.nrow):
        for j in range(env.ncol):
            if (i * env.ncol + j) in disaster:
                print('****', end=' ')
            elif (i * env.ncol + j) in end:
                print('EEEE', end=' ')
            else:
                a = agent.best_action(i * env.ncol + j)
                pi_str = ''
                for k in range(len(action_meaning)):
                    pi_str += action_meaning[k] if a[k] > 0 else 'o'
                print(pi_str, end=' ')
        print()

action_meaning = ['^', 'v', '<', '>']
print('Sarsa 算法最终收敛得到的策略为：')
```

```
print_agent(agent, env, action_meaning, list(range(37, 47)), [47])
```

```
Sarsa 算法最终收敛得到的策略为：
ooo> ooo> ooo> ooo> ooo> ooo> ooo> ooo> ooo> ooo> ooo> ovoo
ooo> ooo> ooo> ooo> ooo> ooo> ooo> ooo> ooo> ooo> ooo> ovoo
^ooo ooo> ^ooo ooo> ooo> ooo> ooo> ^ooo ^ooo ooo> ooo> ovoo
^ooo **** **** **** **** **** **** **** **** **** **** EEEE
```

可以发现 Sarsa 算法会采取比较远离悬崖的策略来抵达目标。

5.4 多步 Sarsa 算法

扫码观看视频课程

蒙特卡洛方法利用当前状态之后每一步的奖励而不使用任何价值估计，时序差分算法只利用一步奖励和下一个状态的价值估计。那它们之间的区别是什么呢？总的来说，蒙特卡洛方法是*无偏*（unbiased）的，但是具有比较大的方差，因为每一步的状态转移都有不确定性，而每一步状态采取的动作所得到的不一样的奖励最终都会加起来，这会极大影响最终的价值估计；时序差分算法具有非常小的方差，因为只关注了一步状态转移，用到了一步的奖励，但是它是有偏的，因为用到了下一个状态的价值估计而不是其真实的价值。那有没有什么方法可以结合二者的优势呢？答案是*多步时序差分*！多步时序差分的意思是使用 n 步的奖励，然后使用之后状态的价值估计。用公式表示，将

$$G_t = r_t + \gamma Q(\boldsymbol{s}_{t+1}, \boldsymbol{a}_{t+1})$$

替换成

$$G_t = r_t + \gamma r_{t+1} + \cdots + \gamma^n Q(\boldsymbol{s}_{t+n}, \boldsymbol{a}_{t+n})$$

于是，相应存在一种多步 Sarsa 算法，它把 Sarsa 算法中的动作价值函数的更新公式（参见 5.3 节）

$$Q(\boldsymbol{s}_t, \boldsymbol{a}_t) \leftarrow Q(\boldsymbol{s}_t, \boldsymbol{a}_t) + \alpha[r_t + \gamma Q(\boldsymbol{s}_{t+1}, \boldsymbol{a}_{t+1}) - Q(\boldsymbol{s}_t, \boldsymbol{a}_t)]$$

替换成

$$Q(\boldsymbol{s}_t, \boldsymbol{a}_t) \leftarrow Q(\boldsymbol{s}_t, \boldsymbol{a}_t) + \alpha[r_t + \gamma r_{t+1} + \cdots + \gamma^n Q(\boldsymbol{s}_{t+n}, \boldsymbol{a}_{t+n}) - Q(\boldsymbol{s}_t, \boldsymbol{a}_t)]$$

我们接下来用代码实现多步（n 步）Sarsa 算法。在 Sarsa 代码的基础上进行修改，引入多步时序差分计算。

```
class nstep_Sarsa:
    """ n步Sarsa算法 """
    def __init__(self, n, ncol, nrow, epsilon, alpha, gamma, n_action=4):
        self.Q_table = np.zeros([nrow * ncol, n_action])
        self.n_action = n_action
        self.alpha = alpha
        self.gamma = gamma
        self.epsilon = epsilon
        self.n = n # 采用n步Sarsa算法
        self.state_list = [] # 保存之前的状态
        self.action_list = [] # 保存之前的动作
```

```
        self.reward_list = [] # 保存之前的奖励

    def take_action(self, state):
        if np.random.random() < self.epsilon:
            action = np.random.randint(self.n_action)
        else:
            action = np.argmax(self.Q_table[state])
        return action

    def best_action(self, state): # 用于打印策略
        Q_max = np.max(self.Q_table[state])
        a = [0 for _ in range(self.n_action)]
        for i in range(self.n_action):
            if self.Q_table[state, i] == Q_max:
                a[i] = 1
        return a

    def update(self, s0, a0, r, s1, a1, done):
        self.state_list.append(s0)
        self.action_list.append(a0)
        self.reward_list.append(r)
        if len(self.state_list) == self.n: # 若保存的数据可以进行 n 步更新
            G = self.Q_table[s1, a1] # 得到Q(s_{t+n}, a_{t+n})
            for i in reversed(range(self.n)):
                G = self.gamma * G + self.reward_list[i] # 不断向前计算每一步的回报
                # 如果到达终止状态,最后几步虽然长度不够 n 步,也将其进行更新
                if done and i > 0:
                    s = self.state_list[i]
                    a = self.action_list[i]
                    self.Q_table[s, a] += self.alpha * (G - self.Q_table[s, a])
            s = self.state_list.pop(0) # 将需要更新的状态动作从列表中删除,下次不必更新
            a = self.action_list.pop(0)
            self.reward_list.pop(0)
            # n 步 Sarsa 的主要更新步骤
            self.Q_table[s, a] += self.alpha * (G - self.Q_table[s, a])
        if done: # 如果到达终止状态,即将开始下一条序列,则将列表全清空
            self.state_list = []
            self.action_list = []
            self.reward_list = []

np.random.seed(0)
n_step = 5 # 5 步 Sarsa 算法
alpha = 0.1
epsilon = 0.1
gamma = 0.9
agent = nstep_Sarsa(n_step, ncol, nrow, epsilon, alpha, gamma)
num_episodes = 500 # 智能体在环境中运行的序列的数量

return_list = [] # 记录每一条序列的回报
```

```
for i in range(10): # 显示 10 个进度条
    #tqdm 的进度条功能
    with tqdm(total=int(num_episodes/10), desc='Iteration %d' % i) as pbar:
        for i_episode in range(int(num_episodes/10)): # 每个进度条的序列数
            episode_return = 0
            state = env.reset()
            action = agent.take_action(state)
            done = False
            while not done:
                next_state, reward, done = env.step(action)
                next_action = agent.take_action(next_state)
                episode_return += reward # 这里回报的计算不进行折扣因子衰减
                agent.update(state, action, reward, next_state, next_action, done)
                state = next_state
                action = next_action
            return_list.append(episode_return)
            if (i_episode+1) % 10 == 0: # 每 10 条序列打印一下这 10 条序列的平均回报
                pbar.set_postfix({'episode': '%d' % (num_episodes / 10 * i +
                        i_episode+1), 'return': '%.3f' % np.mean(return_list[-10:])})
            pbar.update(1)

episodes_list = list(range(len(return_list)))
plt.plot(episodes_list, return_list)
plt.xlabel('Episodes')
plt.ylabel('Returns')
plt.title('5-step Sarsa on {}'.format('Cliff Walking'))
plt.show()
```

```
Iteration 0: 100%|██████████| 50/50 [00:00<00:00, 937.03it/s, episode=50,
return=-26.500]
Iteration 1: 100%|██████████| 50/50 [00:00<00:00, 2955.94it/s, episode=100,
return=-35.200]
Iteration 2: 100%|██████████| 50/50 [00:00<00:00, 2978.95it/s, episode=150,
return=-20.100]
Iteration 3: 100%|██████████| 50/50 [00:00<00:00, 3062.61it/s, episode=200,
return=-27.200]
Iteration 4: 100%|██████████| 50/50 [00:00<00:00, 3172.36it/s, episode=250,
return=-19.300]
Iteration 5: 100%|██████████| 50/50 [00:00<00:00, 3123.41it/s, episode=300,
return=-27.400]
Iteration 6: 100%|██████████| 50/50 [00:00<00:00, 2875.33it/s, episode=350,
return=-28.000]
Iteration 7: 100%|██████████| 50/50 [00:00<00:00, 2262.18it/s, episode=400,
return=-36.500]
Iteration 8: 100%|██████████| 50/50 [00:00<00:00, 3100.00it/s, episode=450,
return=-27.000]
Iteration 9: 100%|██████████| 50/50 [00:00<00:00, 3107.54it/s, episode=500,
return=-19.100]
```

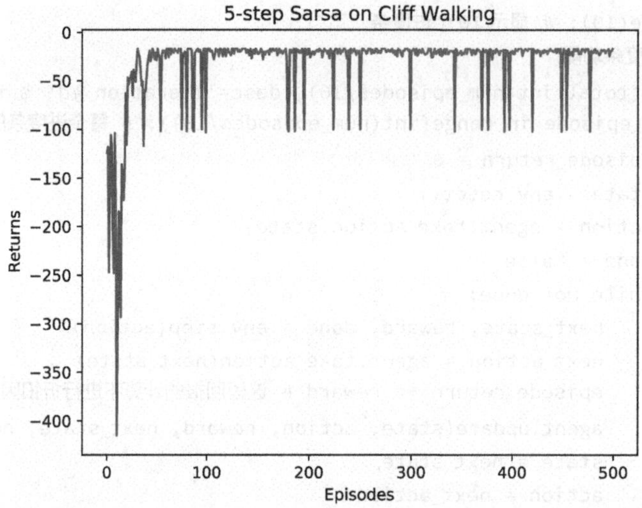

通过实验结果可以发现，5 步 Sarsa 算法的收敛速度比单步 Sarsa 算法更快。我们来看一下此时的策略表现。

```
action_meaning = ['^', 'v', '<', '>']
print('5 步 Sarsa 算法最终收敛得到的策略为：')
print_agent(agent, env, action_meaning, list(range(37, 47)), [47])
```

```
5 步 Sarsa 算法最终收敛得到的策略为：
ooo> ooo> ooo> ooo> ooo> ooo> ooo> ooo> ooo> ooo> ooo> ovoo
^ooo ^ooo ^ooo oo<o ^ooo ^ooo ^ooo ^ooo ooo> ooo> ^ooo ovoo
ooo> ^ooo ^ooo ^ooo ^ooo ^ooo ^ooo ooo> ooo> ^ooo ooo> ovoo
^ooo **** **** **** **** **** **** **** **** **** **** EEEE
```

我们发现此时多步 Sarsa 算法得到的策略会在最远离悬崖的一边行走，以保证最大的安全性。

5.5　Q-learning 算法

扫码观看视频课程

除了 Sarsa，还有一种非常著名的基于时序差分算法的强化学习算法——Q-learning。Q-learning 和 Sarsa 的最大区别在于 Q-learning 的时序差分更新方式为

$$Q(s_t,a_t) \leftarrow Q(s_t,a_t) + \alpha[r_t + \gamma \max_a Q(s_{t+1},a) - Q(s_t,a_t)]$$

Q-learning 算法的具体流程如下：

> 初始化 $Q(s,a)$
> **for** 序列 $e=1 \rightarrow E$ **do**：
> 　　得到初始状态 s
> 　　**for** 时间步 $t=1 \rightarrow T$ **do**：
> 　　　　用 ϵ-贪婪策略根据 Q 选择当前状态 s 下的动作 a

> 得到环境反馈的 r, s'
> $Q(s,a) \leftarrow Q(s,a) + \alpha[r + \gamma \max_{a'} Q(s',a') - Q(s,a)]$
> $s \leftarrow s'$
> **end for**
> **end for**

我们可以用价值迭代的思想来理解 Q-learning，即 Q-learning 直接估计 Q^*，因为动作价值函数的贝尔曼最优方程为

$$Q^*(s,a) = r(s,a) + \gamma \sum_{s' \in \mathcal{S}} P(s'|s,a) \max_{a' \in \mathcal{A}} Q^*(s',a')$$

而 Sarsa 估计当前 ϵ -贪婪策略的动作价值函数。需要强调的是，Q-learning 的更新并非必须使用当前贪婪策略 $\arg\max_a Q(s,a)$ 采样得到的数据，因为给定任意 (s,a,r,s') 都可以直接根据更新公式来更新 Q，为了探索，我们通常使用一个 ϵ -贪婪策略来与环境交互。Sarsa 必须使用当前 ϵ -贪婪策略采样得到的数据，因为它的更新中用到的 $Q(s',a')$ 中的 a' 是当前策略在 s' 下的动作。我们称 Sarsa 为*在线策略*（on-policy）算法，称 Q-learning 为*离线策略*（off-policy）算法，这两个概念在强化学习中非常重要。

在线策略算法与离线策略算法

我们称采样数据的策略为*行为策略*（behavior policy），称用这些数据来更新的策略为*目标策略*（target policy）。在线策略（on-policy）算法表示行为策略和目标策略是同一个策略；而离线策略（off-policy）算法表示行为策略和目标策略不是同一个策略。Sarsa 是典型的在线策略算法，而 Q-learning 是典型的离线策略算法。判断二者类别的一个重要手段是看计算时序差分的价值目标的数据是否来自当前的策略，如图 5-1 所示。具体而言：

- 对于 Sarsa，它的更新公式必须使用当前策略采样得到的五元组 (s,a,r,s',a')，因此它是在线策略算法；
- 对于 Q-learning，它的更新公式使用四元组 (s,a,r,s') 来更新当前状态动作对的动作价值 $Q(s,a)$，数据中的 s 和 a 是给定的条件，r 和 s' 皆由环境采样得到，该四元组并不需要一定是当前策略采样得到的数据，也可以来自行为策略，因此它是离线策略算法。

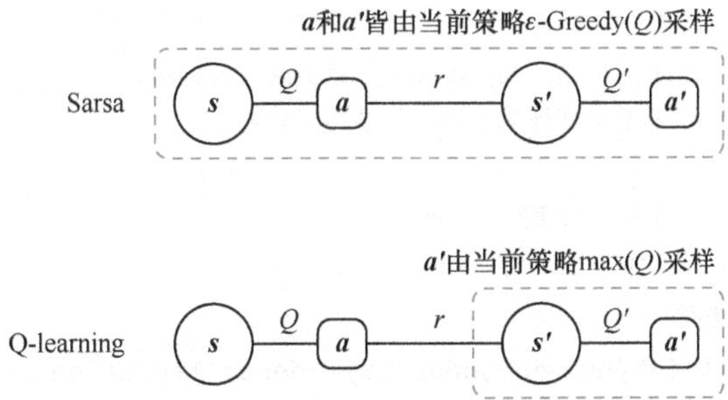

图 5-1　Sarsa 和 Q-learning 的对比

在本书之后的讲解中，我们会注明各个算法分别属于这两类中的哪一类。如前文所述，离线策略算法能够重复使用过往训练样本，往往具有更小的样本复杂度，也因此更受欢迎。

我们接下来仍然在悬崖漫步环境下来实现 Q-learning 算法。

```
class QLearning:
    """ Q-learning算法 """
    def __init__(self, ncol, nrow, epsilon, alpha, gamma, n_action=4):
        self.Q_table = np.zeros([nrow * ncol, n_action]) # 初始化Q(s,a)表格
        self.n_action = n_action # 动作个数
        self.alpha = alpha # 学习率
        self.gamma = gamma # 折扣因子
        self.epsilon = epsilon # epsilon-贪婪策略中的参数

    def take_action(self, state): #选取下一步的操作
        if np.random.random() < self.epsilon:
            action = np.random.randint(self.n_action)
        else:
            action = np.argmax(self.Q_table[state])
        return action

    def best_action(self, state): # 用于打印策略
        Q_max = np.max(self.Q_table[state])
        a = [0 for _ in range(self.n_action)]
        for i in range(self.n_action):
            if self.Q_table[state, i] == Q_max:
                a[i] = 1
        return a

    def update(self, s0, a0, r, s1):
        td_error = r + self.gamma * self.Q_table[s1].max() - self.Q_table[s0, a0]
        self.Q_table[s0, a0] += self.alpha * td_error

np.random.seed(0)
epsilon = 0.1
alpha = 0.1
gamma = 0.9
agent = QLearning(ncol, nrow, epsilon, alpha, gamma)
num_episodes = 500 # 智能体在环境中运行的序列的数量

return_list = [] # 记录每一条序列的回报
for i in range(10): # 显示10个进度条
    # tqdm的进度条功能
    with tqdm(total=int(num_episodes/10), desc='Iteration %d' % i) as pbar:
        for i_episode in range(int(num_episodes/10)): # 每个进度条的序列数
            episode_return = 0
```

```
            state = env.reset()
            done = False
            while not done:
                action = agent.take_action(state)
                next_state, reward, done = env.step(action)
                episode_return += reward # 这里回报的计算不进行折扣因子衰减
                agent.update(state, action, reward, next_state)
                state = next_state
            return_list.append(episode_return)
            if (i_episode+1) % 10 == 0: # 每 10 条序列打印一下这 10 条序列的平均回报
                pbar.set_postfix({'episode': '%d' % (num_episodes / 10 * i +
                        i_episode+1), 'return': '%.3f' % np.mean(return_list[-10:])})
            pbar.update(1)

episodes_list = list(range(len(return_list)))
plt.plot(episodes_list, return_list)
plt.xlabel('Episodes')
plt.ylabel('Returns')
plt.title('Q-learning on {}'.format('Cliff Walking'))
plt.show()

action_meaning = ['^', 'v', '<', '>']
print('Q-learning 算法最终收敛得到的策略为：')
print_agent(agent, env, action_meaning, list(range(37, 47)), [47])
```

```
Iteration 0: 100%|██████████| 50/50 [00:00<00:00, 1183.69it/s, episode=50,
return=-105.700]
Iteration 1: 100%|██████████| 50/50 [00:00<00:00, 1358.13it/s, episode=100,
return=-70.900]
Iteration 2: 100%|██████████| 50/50 [00:00<00:00, 1433.72it/s, episode=150,
return=-56.500]
Iteration 3: 100%|██████████| 50/50 [00:00<00:00, 2607.78it/s, episode=200,
return=-46.500]
Iteration 4: 100%|██████████| 50/50 [00:00<00:00, 3007.19it/s, episode=250,
return=-40.800]
Iteration 5: 100%|██████████| 50/50 [00:00<00:00, 2005.77it/s, episode=300,
return=-20.400]
Iteration 6: 100%|██████████| 50/50 [00:00<00:00, 2072.14it/s, episode=350,
return=-45.700]
Iteration 7: 100%|██████████| 50/50 [00:00<00:00, 4244.04it/s, episode=400,
return=-32.800]
Iteration 8: 100%|██████████| 50/50 [00:00<00:00, 4670.82it/s, episode=450,
return=-22.700]
Iteration 9: 100%|██████████| 50/50 [00:00<00:00, 4705.19it/s, episode=500,
return=-61.700]
```

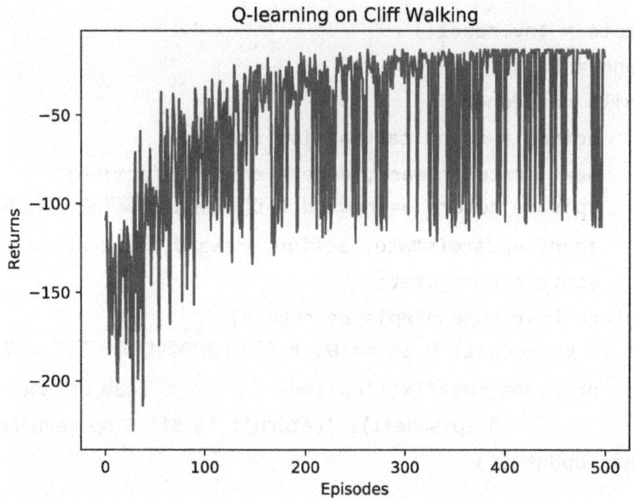


```
Q-learning 算法最终收敛得到的策略为：
^ooo ovoo ovoo ^ooo ^ooo ovoo ooo> ^ooo ^ooo ooo> ooo> ovoo
ooo> ooo> ooo> ooo> ooo> ooo> ^ooo ooo> ooo> ooo> ooo> ovoo
ooo> ooo> ooo> ooo> ooo> ooo> ooo> ooo> ooo> ooo> ooo> ovoo
^ooo **** **** **** **** **** **** **** **** **** **** EEEE
```

需要注意的是，打印出来的回报是行为策略在环境中交互得到的，而不是 Q-learning 算法在学习的目标策略的真实回报。我们把目标策略的行为打印出来后，发现其更偏向于走在悬崖边上，这与 Sarsa 算法得到的比较保守的策略相比是更优的。

但是仔细观察 Sarsa 和 Q-learning 在训练过程中的回报曲线图，我们可以发现，在一个序列中 Sarsa 获得的期望回报是高于 Q-learning 的。这是因为在训练过程中智能体采取基于当前 $Q(\boldsymbol{s},\boldsymbol{a})$ 函数的 ϵ -贪婪策略来平衡探索与利用，Q-learning 算法由于沿着悬崖边走，会以一定概率探索“掉入悬崖”这一动作，而 Sarsa 相对保守的路线使智能体几乎不可能掉入悬崖。

5.6　小结

本章介绍了无模型的强化学习中的一种非常重要的算法——时序差分算法。时序差分算法的核心思想是用对未来动作选择的价值估计来更新对当前动作选择的价值估计，这是强化学习中的核心思想之一。本章重点讨论了 Sarsa 和 Q-learning 这两个最具有代表性的时序差分算法。当环境是有限状态集合和有限动作集合时，这两个算法非常好用，可以根据任务是否允许在线策略学习来决定使用哪一个算法。

值得注意的是，尽管离线策略学习可以让智能体基于经验回放池中的样本来学习，但需要保证智能体在学习的过程中可以不断和环境进行交互，将采样得到的最新的经验样本加入经验回放池中，从而使经验回放池中有一定数量的样本和当前智能体策略对应的数据分布保持很近的距离。如果不允许智能体在学习过程中和环境进行持续交互，而是完全基于一个给定的样本集来直接训练一个策略，这样的学习范式被称为*离线强化学习*（offline reinforcement learning），第 18 章将会介绍离线强化学习的相关知识。

5.7 扩展阅读：Q-learning 收敛性证明

学术界对于 Q-learning 算法的收敛性有着严格的数学证明，这里进行简单的阐述。我们首先来看一个引理。

引理

假设一个随机过程 Δ_t 的形式为 $\Delta_{t+1}(x)=(1-\alpha_t(x))\Delta_t(x)+\alpha_t(x)F_t(x)$，如果满足以下条件，那么它将收敛到 0：

（1）$\sum_t \alpha_t(x)=\infty$；

（2）$\sum_t \alpha_t^2(x)<\infty$；

（3）$\|\mathrm{E}[F_t(x)]\|_q \leqslant \gamma \|\Delta_t\|_q$，其中 $\gamma<1$；

（4）$\mathrm{var}(F_t(x)) \leqslant C(1+\|\Delta_t\|_q^2)$，其中 C 是一个大于 0 的常数。

对于该引理的证明参见本章参考文献[1]。

在 t 时间步给定一个数据 $(\boldsymbol{s},\boldsymbol{a},r,\boldsymbol{s}')$，Q-learning 原来的更新公式可以写成

$$Q_{t+1}(\boldsymbol{s},\boldsymbol{a})=Q_t(\boldsymbol{s},\boldsymbol{a})+\alpha_t(\boldsymbol{s},\boldsymbol{a})[r+\gamma\max_{\boldsymbol{b}\in\mathcal{A}}Q_t(\boldsymbol{s}',\boldsymbol{b})-Q_t(\boldsymbol{s},\boldsymbol{a})]$$

其中，令更新步长 α 与时间 t 有关，并且有 $0\leqslant\alpha_t(\boldsymbol{s},\boldsymbol{a})\leqslant 1$。我们将其重写成以下形式：

$$Q_{t+1}(\boldsymbol{s},\boldsymbol{a})=(1-\alpha_t(\boldsymbol{s},\boldsymbol{a}))Q_t(\boldsymbol{s},\boldsymbol{a})+\alpha_t(\boldsymbol{s},\boldsymbol{a})[r+\gamma\max_{\boldsymbol{b}\in\mathcal{A}}Q_t(\boldsymbol{s}',\boldsymbol{b})]$$

然后，假设 $\sum_t \alpha_t(\boldsymbol{s},\boldsymbol{a})=\infty$ 以及 $\sum_t \alpha_t^2(\boldsymbol{s},\boldsymbol{a})<\infty$，接下来就可以证明 Q-learning 的收敛性质了。我们先在上式等号的左右两边减去 $Q^*(\boldsymbol{s},\boldsymbol{a})$，然后令 $\Delta_t(\boldsymbol{s},\boldsymbol{a})=Q_t(\boldsymbol{s},\boldsymbol{a})-Q^*(\boldsymbol{s},\boldsymbol{a})$，于是有

$$\Delta_{t+1}(\boldsymbol{s},\boldsymbol{a})=(1-\alpha_t(\boldsymbol{s},\boldsymbol{a}))\Delta_t(\boldsymbol{s},\boldsymbol{a})+\alpha_t(\boldsymbol{s},\boldsymbol{a})[r+\gamma\max_{\boldsymbol{b}\in\mathcal{A}}Q_t(\boldsymbol{s}',\boldsymbol{b})-Q^*(\boldsymbol{s},\boldsymbol{a})]$$

然后定义

$$F_t(\boldsymbol{s},\boldsymbol{a})=r(\boldsymbol{s},\boldsymbol{a})+\gamma\max_{\boldsymbol{b}\in\mathcal{A}}Q_t(\boldsymbol{s}',\boldsymbol{b})-Q^*(\boldsymbol{s},\boldsymbol{a})$$

基于环境状态转移的概率分布，可以求得其期望值为

$$\mathrm{E}[F_t(\boldsymbol{s},\boldsymbol{a})]=r(\boldsymbol{s},\boldsymbol{a})+\gamma\sum_{\boldsymbol{y}\in\mathcal{S}}P(\boldsymbol{y}\mid\boldsymbol{s},\boldsymbol{a})\max_{\boldsymbol{b}\in\mathcal{A}}Q_t(\boldsymbol{y},\boldsymbol{b})-Q^*(\boldsymbol{s},\boldsymbol{a})$$

与 4.7.2 节一样，我们在此定义算子 H：

$$HQ_t(\boldsymbol{s},\boldsymbol{a})=r(\boldsymbol{s},\boldsymbol{a})+\gamma\sum_{\boldsymbol{y}\in\mathcal{S}}P(\boldsymbol{y}\mid\boldsymbol{s},\boldsymbol{a})\max_{\boldsymbol{b}\in\mathcal{A}}Q_t(\boldsymbol{y},\boldsymbol{b})$$

于是有

$$\mathrm{E}[F_t(\boldsymbol{s},\boldsymbol{a})]=HQ_t(\boldsymbol{s},\boldsymbol{a})-Q^*(\boldsymbol{s},\boldsymbol{a})$$

对于最优动作函数 Q^*，根据定义，它针对 H 迭代算子达到收敛点（否则它将被进一步迭代优化），可以写成

$$Q^*(s,a) = HQ^*(s,a)$$

所以

$$\mathrm{E}[F_t(s,a)] = HQ_t(s,a) - HQ^*(s,a)$$

我们可以证明 H 是一个压缩算子（读者可对照 4.7 节的内容自行证明），所以有

$$\| \mathrm{E}[F_t(s,a)] \|_\infty = \| HQ_t(s,a) - HQ^*(s,a) \|_\infty \leqslant \gamma \| Q_t - Q^* \|_\infty = \gamma \| \Delta_t \|_\infty$$

接下来，根据随机变量方法的定义，我们可以进一步推导：

$$\begin{aligned}
\mathrm{var}[F_t(s,a)] &= \mathrm{E}[(F_t(s,a) - \mathrm{E}[F_t(s,a)])^2] \\
&= \mathrm{E}[(r(s,a) + \gamma \max_{b \in \mathcal{A}} Q_t(s',b) - Q^*(s,a) - HQ_t(s,a) + Q^*(s,a))^2] \\
&= \mathrm{E}[(r(s,a) + \gamma \max_{b \in \mathcal{A}} Q_t(s',b) - HQ_t(s,a))^2] \\
&= \mathrm{var}[r(s,a) + \gamma \max_{b \in \mathcal{A}} Q_t(s',b)]
\end{aligned}$$

因为奖励函数 $r(s,a)$ 是有界的，所以存在一个常数 C，使得

$$\mathrm{var}\left[F_t(s,a)\right] \leqslant C\left(1 + \| \Delta_t \|_q^2\right)$$

因此，根据引理，Δ_t 能收敛到 0，这意味着 Q_t 能够收敛到 Q^*。

初学者可以查阅本章参考文献[2]给出的一个更为简单的理解性证明过程。

5.8 参考文献

[1] JAAKKOLA T, JORDAN M I, SINGH S P. On the convergence of stochastic iterative dynamic programming algorithms [J]. Neural Computation,1994, 6(6):1185–1201.

[2] MELO F S. Convergence of Q-learning: a simple proof [R].Institute of Systems and Robotics, Tech. 2001: 1-4.

[3] RUMMERY G A, MAHESAN N. On-line q-learning using connectionist systems [J]. Technical Report, 1994.

第 6 章 Dyna-Q 算法

6.1 简介

扫码观看视频课程

在强化学习中，“模型”通常指与智能体进行交互的环境模型，即对环境的状态转移概率和奖励函数进行建模。根据是否具有环境模型，强化学习算法分为两种：*基于模型的强化学习*（model-based reinforcement learning）和*无模型的强化学习*（model-free reinforcement learning）。无模型的强化学习根据智能体与环境交互采样到的数据直接进行策略提升或者价值估计，第 5 章讨论的两种时序差分算法，即 Sarsa 和 Q-learning 算法，便是两种无模型的强化学习算法，本书在后续章节中将要介绍的方法也大多是无模型的强化学习算法。在基于模型的强化学习中，模型可以是事先知道的，也可以是根据智能体与环境交互采样到的数据学习得到的，然后用这个模型帮助我们进行策略提升或者价值估计。第 4 章讨论的两种动态规划算法，即策略迭代和价值迭代，则是基于模型的强化学习算法，在这两种算法中环境模型是事先已知的。本章即将介绍的 Dyna-Q 算法也是非常基础的基于模型的强化学习算法，不过它的环境模型是通过采样数据估计得到的。

强化学习算法有两个重要的评价指标：一个是算法收敛后的策略在初始状态下的期望回报，另一个是样本复杂度，即算法达到收敛结果需要在真实环境中采样的样本数量。基于模型的强化学习算法由于具有一个环境模型，智能体可以额外和环境模型进行交互，对真实环境中样本的需求量往往就会减少，因此通常会比无模型的强化学习算法具有更低的样本复杂度。但是，环境模型可能并不准确，不能完全代替真实环境，因此基于模型的强化学习算法收敛后其策略的期望回报可能不如无模型的强化学习算法。

6.2 Dyna-Q

扫码观看视频课程

Dyna-Q 算法是一个经典的基于模型的强化学习算法。如图 6-1 所示，Dyna-Q 使用一种叫作 Q-planning 的方法来基于模型生成一些模拟数据，然后用模拟数据和真实数据一起改进策略。Q-planning 每次选取一个曾经访问过的状态 s，采取一个曾经在该状态下执行过的动作 a，通过模型得到转移

后的状态 s' 以及奖励 r，并根据这个模拟数据 (s,a,r,s')，用 Q-learning 的更新方式来更新动作价值函数。

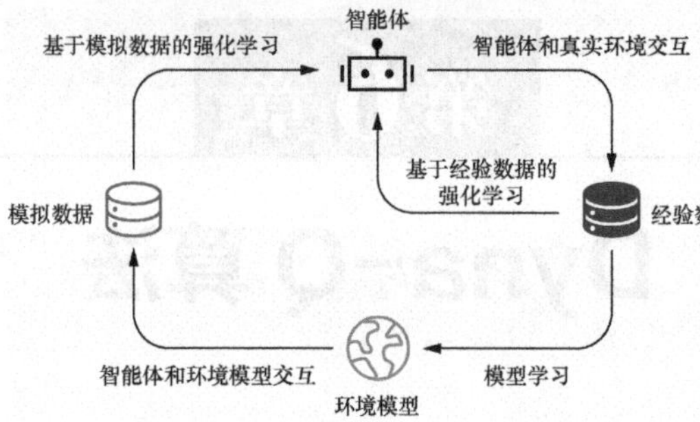

图 6-1 基于模型的强化学习算法与无模型的强化学习算法

下面我们来看一下 Dyna-Q 算法的具体流程：

初始化 $Q(s,a)$ 和模型 $M(s,a)$
for 序列 $e=1\to E$ **do:**
  得到初始状态 s
  for $t=1\to T$ **do:**
    用 ϵ-贪婪策略根据 Q 选择当前状态 s 下的动作 a
    得到环境反馈的 r,s'
    $Q(s,a)\leftarrow Q(s,a)+\alpha[r+\gamma\max_{a'}Q(s',a')-Q(s,a)]$
    $M(s,a)\leftarrow r,s'$
    for 次数 $n=1\to N$ **do:**
      随机选择一个曾经访问过的状态 s_m
      采取一个曾经在状态 s_m 下执行过的动作 a_m
      $r_m,s'_m\leftarrow M(s_m,a_m)$
      $Q(s_m,a_m)\leftarrow Q(s_m,a_m)+\alpha[r_m+\gamma\max_{a'}Q(s'_m,a')-Q(s_m,a_m)]$
    end for
    $s\leftarrow s'$
  end for
end for

可以看到，在每次与环境进行交互执行一次 Q-learning 之后，Dyna-Q 会执行 n 次 Q-planning。其中 Q-planning 的次数 N 是一个事先可以选择的超参数，当其为 0 时就是普通的 Q-learning。值得注意的是，上述 Dyna-Q 算法是执行在一个离散并且确定的环境中的，所以当看到一条经验数据 (s,a,r,s') 时，可以直接对模型做出更新，即 $M(s,a)\leftarrow r,s'$。

6.3 Dyna-Q 代码实践

我们在悬崖漫步环境中执行过 Q-learning 算法，现在也在这个环境中实现 Dyna-Q，以方便比较。首先仍需要实现悬崖漫步的环境代码，和 5.3 节一样。

```
import matplotlib.pyplot as plt
import numpy as np
from tqdm import tqdm
import random
import time

class CliffWalkingEnv:
    def __init__(self, ncol, nrow):
        self.nrow = nrow
        self.ncol = ncol
        self.x = 0 # 记录当前智能体位置的横坐标
        self.y = self.nrow - 1 # 记录当前智能体位置的纵坐标

    def step(self, action): # 外部调用这个函数来改变当前位置
        # 4种动作, change[0]:上, change[1]:下, change[2]:左, change[3]:右。坐标系原点(0,0)
        # 定义在左上角
        change = [[0, -1], [0, 1], [-1, 0], [1, 0]]
        self.x = min(self.ncol - 1, max(0, self.x + change[action][0]))
        self.y = min(self.nrow - 1, max(0, self.y + change[action][1]))
        next_state = self.y * self.ncol + self.x
        reward = -1
        done = False
        if self.y == self.nrow - 1 and self.x > 0: # 下一个位置在悬崖或者目标
            done = True
            if self.x != self.ncol - 1:
                reward = -100
        return next_state, reward, done

    def reset(self): # 回归初始状态,起点在左上角
        self.x = 0
        self.y = self.nrow - 1
        return self.y * self.ncol + self.x
```

然后我们在 Q-learning 的代码上进行简单修改，实现 Dyna-Q 的主要代码。最主要的修改是加入了环境模型 model，用一个字典表示，每次在真实环境中收集到新的数据，就把它加入字典。根据字典的性质，若该数据本身存在于字典中，便不会再一次进行添加。在 Dyna-Q 的更新中，执行完 Q-learning 后，会立即执行 Q-planning。

```
class DynaQ:
    """ Dyna-Q 算法 """
    def __init__(self, ncol, nrow, epsilon, alpha, gamma, n_planning, n_action=4):
        self.Q_table = np.zeros([nrow * ncol, n_action]) # 初始化Q(s,a)表格
        self.n_action = n_action # 动作个数
        self.alpha = alpha # 学习率
        self.gamma = gamma # 折扣因子
        self.epsilon = epsilon # epsilon-贪婪策略中的参数

        self.n_planning = n_planning #执行Q-planning的次数, 对应1次Q-learning
        self.model = dict() # 环境模型
```

```
    def take_action(self, state): # 选取下一步的操作
        if np.random.random() < self.epsilon:
            action = np.random.randint(self.n_action)
        else:
            action = np.argmax(self.Q_table[state])
        return action

    def q_learning(self, s0, a0, r, s1):
        td_error = r + self.gamma * self.Q_table[s1].max() - self.Q_table[s0, a0]
        self.Q_table[s0, a0] += self.alpha * td_error

    def update(self, s0, a0, r, s1):
        self.q_learning(s0, a0, r, s1)
        self.model[(s0, a0)] = r, s1 # 将数据添加到模型中
        for _ in range(self.n_planning): # Q-planning 循环
            # 随机选择曾经遇到过的状态动作对
            (s, a), (r, s_) = random.choice(list(self.model.items()))
            self.q_learning(s, a, r, s_)
```

下面是 Dyna-Q 算法在悬崖漫步环境中的训练函数，它的输入参数是 Q-planning 的步数。

```
def DynaQ_CliffWalking(n_planning):
    ncol = 12
    nrow = 4
    env = CliffWalkingEnv(ncol, nrow)
    epsilon = 0.01
    alpha = 0.1
    gamma = 0.9
    agent = DynaQ(ncol, nrow, epsilon, alpha, gamma, n_planning)
    num_episodes = 300 # 智能体在环境中运行多少条序列

    return_list = [] # 记录每一条序列的回报
    for i in range(10): # 显示 10 个进度条
        # tqdm 的进度条功能
        with tqdm(total=int(num_episodes/10), desc='Iteration %d' % i) as pbar:
            for i_episode in range(int(num_episodes/10)): # 每个进度条的序列数
                episode_return = 0
                state = env.reset()
                done = False
                while not done:
                    action = agent.take_action(state)
                    next_state, reward, done = env.step(action)
                    episode_return += reward # 这里回报的计算不进行折扣因子衰减
                    agent.update(state, action, reward, next_state)
                    state = next_state
                return_list.append(episode_return)
                if (i_episode+1) % 10 == 0: # 每 10 条序列打印一下这 10 条序列的平均回报
                    pbar.set_postfix({'episode': '%d' % (num_episodes / 10 *
                            i + i_episode+1), 'return': '%.3f' % np.mean
                            (return_list[-10:])})
                pbar.update(1)
    return return_list
```

接下来对结果进行可视化，通过调整参数，我们可以观察 Q-planning 步数对结果的影响（另见彩插图 3）。若 Q-planning 步数为 0，Dyna-Q 算法则退化为 Q-learning。

```
np.random.seed(0)
random.seed(0)
n_planning_list = [0, 2, 20]
for n_planning in n_planning_list:
    print('Q-planning 步数为：%d' % n_planning)
    time.sleep(0.5)
    return_list = DynaQ_CliffWalking(n_planning)
    episodes_list = list(range(len(return_list)))
    plt.plot(episodes_list, return_list, label=str(n_planning) + ' planning steps')
plt.legend()
plt.xlabel('Episodes')
plt.ylabel('Returns')
plt.title('Dyna-Q on {}'.format('Cliff Walking'))
plt.show()
```

```
Q-planning 步数为：0

Iteration 0: 100%|██████████| 30/30 [00:00<00:00, 615.42it/s, episode=30,
return=-138.400]
Iteration 1: 100%|██████████| 30/30 [00:00<00:00, 1079.50it/s, episode=60,
return=-64.100]
Iteration 2: 100%|██████████| 30/30 [00:00<00:00, 1303.35it/s, episode=90,
return=-46.000]
Iteration 3: 100%|██████████| 30/30 [00:00<00:00, 1169.51it/s, episode=120,
return=-38.000]
Iteration 4: 100%|██████████| 30/30 [00:00<00:00, 1806.96it/s, episode=150,
return=-28.600]
Iteration 5: 100%|██████████| 30/30 [00:00<00:00, 2303.21it/s, episode=180,
return=-25.300]
Iteration 6: 100%|██████████| 30/30 [00:00<00:00, 2473.64it/s, episode=210,
return=-23.600]
Iteration 7: 100%|██████████| 30/30 [00:00<00:00, 2344.37it/s, episode=240,
return=-20.100]
Iteration 8: 100%|██████████| 30/30 [00:00<00:00, 1735.84it/s, episode=270,
return=-17.100]
Iteration 9: 100%|██████████| 30/30 [00:00<00:00, 2827.94it/s, episode=300,
return=-16.500]

Q-planning 步数为：2

Iteration 0: 100%|██████████| 30/30 [00:00<00:00, 425.09it/s, episode=30,
return=-53.800]
Iteration 1: 100%|██████████| 30/30 [00:00<00:00, 655.71it/s, episode=60,
return=-37.100]
Iteration 2: 100%|██████████| 30/30 [00:00<00:00, 799.69it/s, episode=90,
return=-23.600]
Iteration 3: 100%|██████████| 30/30 [00:00<00:00, 915.34it/s, episode=120,
return=-18.500]
```

```
Iteration 4: 100%|██████████| 30/30 [00:00<00:00, 1120.39it/s, episode=150,
return=-16.400]
Iteration 5: 100%|██████████| 30/30 [00:00<00:00, 1437.24it/s, episode=180,
return=-16.400]
Iteration 6: 100%|██████████| 30/30 [00:00<00:00, 1366.79it/s, episode=210,
return=-13.400]
Iteration 7: 100%|██████████| 30/30 [00:00<00:00, 1457.62it/s, episode=240,
return=-13.200]
Iteration 8: 100%|██████████| 30/30 [00:00<00:00, 1743.68it/s, episode=270,
return=-13.200]
Iteration 9: 100%|██████████| 30/30 [00:00<00:00, 1699.59it/s, episode=300,
return=-13.500]

Q-planning步数为：20

Iteration 0: 100%|██████████| 30/30 [00:00<00:00, 143.91it/s, episode=30,
return=-18.500]
Iteration 1: 100%|██████████| 30/30 [00:00<00:00, 268.53it/s, episode=60,
return=-13.600]
Iteration 2: 100%|██████████| 30/30 [00:00<00:00, 274.53it/s, episode=90,
return=-13.000]
Iteration 3: 100%|██████████| 30/30 [00:00<00:00, 264.25it/s, episode=120,
return=-13.500]
Iteration 4: 100%|██████████| 30/30 [00:00<00:00, 263.58it/s, episode=150,
return=-13.500]
Iteration 5: 100%|██████████| 30/30 [00:00<00:00, 245.27it/s, episode=180,
return=-13.000]
Iteration 6: 100%|██████████| 30/30 [00:00<00:00, 257.16it/s, episode=210,
return=-22.000]
Iteration 7: 100%|██████████| 30/30 [00:00<00:00, 257.08it/s, episode=240,
return=-23.200]
Iteration 8: 100%|██████████| 30/30 [00:00<00:00, 261.12it/s, episode=270,
return=-13.000]
Iteration 9: 100%|██████████| 30/30 [00:00<00:00, 213.01it/s, episode=300,
return=-13.400]
```

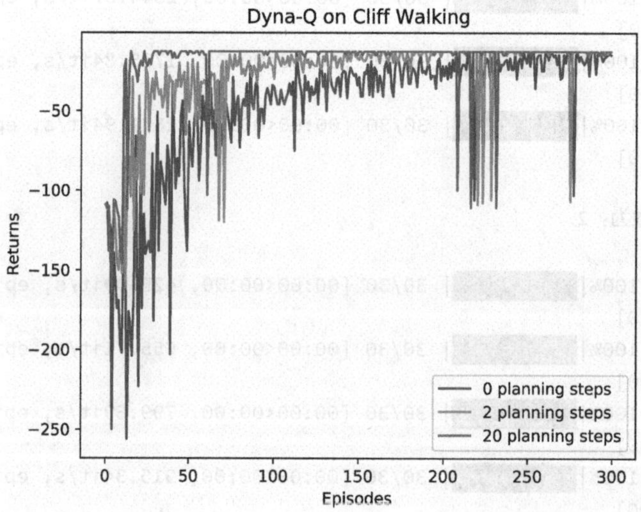

从上述结果中我们可以很容易地看出，随着 Q-planning 步数的增多，Dyna-Q 算法的收敛速度也随之变快。当然，并不是在所有的环境中，都是 Q-planning 步数越大则算法收敛越快，这取决于环境是否是确定性的，以及环境模型的精度。在上述悬崖漫步环境中，状态的转移是完全确定性的，构建的环境模型的精度是最高的，所以可以通过增加 Q-planning 步数来直接降低算法的样本复杂度。

6.4 小结

本章讲解了一个经典的基于模型的强化学习算法 Dyna-Q，并且通过调整在悬崖漫步环境下的 Q-planning 步数，直观地展示了 Q-planning 步数对于收敛速度的影响。我们发现基于模型的强化学习算法 Dyna-Q 在以上环境中获得了很好的效果，但这些环境比较简单，模型可以直接通过经验数据得到。如果环境比较复杂，状态是连续的，或者状态转移是随机的而不是决定性的，如何学习一个比较准确的模型就变成非常重大的挑战，这直接影响到基于模型的强化学习算法能否应用于这些环境并获得比无模型的强化学习更好的效果。

6.5 参考文献

[1] SUTTON R S. Dyna, an integrated architecture for learning, planning, and reacting [J]. ACM Sigart Bulletin, 1991 2(4): 160-163.

[2] SUTTON, R S. Integrated architectures for learning, planning, and reacting based on approximating dynamic programming [C]// Proc of International Conference on Machine Learning, San Francisco: Morgan Kaufmann, 1990: 16-224.

第二部分

强化学习进阶

第 7 章 DQN 算法

7.1 简介

在第 5 章讲解的 Q-learning 算法中，我们以矩阵的方式建立了一张存储每个状态下所有动作的 Q 值的表格。表格中的每一个动作价值 $Q(\boldsymbol{s},\boldsymbol{a})$ 表示在状态 $\boldsymbol{s}$ 下选择动作 $\boldsymbol{a}$ 然后继续遵循某一策略预期得到的期望回报。然而，这种用表格存储动作价值的做法只在环境的状态和动作都是离散的，并且空间都比较小的情况下适用，我们之前进行代码实战的几个环境都是如此（如悬崖漫步）。当状态或者动作数量非常大的时候，这种做法就不适用了。例如，当状态是一张 RGB 图像时，假设图像大小是 $210\times160\times3$，此时一共有 $256^{210\times60\times3}$ 种状态，在计算机中存储这个数量级的 Q 值表格是不现实的。更甚者，当状态或者动作连续的时候，就有无限个状态动作对，我们更加无法使用这种表格形式来记录各个状态动作对的 Q 值。

扫码观看视频课程

对于这种情况，我们需要用函数拟合的方法来估计 Q 值，即将这个复杂的 Q 值表格视作数据，使用一个参数化的函数 Q_θ 来拟合这些数据。很显然，这种函数拟合的方法存在一定的精度损失，因此被称为近似方法。我们今天要介绍的 DQN 算法便可以用来解决连续状态下离散动作的问题。

7.2 车杆环境

以图 7-1 所示的车杆（CartPole）环境为例（请扫描二维码查看动图），它的状态值是连续的，动作值是离散的。

扫码查看动图

图 7-1 车杆环境示意图

在车杆环境中，有一辆小车，智能体的任务是通过左右移动保持车上的杆竖直，若杆的倾斜度数过大，或者车子离初始位置左右的偏离程度过大，或者坚持时间到达 200 帧，则游戏结束。智能体的状态是一个维数为 4 的向量，每一维都是连续的，其动作是离散的，动作空间大小为 2，详情参见表 7-1 和表 7-2。在游戏中每坚持一帧，智能体能获得分数为 1 的奖励，坚持时间越长，则最后的分数越高，坚持 200 帧即可获得最高的分数。

表 7-1 车杆环境的状态空间

维度	状态	最小值	最大值
0	车的位置	−2.4	2.4
1	车的速度	−Inf	Inf
2	杆的角度	～−41.8°	～41.8°
3	杆尖端的速度	−Inf	Inf

表 7-2 车杆环境的动作空间

标号	动作
0	向左移动车
1	向右移动车

7.3 DQN

现在我们想在类似车杆的环境中得到动作价值函数 $Q(\boldsymbol{s},\boldsymbol{a})$，由于状态每一维度的值都是连续的，无法使用表格记录，因此一个常见的解决方法便是使用函数拟合（function approximation）的思想。由于神经网络具有强大的表达能力，因此我们可以用一个神经网络来表示函数 Q。若动作是连续（无限）的，神经网络的输入是状态 $\boldsymbol{s}$ 和动作 $\boldsymbol{a}$，然后输出一个标量，表示在状态 $\boldsymbol{s}$ 下采取动作 $\boldsymbol{a}$ 能获得的价值。若动作是离散（有限）的，除了可以采取动作连续情况下的做法，我们还可以只将状态 $\boldsymbol{s}$ 输入到神经网络中，使其同时输出每一个动作的 Q 值。通常 DQN（以及 Q-learning）只能处理动作离散的情况，因为在函数 Q 的更新过程中有 $\max_a$ 这一操作。假设神经网络用来拟合函数 Q 的参数是 ω，即每一个状态 $\boldsymbol{s}$ 下所有可能动作 $\boldsymbol{a}$ 的 Q 值都能表示为 $Q_\omega(\boldsymbol{s},\boldsymbol{a})$。我们将用于拟合函数 Q 的神经网络称为 Q 网络，如图 7-2 所示。

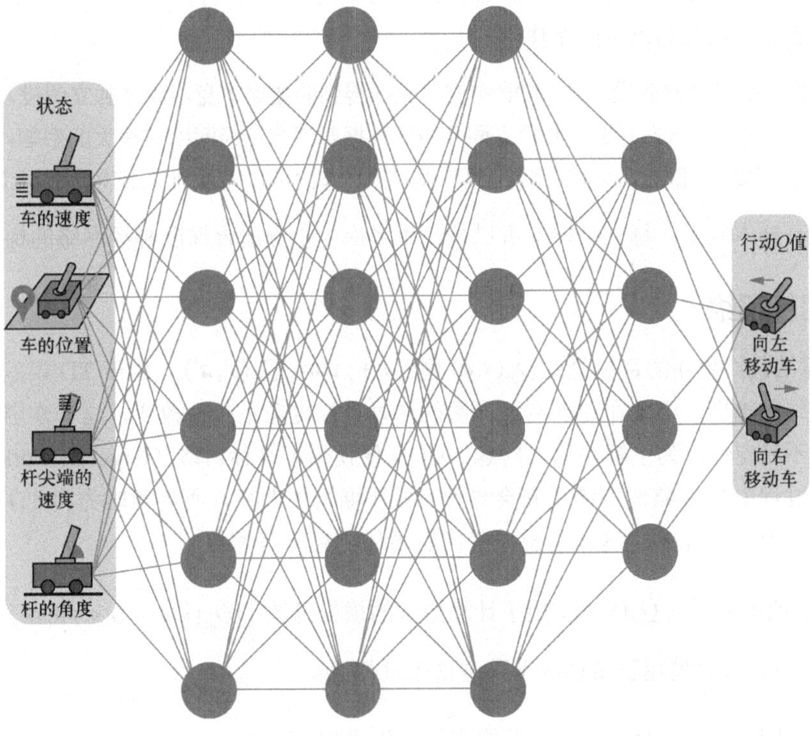

图 7-2 工作在车杆环境中的 Q 网络

那么 Q 网络的损失函数是什么呢？我们先来回顾一下 Q-learning 的更新规则（参见 5.5 节）：

$$Q(s,a) \leftarrow Q(s,a) + \alpha[r + \gamma \max_{a' \in \mathcal{A}} Q(s',a') - Q(s,a)]$$

上述公式用时序差分（temporal difference，TD）学习目标 $r+\gamma\max_{a'\in\mathcal{A}}Q(s',a')$ 来增量式更新 $Q(s,a)$，也就是说要使 $Q(s,a)$ 向 TD 误差目标 $r+\gamma\max_{a'\in\mathcal{A}}Q(s',a')$ 靠近。于是，对于一组数据 $\{(s_i,a_i,r_i,s_i')\}$，我们可以很自然地将 Q 网络的损失函数构造为均方误差的形式：

$$\omega^* = \arg\min_{\omega} \frac{1}{2N}\sum_{i=1}^{N}[Q_\omega(s_i,a_i) - (r_i + \gamma \max_{a' \in \mathcal{A}} Q_\omega(s_i',a'))]^2$$

至此，我们就可以将 Q-learning 扩展到神经网络形式——*深度 Q 网络*（deep Q network，DQN）算法。由于 DQN 是离线策略算法，因此我们在收集数据的时候可以使用一个 ϵ-贪婪策略来平衡探索与利用，将收集到的数据存储起来，在后续的训练中使用。DQN 中还有两个非常重要的模块——*经验回放*和*目标网络*，它们能够帮助 DQN 取得稳定、出色的性能。

7.3.1 经验回放

在一般的有监督学习中，假设训练数据是独立同分布的，我们每次训练神经网络的时候从训练数据中随机采样一个或若干个数据来进行梯度下降，随着学习的不断进行，每一个训练数据会被使用多次。在原来的 Q-learning 算法中，每一个数据只会用来更新一次 Q 值。为了更好地将 Q-learning 和深度神经网络结合，DQN 算法采用了*经验回放*（experience replay）方法，具体做法为维护一个*回放缓冲区*，将每次从环境中采样得到的四元组数据（状态、动作、奖励、下一状态）存储到回放缓冲区中，训练 Q 网络的时候再从回放缓冲区中随机采样若干数据来进行训练。这么做可以起到以下两个作用。

（1）使样本满足独立假设。在 MDP 中交互采样得到的数据本身不满足独立假设，因为这一时刻的状态和上一时刻的状态有关。非独立同分布的数据对训练神经网络有很大的影响，会使神经网络拟合到最近训练的数据上。采用经验回放可以打破样本之间的相关性，让其满足独立假设。

（2）提高样本效率。每一个样本可以被使用多次，十分适合深度神经网络的梯度学习。

7.3.2 目标网络

DQN 算法最终更新的目标是让 $Q_\omega(s,a)$ 逼近 $r+\gamma\max_{a'}Q_\omega(s',a')$，由于 TD 误差目标本身就包含神经网络的输出，因此在更新网络参数的同时目标也在不断地改变，这非常容易造成神经网络训练的不稳定性。为了解决这一问题，DQN 便使用了*目标网络*（target network）的思想：既然在训练过程中 Q 网络的不断更新会导致目标不断发生改变，不如暂时先将 TD 误差目标中的 Q 网络固定住。为了实现这一思想，我们需要利用两套 Q 网络。

（1）原来的训练网络 $Q_\omega(s,a)$，用于计算原来的损失函数 $\frac{1}{2}[Q_\omega(s,a)-(r+\gamma\max_{a'}Q_{\omega^-}(s',a'))]^2$ 中的 $Q_\omega(s,a)$ 项，并且使用正常梯度下降方法来进行更新。

（2）目标网络 $Q_{\omega^-}(s,a)$，用于计算原来的损失函数 $\frac{1}{2}[Q_\omega(s,a)-(r+\gamma\max_{a'}Q_{\omega^-}(s',a'))]^2$ 中的

$(r+\gamma \max_{a'} Q_{\omega^-}(s',a'))$ 项，其中 ω^- 表示目标网络中的参数。如果两套网络的参数随时保持一致，则仍为原来不够稳定的算法。为了让更新目标更稳定，目标网络并不会每一步都更新。具体而言，目标网络使用训练网络的一套比较旧的参数，训练网络 $Q_\omega(s,a)$ 在训练中的每一步都会更新，而目标网络的参数每隔 C 步才会与训练网络同步一次，即 $\omega^- \leftarrow \omega$。这样做使得目标网络相对于训练网络更加稳定。

综上所述，DQN 算法的具体流程如下：

- 用随机的网络参数 ω 初始化网络 $Q_\omega(s,a)$
- 复制相同的参数 $\omega^- \leftarrow \omega$ 来初始化目标网络 $Q_{\omega'}$
- 初始化经验回放池 R
- **for** 序列 $e=1\rightarrow E$ **do**
    - 获取环境初始状态 s_1
    - **for** 时间步 $t=1\rightarrow T$ **do**
        - 根据当前网络 $Q_\omega(s,a)$，以 ϵ-贪婪策略选择动作 a_t
        - 执行动作 a_t，获得回报 r_t，环境状态变为 s_{t+1}
        - 将 (s_t,a_t,r_t,s_{t+1}) 存储在回放池 R 中
        - 若 R 中数据足够，从 R 中采样 N 个数据 $\{(s_i,a_i,r_i,s_{i+1})\}_{i=1,\cdots,N}$
        - 对每个数据，用目标网络计算 $y_i = r_i + \gamma \max_a Q_{\omega^-}(s_{i+1},a)$
        - 最小化目标损失 $L=\frac{1}{N}\sum_i (y_i - Q_\omega(s_i,a_i))^2$，以此更新当前网络 Q_ω
        - 每 C 个时间步更新一次目标网络
    - **end for**
- **end for**

7.4 DQN 代码实践

接下来，我们就正式进入 DQN 算法的代码实践环节。我们采用的测试环境是 CartPole-v0，其状态空间相对简单，只有 4 个变量，因此网络结构的设计也相对简单：采用一层 128 个神经元的全连接并以 ReLU 作为激活函数。当遇到更复杂的诸如以图像作为输入的环境时，我们可以考虑采用深度卷积神经网络。

从 DQN 算法开始，我们将会用到 rl_utils 库，它包含一些专门为本书准备的函数，如绘制移动平均曲线、计算优势函数等，不同的算法可以一起使用这些函数。为了能够调用 rl_utils 库，请从本书的 GitHub 仓库下载 rl_utils.py 文件。

```
import random
import gym
import numpy as np
import collections
from tqdm import tqdm
import torch
```

```
import torch.nn.functional as F
import matplotlib.pyplot as plt
import rl_utils
```

首先定义经验回放池的类，主要包括加入数据、采样数据两大函数。

```
class ReplayBuffer:
    ''' 经验回放池 '''
    def __init__(self, capacity):
        self.buffer = collections.deque(maxlen=capacity) # 队列,先进先出

    def add(self, state, action, reward, next_state, done): # 将数据加入 buffer
        self.buffer.append((state, action, reward, next_state, done))

    def sample(self, batch_size): # 从 buffer 中采样数据,数量为 batch_size
        transitions = random.sample(self.buffer, batch_size)
        state, action, reward, next_state, done = zip(*transitions)
        return np.array(state), action, reward, np.array(next_state), done

    def size(self): # 目前 buffer 中数据的数量
        return len(self.buffer)
```

然后定义一个只有一层隐藏层的 Q 网络。

```
class Qnet(torch.nn.Module):
    ''' 只有一层隐藏层的 Q 网络 '''
    def __init__(self, state_dim, hidden_dim, action_dim):
        super(Qnet, self).__init__()
        self.fc1 = torch.nn.Linear(state_dim, hidden_dim)
        self.fc2 = torch.nn.Linear(hidden_dim, action_dim)

    def forward(self, x):
        x = F.relu(self.fc1(x)) # 隐藏层使用 ReLU 激活函数
        return self.fc2(x)
```

有了这些基本组件之后，接来下开始实现 DQN 算法。

```
class DQN:
    ''' DQN 算法 '''
    def __init__(self, state_dim, hidden_dim, action_dim, learning_rate, gamma,
epsilon, target_update, device):
        self.action_dim = action_dim
        self.q_net = Qnet(state_dim, hidden_dim, self.action_dim).to(device) # Q 网络
        # 目标网络
        self.target_q_net = Qnet(state_dim, hidden_dim, self.action_dim).to(device)
        # 使用 Adam 优化器
        self.optimizer= torch.optim.Adam(self.q_net.parameters(), lr=learning_rate)
        self.gamma = gamma # 折扣因子
        self.epsilon = epsilon # epsilon-贪婪策略
        self.target_update = target_update # 目标网络更新频率
        self.count = 0 # 计数器,记录更新次数
        self.device = device

    def take_action(self, state): # epsilon-贪婪策略采取动作
```

```
        if np.random.random() < self.epsilon:
            action = np.random.randint(self.action_dim)
        else:
            state = torch.tensor([state], dtype=torch.float).to(self.device)
            action = self.q_net(state).argmax().item()
        return action

    def update(self, transition_dict):
        states = torch.tensor(transition_dict['states'], dtype=torch.float).
                to(self.device)
        actions =  torch.tensor(transition_dict['actions']).view(-1, 1).
                to(self.device)
        rewards = torch.tensor(transition_dict['rewards'], dtype=torch.float).
                view(-1, 1).to(self.device)
        next_states = torch.tensor(transition_dict['next_states'], dtype=
                torch.float).to(self.device)
        dones = torch.tensor(transition_dict['dones'], dtype=torch.float).
                view(-1, 1).to(self.device)

        q_values = self.q_net(states).gather(1, actions) # Q值
        # 下个状态的最大Q值
        max_next_q_values = self.target_q_net(next_states).max(1)[0].view(-1, 1)
        q_targets = rewards + self.gamma * max_next_q_values * (1 - dones) # TD误差目标
        dqn_loss = torch.mean(F.mse_loss(q_values, q_targets)) # 均方误差损失函数
        self.optimizer.zero_grad() # PyTorch中默认梯度会累积,这里需要显式将梯度置为0
        dqn_loss.backward() # 反向传播更新参数
        self.optimizer.step()

        if self.count % self.target_update == 0:
            self.target_q_net.load_state_dict(self.q_net.state_dict()) # 更新目标网络
        self.count += 1
```

一切准备就绪，开始训练并查看结果。我们之后会将这一训练过程包装进 rl_utils 库中，方便之后要学习的算法的代码实现。

```
lr = 2e-3
num_episodes = 500
hidden_dim = 128
gamma = 0.98
epsilon = 0.01
target_update = 10
buffer_size = 10000
minimal_size = 500
batch_size = 64
device = torch.device("cuda") if torch.cuda.is_available() else torch.device("cpu")

env_name = 'CartPole-v0'
env = gym.make(env_name)
random.seed(0)
np.random.seed(0)
env.seed(0)
torch.manual_seed(0)
replay_buffer = ReplayBuffer(buffer_size)
```

```
state_dim = env.observation_space.shape[0]
action_dim = env.action_space.n
agent = DQN(state_dim, hidden_dim, action_dim, lr, gamma, epsilon, target_update, device)

return_list = []
for i in range(10):
    with tqdm(total=int(num_episodes/10), desc='Iteration %d' % i) as pbar:
        for i_episode in range(int(num_episodes/10)):
            episode_return = 0
            state = env.reset()
            done = False
            while not done:
                action = agent.take_action(state)
                next_state, reward, done, _ = env.step(action)
                replay_buffer.add(state, action, reward, next_state, done)
                state = next_state
                episode_return += reward
                # 当 buffer 数据的数量超过一定值后，才进行 Q 网络训练
                if replay_buffer.size() > minimal_size:
                    b_s, b_a, b_r, b_ns, b_d = replay_buffer.sample(batch_size)
                    transition_dict = {'states': b_s, 'actions': b_a,
                        'next_states': b_ns, 'rewards': b_r, 'dones': b_d}
                    agent.update(transition_dict)
            return_list.append(episode_return)
            if (i_episode+1) % 10 == 0:
                pbar.set_postfix({'episode': '%d' % (num_episodes/10 * i +
                    i_episode+1), 'return': '%.3f' % np.mean(return_list[-10:])})
            pbar.update(1)
```

```
Iteration 0: 100%|██████████| 50/50 [00:00<00:00, 764.86it/s, episode=50,
return=9.300]
Iteration 1: 100%|██████████| 50/50 [00:04<00:00, 10.66it/s, episode=100,
return=12.300]
Iteration 2: 100%|██████████| 50/50 [00:24<00:00,  2.05it/s, episode=150,
return=123.000]
Iteration 3: 100%|██████████| 50/50 [01:25<00:00,  1.71s/it, episode=200,
return=153.600]
Iteration 4: 100%|██████████| 50/50 [01:30<00:00,  1.80s/it, episode=250,
return=180.500]
Iteration 5: 100%|██████████| 50/50 [01:24<00:00,  1.68s/it, episode=300,
return=185.000]
Iteration 6: 100%|██████████| 50/50 [01:32<00:00,  1.85s/it, episode=350,
return=193.900]
Iteration 7: 100%|██████████| 50/50 [01:31<00:00,  1.84s/it, episode=400,
return=196.600]
Iteration 8: 100%|██████████| 50/50 [01:33<00:00,  1.88s/it, episode=450,
return=193.800]
Iteration 9: 100%|██████████| 50/50 [01:34<00:00,  1.88s/it, episode=500,
return=200.000]
```

```
episodes_list = list(range(len(return_list)))
plt.plot(episodes_list,return_list)
plt.xlabel('Episodes')
plt.ylabel('Returns')
plt.title('DQN on {}'.format(env_name))
plt.show()

mv_return = rl_utils.moving_average(return_list, 9)
```

```
plt.plot(episodes_list, mv_return)
plt.xlabel('Episodes')
plt.ylabel('Returns')
plt.title('DQN on {}'.format(env_name))
plt.show()
```

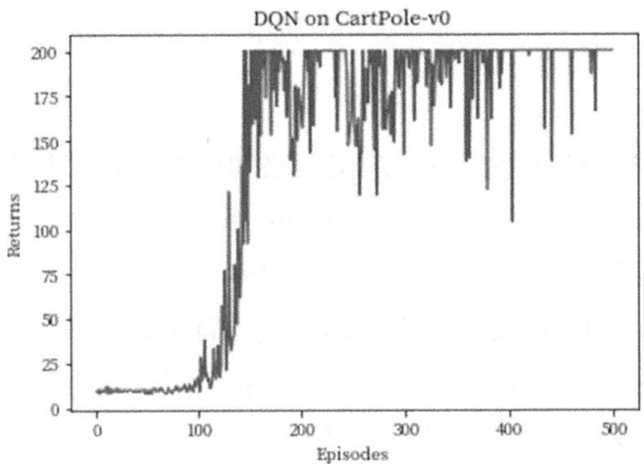

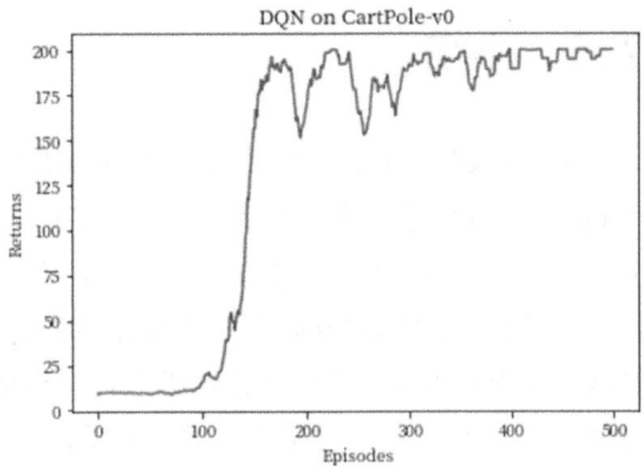

可以看到，DQN 的性能在 100 个序列后很快得到提升，最终收敛到策略的最优回报值 200。我们也可以看到，在 DQN 的性能得到提升后，它会持续出现一定程度的震荡，这主要是神经网络过拟合到一些局部经验数据后由 arg max 运算带来的影响。

7.5 以图像作为输入的 DQN 算法

在本书前面章节所述的强化学习环境中，我们都使用非图像的状态作为输入（例如车杆环境中车的坐标、速度），但是在一些视频游戏中，智能体并不能直接获取这些状态信息，而只能直接获取屏幕中的图像。要让智能体和人一样玩游戏，我们需要让智能体学会以图像作为状态时的决策。我们可以利用 7.4 节的 DQN 算法，将卷积层加入其网络结构以提取图像特征，最终实现以图像为输入的强化学习。以图像为输入的 DQN 算法的代码与 7.4 节的代码的不同之处主要在于 Q 网络的结构和数据输入。DQN 网络通常会将最近的几帧图像一起作为输入，从而感知环境的动态性。接下来我们实现以图像为输入的 DQN 算法，但由于代码需要运行较长的时间，我们在此便不展示训练结果。

```
class ConvolutionalQnet(torch.nn.Module):
    ''' 加入卷积层的 Q 网络 '''
    def __init__(self, action_dim, in_channels=4):
        super(ConvolutionalQnet, self).__init__()
        self.conv1 = torch.nn.Conv2d(in_channels, 32, kernel_size=8, stride=4)
        self.conv2 = torch.nn.Conv2d(32, 64, kernel_size=4, stride=2)
        self.conv3 = torch.nn.Conv2d(64, 64, kernel_size=3, stride=1)
        self.fc4 = torch.nn.Linear(7 * 7 * 64, 512)
        self.head = torch.nn.Linear(512, action_dim)

    def forward(self, x):
        x = x / 255
        x = F.relu(self.conv1(x))
```

```
        x = F.relu(self.conv2(x))
        x = F.relu(self.conv3(x))
        x = F.relu(self.fc4(x))
        return self.head(x)
```

7.6 小结

本章讲解了 DQN 算法，其主要思想是用一个神经网络来表示最优策略的函数 Q，然后利用 Q-learning 的思想进行参数更新。为了保证训练的稳定性和高效性，DQN 算法引入了经验回放和目标网络两大模块，使得算法在实际应用时能够取得更好的效果。在 2013 年的 NIPS①深度学习研讨会上，DeepMind 公司的研究团队发表了 DQN 论文，首次展示了这一直接通过卷积神经网络接受像素输入来玩转各种雅达利（Atari）游戏的强化学习算法，由此拉开了深度强化学习的序幕。DQN 是深度强化学习的基础，掌握了该算法才算是真正进入了深度强化学习领域，本书中还有更多的深度强化学习算法等待读者探索。

7.7 参考文献

[1] VOLODYMYR M, KAVUKCUOGLU K, SILVER D, et al. Human-level control through deep reinforcement learning [J]. Nature, 2015, 518(7540): 529-533.

[2] VOLODYMYR M, KAVUKCUOGLU K, SILVER D, et al. Playing atari with deep reinforcement learning [C]//NIPS Deep Learning Workshop, 2013.

① 神经信息处理系统大会（Conference and Workshop on Neural Information Processing Systems，NIPS）。

第 8 章 DQN 改进算法

8.1 简介

DQN 算法敲开了深度强化学习的大门，但是作为先驱性的工作，其本身存在着一些问题以及一些可以改进的地方。于是，在 DQN 之后，学术界涌现出了非常多的改进算法。本章将介绍其中两个非常著名的算法：Double DQN 和 Dueling DQN，这两个算法的实现非常简单，只需要在 DQN 的基础上稍加修改，它们能在一定程度上改善 DQN 的效果。如果读者想要了解更多、更详细的 DQN 改进方法，可以阅读 Rainbow 模型的论文及其引用文献。

8.2 Double DQN

普通的 DQN 算法通常会导致对 Q 值的过高估计（overestimation）。传统 DQN 优化的 TD 误差目标为

$$r+\gamma \max_{a'} Q_{\omega^-}(s',a')$$

其中，$\max_{a'} Q_{\omega^-}(s',a')$ 由目标网络（参数为 ω^- ）计算得出，我们还可以将其写成如下形式：

$$Q_{\omega^-}(s',\arg\max_{a'} Q_{\omega^-}(s',a'))$$

换句话说，max 操作实际上可以被拆解为两部分：首先选取状态 s' 下的最优动作 $a^*=\arg\max_{a'} Q_{\omega^-}(s',a')$，接着计算该动作对应的价值 $Q_{\omega^-}(s',a^*)$。当这两部分采用同一套 Q 网络进行计算时，每次得到的都是神经网络当前估算的所有动作价值中的最大值。考虑到通过神经网络估算的 Q 值本身在某些时候会产生正向或负向的误差，在 DQN 的更新方式下神经网络会将正向误差累积。例如，我们考虑一个特殊情形：在状态 s' 下所有动作的 Q 值均为 0，即 $Q(s',a_i)=0,\forall i$，此时正确的更新目标应为 $r+0=r$，但是由于神经网络拟合的误差通常会出现某些动作的估算有正误差的情况，即存在某个动作 a' 有 $Q(s',a')>0$，此时我们的更新目标出现了过高估计，$r+\gamma\max Q>r+0$。因此，当我们用 DQN 的更新公式进行更新时，$Q(s,a)$ 也就会

被过高估计了。同理，我们拿这个 $Q(s,a)$ 作为更新目标来更新上一步的 Q 值时，同样会过高估计，这样的误差将会逐步累积。对于动作空间较大的任务，DQN 中的过高估计问题会非常严重，造成 DQN 无法有效工作的后果。

为了解决这一问题，Double DQN 算法提出利用两套独立训练的神经网络来估算 $\max_{a'}Q^*(s',a')$，具体做法是将原来的 $\max_{a'}Q_{\omega^-}(s',a')$ 更改为 $Q_{\omega^-}(s',\arg\max_{a'}Q_{\omega}(s',a'))$，即利用一套神经网络 Q_ω 的输出来选取价值最大的动作，但在使用该动作的价值时，用另一套神经网络 Q_{ω^-} 来计算该动作的价值。这样，即使其中一套神经网络的某个动作存在比较严重的过高估计问题，由于另一套神经网络的存在，这个动作最终使用的 Q 值也不会存在很大的过高估计问题。

在传统的 DQN 算法中，本来就存在两套函数 Q 的神经网络——训练网络和目标网络（参见 7.3.2 节），只不过 $\max_{a'}Q_{\omega^-}(s',a')$ 的计算只用到了其中的目标网络，那么我们恰好可以直接将训练网络作为 Double DQN 算法中的第一套神经网络来选取动作，将目标网络作为第二套神经网络来计算 Q 值，这便是 Double DQN 的主要思想。由于 DQN 算法将训练网络的参数记为 ω，将目标网络的参数记为 ω^-，这与本节中 Double DQN 的两套神经网络的参数是统一的，因此我们可以直接写出如下的 Double DQN 优化目标：

$$r+\gamma Q_{\omega^-}(s',\arg\max_{a'}Q_{\omega}(s',a'))$$

8.3　Double DQN 代码实践

显然，DQN 与 Double DQN 的差别只在于计算状态 s' 下的 Q 值时如何选取动作：

- DQN 的优化目标可以写为 $r+\gamma Q_{\omega^-}(s',\arg\max_{a'}Q_{\omega^-}(s',a'))$，动作的选取依靠目标网络 Q_{ω^-}；
- Double DQN 的优化目标为 $r+\gamma Q_{\omega^-}(s',\arg\max_{a'}Q_{\omega}(s',a'))$，动作的选取依靠训练网络 Q_ω。

所以 Double DQN 的代码实现可以直接在 DQN 的基础上进行，无须做过多修改。

本节采用的环境是倒立摆（Inverted Pendulum），该环境下有一个处于随机位置的倒立摆，如图 8-1 所示（请扫描二维码查看动图）。环境的状态包括倒立摆角度的正弦值 $\sin\theta$、余弦值 $\cos\theta$、角速度 $\dot{\theta}$；动作为对倒立摆施加的力矩，详情参见表 8-1 和表 8-2。每一步都会根据当前倒立摆的状态好坏给予智能体不同的奖励，该环境的奖励函数为 $-(\theta^2+0.1\dot{\theta}^2+0.001a^2)$，倒立摆向上保持直立不动时奖励为 0，倒立摆在其他位置时奖励为负数。环境本身没有终止状态，运行 200 步后游戏自动结束。

扫码查看动图

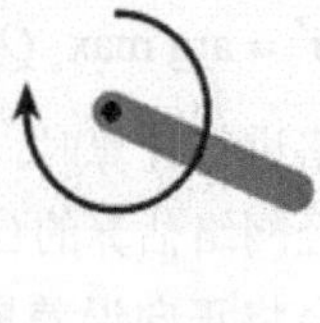

图 8-1　倒立摆环境示意图

表 8-1 倒立摆环境的状态空间

标号	状态	最小值	最大值
0	$\cos\theta$	−1.0	1.0
1	$\sin\theta$	−1.0	1.0
2	$\dot{\theta}$	−8.0	8.0

表 8-2 倒立摆环境的动作空间

标号	动作	最小值	最大值
0	力矩	−2.0	2.0

力矩大小是在[−2,2]范围内的连续值。由于 DQN 只能处理离散动作环境，因此我们无法直接用 DQN 来处理倒立摆环境，但倒立摆环境可以比较方便地验证 DQN 对 Q 值的过高估计：倒立摆环境下 Q 值的最大估计应为 0（倒立摆向上保持直立时能选取的最大 Q 值），Q 值出现大于 0 的情况则说明出现了过高估计。为了能够应用 DQN，我们采用离散化动作的技巧。例如，下面的代码将连续的动作空间离散为 11 个动作。动作 $[0,1,2,\cdots,9,10]$ 分别代表力矩 $[-2,-1.6,-1.2,\cdots,1.2,1.6,2]$。

```
import random
import gym
import numpy as np
import torch
import torch.nn.functional as F
import matplotlib.pyplot as plt
import rl_utils
from tqdm import tqdm

class Qnet(torch.nn.Module):
    ''' 只有一层隐藏层的 Q 网络 '''
    def __init__(self, state_dim, hidden_dim, action_dim):
        super(Qnet, self).__init__()
        self.fc1 = torch.nn.Linear(state_dim, hidden_dim)
        self.fc2 = torch.nn.Linear(hidden_dim, action_dim)

    def forward(self, x):
        x = F.relu(self.fc1(x))
        return self.fc2(x)
```

接下来我们在 DQN 代码的基础上稍做修改以实现 Double DQN。

```
class DQN:
    ''' DQN 算法,包括 Double DQN '''
    def __init__(self, state_dim, hidden_dim, action_dim, learning_rate, gamma,
            epsilon, target_update, device, dqn_type='VanillaDQN'):
        self.action_dim = action_dim
        self.q_net = Qnet(state_dim, hidden_dim, self.action_dim).to(device)
        self.target_q_net = Qnet(state_dim, hidden_dim, self.action_dim).to(device)
        self.optimizer= torch.optim.Adam(self.q_net.parameters(), lr=learning_rate)
        self.gamma = gamma
```

```
        self.epsilon = epsilon
        self.target_update = target_update
        self.count = 0
        self.dqn_type = dqn_type
        self.device = device

    def take_action(self, state):
        if np.random.random() < self.epsilon:
            action = np.random.randint(self.action_dim)
        else:
            state = torch.tensor([state], dtype=torch.float).to(self.device)
            action = self.q_net(state).argmax().item()
        return action

    def max_q_value(self, state):
        state = torch.tensor([state], dtype=torch.float).to(self.device)
        return self.q_net(state).max().item()

    def update(self, transition_dict):
        states = torch.tensor(transition_dict['states'], dtype=torch.float).
                to(self.device)
        actions =  torch.tensor(transition_dict['actions']).view(-1, 1).
                to(self.device)
        rewards = torch.tensor(transition_dict['rewards'], dtype=torch.float).
                view(-1, 1).to(self.device)
        next_states = torch.tensor(transition_dict['next_states'], dtype=
                torch.float).to(self.device)
        dones = torch.tensor(transition_dict['dones'], dtype=torch.float).
                view(-1, 1).to(self.device)

        q_values = self.q_net(states).gather(1, actions)
        if self.dqn_type == 'DoubleDQN': # DQN 与 Double DQN 的区别
            max_action = self.q_net(next_states).max(1)[1].view(-1, 1)
            max_next_q_values = self.target_q_net(next_states).gather(1, max_action)
        else: # DQN 的情况
            max_next_q_values = self.target_q_net(next_states).max(1)[0].view(-1, 1)
        q_targets = rewards + self.gamma * max_next_q_values * (1 - dones)
        dqn_loss = torch.mean(F.mse_loss(q_values, q_targets))
        self.optimizer.zero_grad()
        dqn_loss.backward()
        self.optimizer.step()

        if self.count % self.target_update == 0:
            self.target_q_net.load_state_dict(self.q_net.state_dict())
        self.count += 1
```

接下来我们设置相应的超参数，并实现将倒立摆环境中的连续动作转化为离散动作的函数。

```
lr = 1e-2
num_episodes = 200
hidden_dim = 128
gamma = 0.98
```

```
epsilon = 0.01
target_update = 50
buffer_size = 5000
minimal_size = 1000
batch_size = 64
device = torch.device("cuda") if torch.cuda.is_available() else torch.device("cpu")

env_name = 'Pendulum-v0'
env = gym.make(env_name)
state_dim = env.observation_space.shape[0]
action_dim = 11  # 将连续动作分成 11 个离散动作

def dis_to_con(discrete_action, env, action_dim): # 离散动作转回连续的函数
    action_lowbound = env.action_space.low[0] # 连续动作的最小值
    action_upbound = env.action_space.high[0] # 连续动作的最大值
    return action_lowbound + (discrete_action / (action_dim - 1)) * (action_
upbound - action_lowbound)
```

接下来要对比 DQN 和 Double DQN 的训练情况，为了便于后续多次调用，我们进一步将 DQN 算法的训练过程定义成一个函数。训练过程会记录下每个状态的最大 Q 值，在训练完成后我们可以将结果可视化，观测这些 Q 值存在的过高估计的情况，以此来对比 DQN 和 Double DQN 的不同。

```
def train_DQN(agent, env, num_episodes, replay_buffer, minimal_size, batch_size):
    return_list = []
    max_q_value_list = []
    max_q_value = 0
    for i in range(10):
        with tqdm(total=int(num_episodes/10), desc='Iteration %d' % i) as pbar:
            for i_episode in range(int(num_episodes/10)):
                episode_return = 0
                state = env.reset()
                done = False
                while not done:
                    action = agent.take_action(state)
                    max_q_value = agent.max_q_value(state) * 0.005 +
                            max_q_value * 0.995 # 平滑处理
                    max_q_value_list.append(max_q_value) # 保存每个状态的最大 Q 值
                    action_continuous = dis_to_con(action, env, agent.action_dim)
                    next_state, reward, done, _ = env.step([action_continuous])
                    replay_buffer.add(state, action, reward, next_state, done)
                    state = next_state
                    episode_return += reward
                    if replay_buffer.size() > minimal_size:
                        b_s, b_a, b_r, b_ns, b_d = replay_buffer.sample(batch_size)
                        transition_dict = {'states': b_s, 'actions': b_a,
                                'next_states': b_ns, 'rewards': b_r, 'dones': b_d}
                        agent.update(transition_dict)
                return_list.append(episode_return)
                if (i_episode+1) % 10 == 0:
```

```
                    pbar.set_postfix({'episode': '%d' % (num_episodes/10 * i +
                                i_episode+1), 'return': '%.3f' % np.mean(return_
                                list[-10:])})
                pbar.update(1)
    return return_list, max_q_value_list
```

一切就绪！我们首先训练 DQN 并打印出其学习过程中最大 Q 值的情况。

```
random.seed(0)
np.random.seed(0)
env.seed(0)
torch.manual_seed(0)
replay_buffer = rl_utils.ReplayBuffer(buffer_size)
agent = DQN(state_dim, hidden_dim, action_dim, lr, gamma, epsilon, target_update, device)
return_list, max_q_value_list = train_DQN(agent, env, num_episodes, replay_buffer,
minimal_size, batch_size)

episodes_list = list(range(len(return_list)))
mv_return = rl_utils.moving_average(return_list, 5)
plt.plot(episodes_list, mv_return)
plt.xlabel('Episodes')
plt.ylabel('Returns')
plt.title('DQN on {}'.format(env_name))
plt.show()

frames_list = list(range(len(max_q_value_list)))
plt.plot(frames_list, max_q_value_list)
plt.axhline(0, c='orange', ls='--')
plt.axhline(10, c='red', ls='--')
plt.xlabel('Frames')
plt.ylabel('Q value')
plt.title('DQN on {}'.format(env_name))
plt.show()

Iteration 0: 100%|██████████| 20/20 [00:07<00:00,  2.19it/s, episode=20,
return=-1063.629]
Iteration 1: 100%|██████████| 20/20 [00:09<00:00,  2.15it/s, episode=40,
return=-869.863]
Iteration 2: 100%|██████████| 20/20 [00:09<00:00,  2.16it/s, episode=60,
return=-246.865]
Iteration 3: 100%|██████████| 20/20 [00:09<00:00,  2.15it/s, episode=80,
return=-226.042]
Iteration 4: 100%|██████████| 20/20 [00:09<00:00,  2.17it/s, episode=100,
return=-210.614]
Iteration 5: 100%|██████████| 20/20 [00:09<00:00,  2.16it/s, episode=120,
return=-251.662]
Iteration 6: 100%|██████████| 20/20 [00:09<00:00,  2.15it/s, episode=140,
return=-239.768]
Iteration 7: 100%|██████████| 20/20 [00:09<00:00,  2.19it/s, episode=160,
return=-174.586]
Iteration 8: 100%|██████████| 20/20 [00:09<00:00,  2.14it/s, episode=180,
return=-263.318]
Iteration 9: 100%|██████████| 20/20 [00:09<00:00,  2.12it/s, episode=200,
return=-219.349]
```

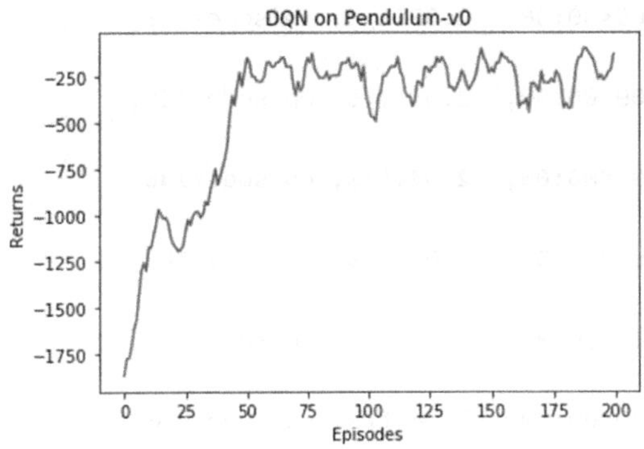

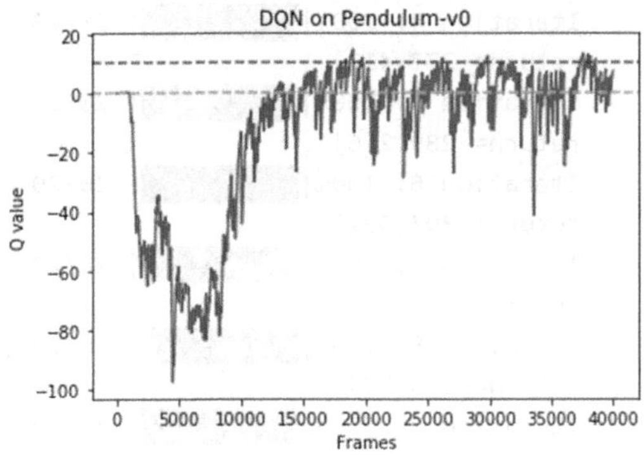

根据代码运行结果我们可以发现，DQN 算法在倒立摆环境中能取得不错的回报，最后的期望回报在–200 左右，但是不少 Q 值超过了 0，有一些还超过了 10，该现象便是 DQN 算法中的 Q 值过高估计。我们现在来看一下 Double DQN 是否能对此问题进行改善。

```
random.seed(0)
np.random.seed(0)
env.seed(0)
torch.manual_seed(0)
replay_buffer = rl_utils.ReplayBuffer(buffer_size)
agent = DQN(state_dim, hidden_dim, action_dim, lr, gamma, epsilon, target_update,
device, 'DoubleDQN')
return_list, max_q_value_list = train_DQN(agent, env, num_episodes, replay_buffer,
minimal_size, batch_size)

episodes_list = list(range(len(return_list)))
mv_return = rl_utils.moving_average(return_list, 5)
plt.plot(episodes_list, mv_return)
plt.xlabel('Episodes')
plt.ylabel('Returns')
plt.title('Double DQN on {}'.format(env_name))
plt.show()

frames_list = list(range(len(max_q_value_list)))
plt.plot(frames_list, max_q_value_list)
plt.axhline(0, c='orange', ls='--')
plt.axhline(10, c='red', ls='--')
plt.xlabel('Frames')
plt.ylabel('Q value')
plt.title('Double DQN on {}'.format(env_name))
plt.show()

Iteration 0: 100%|██████████| 20/20 [00:07<00:00,  2.05it/s, episode=20,
return=-1167.778]
Iteration 1: 100%|██████████| 20/20 [00:09<00:00,  2.03it/s, episode=40,
return=-649.008]
Iteration 2: 100%|██████████| 20/20 [00:09<00:00,  2.05it/s, episode=60,
return=-297.516]
Iteration 3: 100%|██████████| 20/20 [00:09<00:00,  2.02it/s, episode=80,
return=-262.276]
```

```
Iteration 4: 100%|██████████| 20/20 [00:09<00:00,  2.03it/s, episode=100,
return=-277.412]
Iteration 5: 100%|██████████| 20/20 [00:09<00:00,  2.03it/s, episode=120,
return=-289.226]
Iteration 6: 100%|██████████| 20/20 [00:09<00:00,  2.02it/s, episode=140,
return=-307.092]
Iteration 7: 100%|██████████| 20/20 [00:09<00:00,  2.02it/s, episode=160,
return=-236.051]
Iteration 8: 100%|██████████| 20/20 [00:09<00:00,  2.02it/s, episode=180,
return=-260.574]
Iteration 9: 100%|██████████| 20/20 [00:09<00:00,  2.04it/s, episode=200,
return=-285.691]
```

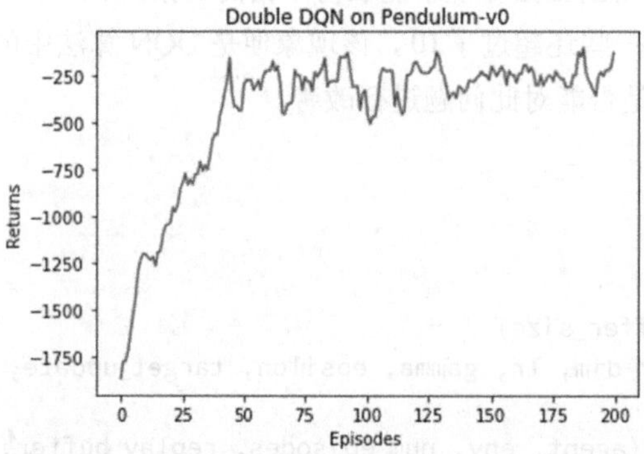

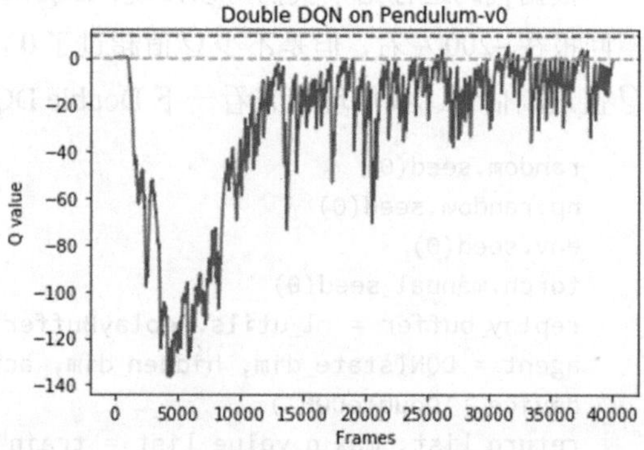

我们可以发现，与普通的 DQN 相比，Double DQN 比较少出现 Q 值大于 0 的情况，说明 Q 值过高估计的问题得到了很大缓解。

8.4 Dueling DQN

Dueling DQN 是 DQN 的另一种改进算法，它在传统 DQN 的基础上只进行了微小的改动，但能大幅提升 DQN 的表现。在强化学习中，我们将动作价值函数 Q 减去状态价值函数 V 的结果定义为优势函数 A，即 $A(s,a)=Q(s,a)-V(s)$ 。在同一个状态下，所有动作的优势值之和为0，因为所有动作的动作价值的期望就是这个状态的状态价值。据此，在 Dueling DQN 中，Q 网络被建模为：

$$Q_{\eta,\alpha,\beta}(s,a)=V_{\eta,\alpha}(s)+A_{\eta,\beta}(s,a)$$

其中，$V_{\eta,\alpha}(s)$ 为状态价值函数，而 $A_{\eta,\beta}(s,a)$ 则为该状态下采取不同动作的优势函数，表示采取不同动作的差异性；η 是状态价值函数和优势函数共享的网络参数，一般用在神经网络中，用来提取特征的前几层；而 α 和 β 分别为状态价值函数和优势函数的参数。在这样的模型下，我们不再让神经网络直接输出 Q 值，而是训练神经网络的最后几层的两个分支，分别输出状态价值函数和优势函数，再求和得到 Q 值。Dueling DQN 的网络结构如图 8-2 所示。

将状态价值函数和优势函数分别建模的好处在于：某些环境下智能体只会关注状态价值，而并不关心不同动作导致的差异，此时将二者分开建模能够使智能体更好地处理与动作关联较小的状态。在图 8-3 所示的驾驶车辆游戏中，智能体注意力集中的部位被显示为橙色（另见彩插图 4)，当智能体前面没有车时，车辆自身动作并没有太大差异，此时智能体更关注状态价值，而当智能体前面有车时（智能体需要超车），智能体开始关注不同动作优势值的差异。

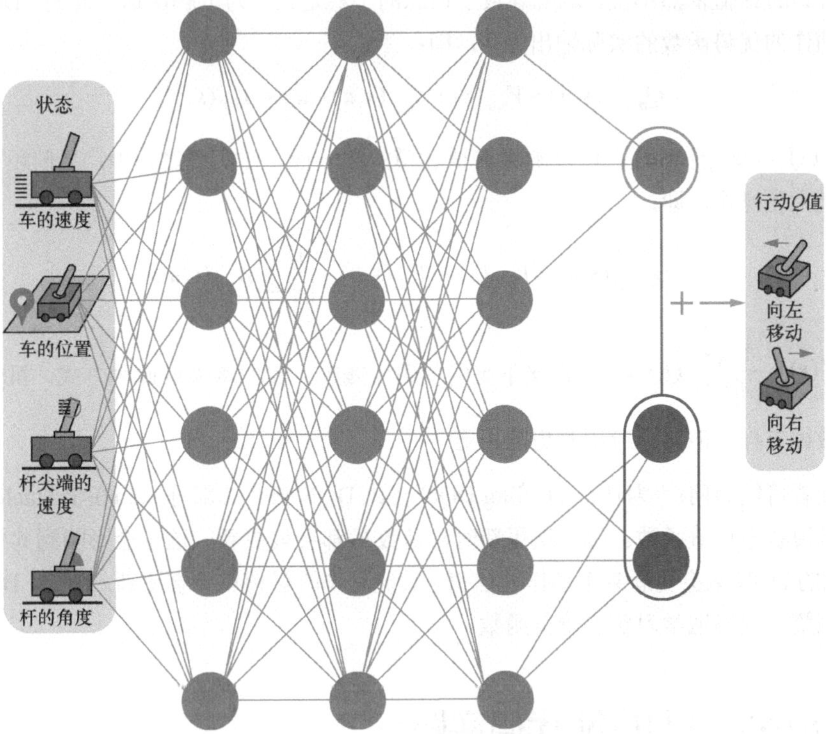

图 8-2 Dueling DQN 的网络结构图

图 8-3 状态价值和动作优势值的简单例子

对于 Dueling DQN 中的公式 $Q_{\eta,\alpha,\beta}(\boldsymbol{s},\boldsymbol{a})=V_{\eta,\alpha}(\boldsymbol{s})+A_{\eta,\beta}(\boldsymbol{s},\boldsymbol{a})$，它存在对于 V 值和 A 值建模不唯一性的问题。例如，对于同样的 Q 值，如果将 V 值加上任意大小的常数 C，再将所有 A 值减去 C，则得到的 Q 值依然不变，这就导致了训练的不稳定性。为了解决这一问题，Dueling DQN 强制最优动作的优势函数的实际输出为 0，即：

$$Q_{\eta,\alpha,\beta}(\boldsymbol{s},\boldsymbol{a})=V_{\eta,\alpha}(\boldsymbol{s})+A_{\eta,\beta}(\boldsymbol{s},\boldsymbol{a})-\max_{\boldsymbol{a}'}A_{\eta,\beta}(\boldsymbol{s},\boldsymbol{a}')$$

此时 $V(\boldsymbol{s})=\max_{\boldsymbol{a}}Q(\boldsymbol{s},\boldsymbol{a})$，可以确保 V 值建模的唯一性。在实现过程中，我们还可以用平均操作代替最大化操作，即：

$$Q_{\eta,\alpha,\beta}(\boldsymbol{s},\boldsymbol{a})=V_{\eta,\alpha}(\boldsymbol{s})+A_{\eta,\beta}(\boldsymbol{s},\boldsymbol{a})-\frac{1}{|\mathcal{A}|}\sum_{\boldsymbol{a}'}A_{\eta,\beta}(\boldsymbol{s},\boldsymbol{a}')$$

此时 $V(\boldsymbol{s})=\frac{1}{|\mathcal{A}|}\sum_{\boldsymbol{a}'}Q(\boldsymbol{s},\boldsymbol{a}')$。在接下来的代码实践中，我们将采取此种方式，虽然它不再满足贝尔曼最优方程，但实际应用时更加稳定。

有的读者可能会问：“为什么 Dueling DQN 会比 DQN 好？”部分原因在于 Dueling DQN 能更高效地学习状态价值函数。每一次更新时，函数 V 都会被更新，这也会影响到其他动作的 Q 值。而传统的 DQN 只会更新某个动作的 Q 值，其他动作的 Q 值就不会更新。因此，Dueling DQN 能够更加频繁、准确地学习状态价值函数。

8.5 Dueling DQN 代码实践

Dueling DQN 与 DQN 的差异只在网络结构上，大部分代码依然可以继续沿用。我们定义状态价值函数和优势函数的复合神经网络 VAnet。

```
class VAnet(torch.nn.Module):
    ''' 只有一层隐藏层的A网络和V网络 '''
    def __init__(self, state_dim, hidden_dim, action_dim):
        super(VAnet, self).__init__()
        self.fc1 = torch.nn.Linear(state_dim, hidden_dim) # 共享网络部分
        self.fc_A = torch.nn.Linear(hidden_dim, action_dim)
        self.fc_V = torch.nn.Linear(hidden_dim, 1)

    def forward(self, x):
        A = self.fc_A(F.relu(self.fc1(x)))
        V = self.fc_V(F.relu(self.fc1(x)))
        Q = V + A - A.mean(1).view(-1, 1) # Q值由V值和A值计算得到
        return Q

class DQN:
    ''' DQN算法,包括Double DQN和Dueling DQN '''
    def __init__(self, state_dim, hidden_dim, action_dim, learning_rate, gamma,
                 epsilon, target_update, device, dqn_type='VanillaDQN'):
        self.action_dim = action_dim
        if dqn_type == 'DuelingDQN': # Dueling DQN采取不一样的网络框架
```

```
            self.q_net = VAnet(state_dim, hidden_dim, self.action_dim).to(device)
            self.target_q_net = VAnet(state_dim, hidden_dim, self.action_dim).
                    to(device)
        else:
            self.q_net = Qnet(state_dim, hidden_dim, self.action_dim).to(device)
            self.target_q_net = Qnet(state_dim, hidden_dim, self.action_dim).
                    to(device)
        self.optimizer= torch.optim.Adam(self.q_net.parameters(), lr=learning_rate)
        self.gamma = gamma
        self.epsilon = epsilon
        self.target_update = target_update
        self.count = 0
        self.dqn_type = dqn_type
        self.device = device

    def take_action(self, state):
        if np.random.random() < self.epsilon:
            action = np.random.randint(self.action_dim)
        else:
            state = torch.tensor([state], dtype=torch.float).to(self.device)
            action = self.q_net(state).argmax().item()
        return action

    def max_q_value(self, state):
        state = torch.tensor([state], dtype=torch.float).to(self.device)
        return self.q_net(state).max().item()

    def update(self, transition_dict):
        states = torch.tensor(transition_dict['states'], dtype=torch.float).
                to(self.device)
        actions =  torch.tensor(transition_dict['actions']).view(-1, 1).
                to(self.device)
        rewards = torch.tensor(transition_dict['rewards'], dtype=torch.float).
                view(-1, 1).to(self.device)
        next_states = torch.tensor(transition_dict['next_states'], dtype=torch.
                float).to(self.device)
        dones = torch.tensor(transition_dict['dones'], dtype=torch.float).
                view(-1, 1).to(self.device)

        q_values = self.q_net(states).gather(1, actions)
        if self.dqn_type == 'DoubleDQN':
            max_action = self.q_net(next_states).max(1)[1].view(-1, 1)
            max_next_q_values = self.target_q_net(next_states).gather(1, max_action)
        else:
            max_next_q_values = self.target_q_net(next_states).max(1)[0].view(-1, 1)
        q_targets = rewards + self.gamma * max_next_q_values * (1 - dones)
        dqn_loss = torch.mean(F.mse_loss(q_values, q_targets))
        self.optimizer.zero_grad()
        dqn_loss.backward()
        self.optimizer.step()

        if self.count % self.target_update == 0:
```

```
            self.target_q_net.load_state_dict(self.q_net.state_dict())
        self.count += 1

random.seed(0)
np.random.seed(0)
env.seed(0)
torch.manual_seed(0)
replay_buffer = rl_utils.ReplayBuffer(buffer_size)
agent = DQN(state_dim, hidden_dim, action_dim, lr, gamma, epsilon, target_update,
device, 'DuelingDQN')
return_list, max_q_value_list = train_DQN(agent, env, num_episodes, replay_buffer,
minimal_size, batch_size)

episodes_list = list(range(len(return_list)))
mv_return = rl_utils.moving_average(return_list, 5)
plt.plot(episodes_list, mv_return)
plt.xlabel('Episodes')
plt.ylabel('Returns')
plt.title('Dueling DQN on {}'.format(env_name))
plt.show()

frames_list = list(range(len(max_q_value_list)))
plt.plot(frames_list, max_q_value_list)
plt.axhline(0, c='orange', ls='--')
plt.axhline(10, c='red', ls='--')
plt.xlabel('Frames')
plt.ylabel('Q value')
plt.title('Dueling DQN on {}'.format(env_name))
plt.show()

Iteration 0: 100%|██████████| 20/20 [00:10<00:00,  1.46it/s, episode=20,
return=-566.544]
Iteration 1: 100%|██████████| 20/20 [00:13<00:00,  1.46it/s, episode=40,
return=-305.875]
Iteration 2: 100%|██████████| 20/20 [00:13<00:00,  1.44it/s, episode=60,
return=-260.326]
Iteration 3: 100%|██████████| 20/20 [00:13<00:00,  1.44it/s, episode=80,
return=-171.342]
Iteration 4: 100%|██████████| 20/20 [00:13<00:00,  1.45it/s, episode=100,
return=-246.607]
Iteration 5: 100%|██████████| 20/20 [00:13<00:00,  1.44it/s, episode=120,
return=-340.761]
Iteration 6: 100%|██████████| 20/20 [00:13<00:00,  1.43it/s, episode=140,
return=-234.315]
Iteration 7: 100%|██████████| 20/20 [00:14<00:00,  1.43it/s, episode=160,
return=-160.320]
Iteration 8: 100%|██████████| 20/20 [00:13<00:00,  1.43it/s, episode=180,
return=-254.963]
Iteration 9: 100%|██████████| 20/20 [00:13<00:00,  1.44it/s, episode=200,
return=-192.522]
```

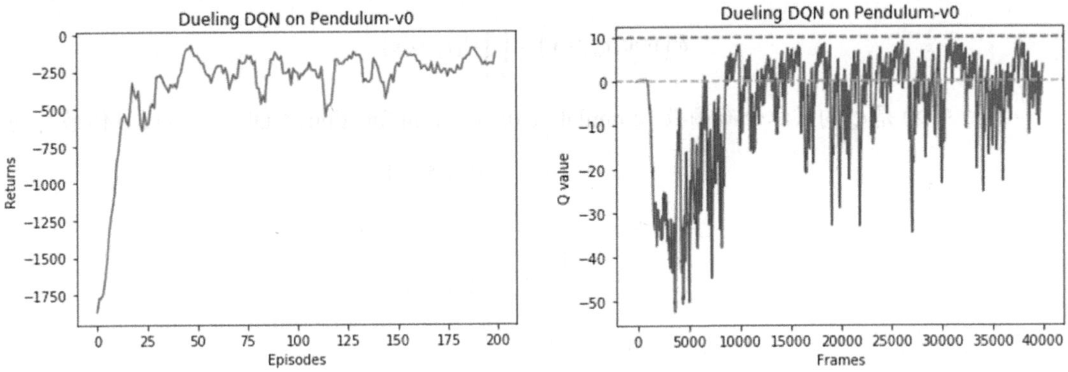

根据代码运行结果我们可以发现，相比于传统的 DQN，Dueling DQN 在多个动作选择下的学习更加稳定，得到的回报最大值也更大。由 Dueling DQN 的原理可知，随着动作空间的增大，Dueling DQN 相比于 DQN 的优势更为明显。之前我们在环境中设置的离散动作数为 11，我们可以增加离散动作数（例如 15、25 等），继续进行对比实验。

8.6 小结

在传统的 DQN 基础上，有两种非常容易实现的变式——Double DQN 和 Dueling DQN，Double DQN 解决了 DQN 对 Q 值的过高估计，而 Dueling DQN 能够很好地学习到不同动作的差异性，在动作空间较大的环境下非常有效。从 Double DQN 和 Dueling DQN 的方法原理中，我们也能感受到深度强化学习的研究关注如何将深度学习和强化学习有效结合：一是在深度学习模块的基础上，强化学习算法如何更加有效地工作，并避免深度学习模型行为带来的一些问题，例如使用 Double DQN 解决 Q 值过高估计的问题；二是在强化学习的场景下，深度学习模型如何有效地学习到有用的模式，例如设计 Dueling DQN 网络架构来高效地学习状态价值函数以及动作优势函数。

8.7 扩展阅读：对 Q 值过高估计的定量分析

我们可以对 Q 值的过高估计做简化的定量分析。假设在状态 s 下所有动作的期望回报均无差异，即 $Q^*(s,a)=V^*(s)$（此设置是为了定量分析所简化的情形，实际上不同动作的期望回报通常会存在差异）；假设神经网络估算误差 $Q_{\omega^-}(s,a)-V^*$ 服从 $[-1,1]$ 的均匀独立同分布；假设动作空间大小为 m。那么，对于任意状态 s，有：

$$\mathrm{E}[\max_a Q_{\omega^-}(s,a)-\max_{a'} Q^*(s,a')]=\frac{m-1}{m+1}$$

即动作空间越大时，Q 值过高，估计越严重。

证明：

将估算误差记为 $\epsilon_a=Q_{\omega^-}(s,a)-\max_{a'}Q^*(s,a')$，由于估算误差对于不同的动作是独立的，因此有：

$$P\left(\max_a \epsilon_a \leqslant x\right)=\prod_{a=1}^{m} P(\epsilon_a \leqslant x)$$①

$P(\epsilon_a \leqslant x)$ 是 ϵ_a 的累积分布函数（cumulative distribution function，CDF），它可以具体被写为：

$$P(\epsilon_a \leqslant x)=\begin{cases}0 & \text{if } x \leqslant -1 \\ \dfrac{1+x}{2} & \text{if } x \in(-1,1) \\ 1 & \text{if } x \geqslant 1\end{cases}$$

因此，我们得到关于 $\max_a \epsilon_a$ 的累积分布函数：

$$\begin{aligned} P\left(\max_a \epsilon_a \leqslant x\right) &= \prod_{a=1}^{m} P(\epsilon_a \leqslant x) \\ &= \begin{cases}0 & \text{if } x \leqslant -1 \\ \left(\dfrac{1+x}{2}\right)^m & \text{if } x \in(-1,1) \\ 1 & \text{if } x \geqslant 1\end{cases} \end{aligned}$$

最后我们可以得到：

$$\begin{aligned} \mathrm{E}[\max_a \epsilon_a] &= \int_{-1}^{1} x \frac{\mathrm{d}}{\mathrm{d}x} P\left(\max_a \epsilon_a \leqslant x\right) \mathrm{d}x \\ &= \left[\left(\frac{1+x}{2}\right)^m \frac{mx-1}{m+1}\right]_{-1}^{1} \\ &= \frac{m-1}{m+1} \end{aligned}$$

虽然这一分析简化了实际环境，但它仍然正确刻画了 Q 值过高估计的一些性质，比如 Q 值的过高估计随动作空间大小 m 的增加而增加，换言之，在动作选择数更多的环境中，Q 值的过高估计会更严重。

8.8 参考文献

[1] HASSELT V H, GUEZ A, SILVER D. Deep reinforcement learning with double q-learning [C]// Proceedings of the AAAI conference on artificial intelligence. 2016, 30(1).

[2] WANG Z, SCHAUL T, HESSEL M, et al. Dueling network architectures for deep reinforcement learning [C]// International conference on machine learning, PMLR, 2016: 1995-2003.

[3] HESSEL M, MODAYIL J, HASSELT V H, et al. Rainbow: Combining improvements in deep reinforcement learning [C]// Thirty-second AAAI conference on artificial intelligence, 2018.

① 状态和动作都可以是 n 维的。当状态或动作是一维（n=1）的时，向量和标量可以混用。

第 9 章 策略梯度算法

9.1 简介

本书之前介绍的 Q-learning、DQN 及 DQN 改进算法都是基于价值（value-based）的方法，其中 Q-learning 是处理有限状态的算法，而 DQN 可以用来解决连续状态的问题。在强化学习中，除了基于值函数的方法，还有一种非常经典的方法，那就是基于策略（policy-based）的方法。对比两者，基于值函数的方法主要是学习值函数，然后根据值函数导出一个策略，学习过程中并不存在一个显式的策略；而基于策略的方法则是直接显式地学习一个目标策略。策略梯度是基于策略的方法的基础，本章从策略梯度算法说起。

9.2 策略梯度

扫码观看视频课程

基于策略的方法首先需要将策略参数化。假设目标策略 π_θ 是一个随机性策略，并且处处可微，其中 θ 是对应的参数。我们可以用一个线性模型或者神经网络模型来为这样一个策略函数建模，输入某个状态，然后输出一个动作的概率分布。我们的目标是寻找一个最优策略并最大化这个策略在环境中的期望回报。我们将策略学习的目标函数定义为

$$J(\theta)=\mathrm{E}_{s_0}[V^{\pi_\theta}(s_0)]$$

其中，s_0 表示初始状态。现在有了目标函数，我们将目标函数对策略 θ 求导，得到导数后，就可以用梯度上升方法来最大化这个目标函数，从而得到最优策略。

第 3 章讲解过策略 π 下的状态访问分布，在此用 ν^π 表示。然后我们对目标函数求梯度，可以得到如下公式，更详细的推导过程将在 9.6 节给出。

$$\begin{aligned}
\nabla_\theta J(\theta) &\propto \sum_{s\in S}\nu^{\pi_\theta}(\boldsymbol{s})\sum_{\boldsymbol{a}\in A}Q^{\pi_\theta}(\boldsymbol{s},\boldsymbol{a})\nabla_\theta\pi_\theta(\boldsymbol{a}\mid\boldsymbol{s}) \\
&=\sum_{s\in S}\nu^{\pi_\theta}(\boldsymbol{s})\sum_{\boldsymbol{a}\in A}\pi_\theta(\boldsymbol{a}\mid\boldsymbol{s})Q^{\pi_\theta}(\boldsymbol{s},\boldsymbol{a})\frac{\nabla_\theta\pi_\theta(\boldsymbol{a}\mid\boldsymbol{s})}{\pi_\theta(\boldsymbol{a}\mid\boldsymbol{s})} \\
&=\mathrm{E}_{\pi_\theta}[Q^{\pi_\theta}(\boldsymbol{s},\boldsymbol{a})\nabla_\theta\log\pi_\theta(\boldsymbol{a}\mid\boldsymbol{s})]
\end{aligned}$$

这个梯度可以用来更新策略。需要注意的是，因为上式中期望 E 的下标是 π_θ，所以策略梯度算法为在线策略（on-policy）算法，即必须使用当前策略 π_θ 采样得到的数据来计算梯度。直观理解策略梯度这个公式，可以发现在每一个状态下，梯度的修改是让策略更多地采样到带来较高 Q 值的动作，更少地采样到带来较低 Q 值的动作，如图 9-1 所示。

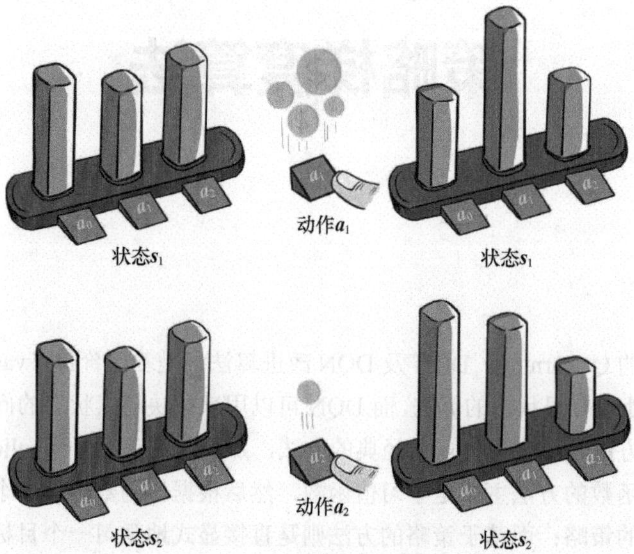

图 9-1 策略梯度示意图

在计算策略梯度的公式中，我们需要用到 $Q^{\pi_\theta}(\boldsymbol{s},\boldsymbol{a})$，可以用多种方式对它进行估计。接下来要介绍的 REINFORCE 算法便采用了蒙特卡洛方法来估计 $Q^{\pi_\theta}(\boldsymbol{s},\boldsymbol{a})$，对一个有限步数的环境来说，REINFORCE 算法中的策略梯度为：

$$\nabla_\theta J(\theta) = \mathrm{E}_{\pi_\theta}\left[\sum_{t=0}^{T}\left(\sum_{t'=t}^{T}\gamma^{t'-t}r_{t'}\right)\nabla_\theta \log\pi_\theta(\boldsymbol{a}_t \mid \boldsymbol{s}_t)\right]$$

其中，T 是和环境交互的最大步数。例如，在车杆环境中，$T=200$。

9.3 REINFORCE

REINFORCE 算法的具体流程如下：

> 初始化策略参数 θ
> **for** 序列 $e=1\to E$ **do**：
> 用当前策略 π_θ 采样轨迹 $\{\boldsymbol{s}_1,\boldsymbol{a}_1,r_1,\boldsymbol{s}_2,\boldsymbol{a}_2,r_2,\cdots,\boldsymbol{s}_T,\boldsymbol{a}_T,r_T\}$
> 计算当前轨迹每个时刻 t 往后的回报 $\sum_{t'=t}^{T}\gamma^{t'-t}r_{t'}$，记为 ψ_t

对 θ 进行更新，$\theta = \theta + \alpha \sum_t^T \psi_t \nabla_\theta \log \pi_\theta(\boldsymbol{a}_t \mid \boldsymbol{s}_t)$

end for

这便是 REINFORCE 算法的全部流程了。接下来让我们用代码来实现它，看看效果如何吧！

9.4 REINFORCE 代码实践

我们在车杆环境中进行 REINFORCE 算法的实验。

```
import gym
import torch
import torch.nn.functional as F
import numpy as np
import matplotlib.pyplot as plt
from tqdm import tqdm
import rl_utils
```

首先定义策略网络 PolicyNet，其输入是某个状态，输出则是该状态下的动作概率分布，这里采用在离散动作空间上的 softmax()函数来实现一个可学习的多项分布（multinomial distribution）。

```
class PolicyNet(torch.nn.Module):
    def __init__(self, state_dim, hidden_dim, action_dim):
        super(PolicyNet, self).__init__()
        self.fc1 = torch.nn.Linear(state_dim, hidden_dim)
        self.fc2 = torch.nn.Linear(hidden_dim, action_dim)

    def forward(self, x):
        x = F.relu(self.fc1(x))
        return  F.softmax(self.fc2(x),dim=1)
```

再定义 REINFORCE 算法。在 take_action()函数中，我们通过动作概率分布对离散的动作进行采样。在更新过程中，我们按照算法将损失函数写为策略回报的负数，即 $J(\theta) = -\sum_t \psi_t \nabla_\theta \log \pi_\theta(\boldsymbol{a}_t \mid \boldsymbol{s}_t)$，对 θ 求导后就可以通过梯度下降来更新策略。

```
class REINFORCE:
    def __init__(self, state_dim, hidden_dim, action_dim, learning_rate, gamma,
            device):
        self.policy_net = PolicyNet(state_dim, hidden_dim, action_dim).to(device)
        self.optimizer= torch.optim.Adam(self.policy_net.parameters(),
            lr=learning_rate) # 使用 Adam 优化器
        self.gamma = gamma # 折扣因子
        self.device = device

    def take_action(self, state): # 根据动作概率分布随机采样
```

```
        state = torch.tensor([state], dtype=torch.float).to(self.device)
        probs = self.policy_net(state)
        action_dist = torch.distributions.Categorical(probs)
        action = action_dist.sample()
        return action.item()

    def update(self, transition_dict):
        reward_list = transition_dict['rewards']
        state_list = transition_dict['states']
        action_list = transition_dict['actions']

        G = 0
        self.optimizer.zero_grad()
        for i in reversed(range(len(reward_list))): # 从最后一步算起
            reward = reward_list[i]
            state = torch.tensor([state_list[i]], dtype=torch.float).to(self.device)
            action = torch.tensor([action_list[i]]).view(-1, 1).to(self.device)
            log_prob = torch.log(self.policy_net(state).gather(1, action))
            G = self.gamma * G + reward
            loss = - log_prob * G # 每一步的损失函数
            loss.backward() # 反向传播计算梯度
        self.optimizer.step() # 梯度下降
```

定义好策略，我们就可以开始实验了，看看 REINFORCE 算法在车杆环境上表现如何吧！

```
learning_rate = 1e-3
num_episodes = 1000
hidden_dim = 128
gamma = 0.98
device = torch.device("cuda") if torch.cuda.is_available() else torch.device("cpu")

env_name = "CartPole-v0"
env = gym.make(env_name)
env.seed(0)
torch.manual_seed(0)
state_dim = env.observation_space.shape[0]
action_dim = env.action_space.n
agent = REINFORCE(state_dim, hidden_dim, action_dim, learning_rate, gamma, device)

return_list = []
for i in range(10):
    with tqdm(total=int(num_episodes/10), desc='Iteration %d' % i) as pbar:
        for i_episode in range(int(num_episodes/10)):
            episode_return = 0
            transition_dict = {'states': [], 'actions': [], 'next_states': [],
                               'rewards': [], 'dones': []}
            state = env.reset()
            done = False
            while not done:
                action = agent.take_action(state)
                next_state, reward, done, _ = env.step(action)
                transition_dict['states'].append(state)
```

```
                transition_dict['actions'].append(action)
                transition_dict['next_states'].append(next_state)
                transition_dict['rewards'].append(reward)
                transition_dict['dones'].append(done)
                state = next_state
                episode_return += reward
            return_list.append(episode_return)
            agent.update(transition_dict)
            if (i_episode+1) % 10 == 0:
                pbar.set_postfix({'episode': '%d' % (num_episodes/10 * i +
                        i_episode+1), 'return': '%.3f' % np.mean(return_list[-10:])})
            pbar.update(1)
```

```
Iteration 0: 100%|██████████| 100/100 [00:04<00:00, 23.88it/s, episode=100,
return=55.500]
Iteration 1: 100%|██████████| 100/100 [00:08<00:00, 10.45it/s, episode=200,
return=75.300]
Iteration 2: 100%|██████████| 100/100 [00:16<00:00,  4.75it/s, episode=300,
return=178.800]
Iteration 3: 100%|██████████| 100/100 [00:20<00:00,  4.90it/s, episode=400,
return=164.600]
Iteration 4: 100%|██████████| 100/100 [00:21<00:00,  4.58it/s, episode=500,
return=156.500]
Iteration 5: 100%|██████████| 100/100 [00:21<00:00,  4.73it/s, episode=600,
return=187.400]
Iteration 6: 100%|██████████| 100/100 [00:22<00:00,  4.40it/s, episode=700,
return=194.500]
Iteration 7: 100%|██████████| 100/100 [00:23<00:00,  4.24it/s, episode=800,
return=200.000]
Iteration 8: 100%|██████████| 100/100 [00:23<00:00,  4.33it/s, episode=900,
return=200.000]
Iteration 9: 100%|██████████| 100/100 [00:22<00:00,  4.14it/s, episode=1000,
return=186.100]
```

在 CartPole-v0 环境中，满分就是 200 分。我们发现 REINFORCE 算法效果很好，可以达到 200 分。接下来我们绘制训练过程中每一条轨迹的回报变化图。由于回报抖动比较大，往往会进行平滑处理。

```
episodes_list = list(range(len(return_list)))
plt.plot(episodes_list,return_list)
plt.xlabel('Episodes')
plt.ylabel('Returns')
plt.title('REINFORCE on {}'.format(env_name))
plt.show()

mv_return = rl_utils.moving_average(return_list, 9)
plt.plot(episodes_list, mv_return)
plt.xlabel('Episodes')
plt.ylabel('Returns')
plt.title('REINFORCE on {}'.format(env_name))
plt.show()
```

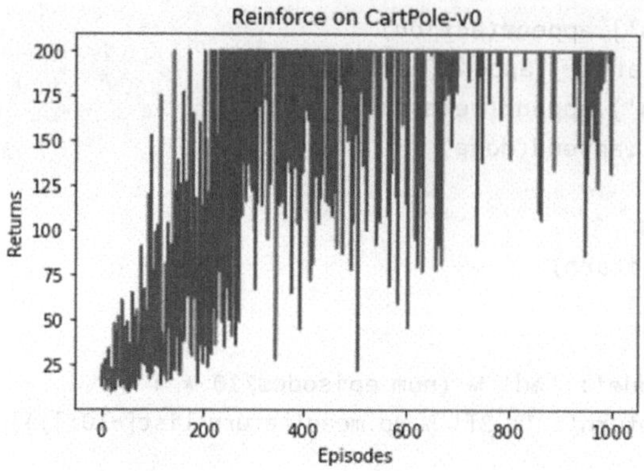

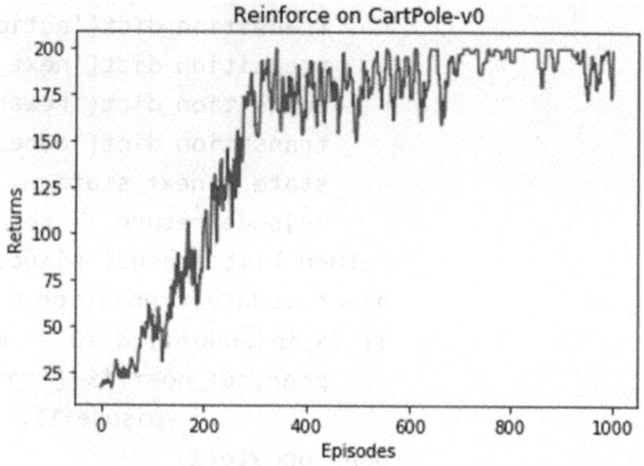

可以看到，随着收集到的轨迹越来越多，REINFORCE 算法有效地学习到了最优策略。不过，相比于前面的 DQN 算法，REINFORCE 算法使用了更多的序列，这是因为 REINFORCE 算法是一个在线策略算法，之前收集到的轨迹数据不会被再次利用。此外，REINFORCE 算法的性能也有一定程度的波动，这主要是因为每条采样轨迹的回报值波动比较大，这也是 REINFORCE 算法主要的不足。

9.5 小结

REINFORCE 算法是策略梯度乃至强化学习的典型代表，智能体根据当前策略直接和环境交互，通过采样得到的轨迹数据直接计算出策略参数的梯度，进而更新当前策略，使其向最大化策略期望回报的目标靠近。这种学习方式是典型的从交互中学习，并且其优化的目标（即策略期望回报）正是最终所使用策略的性能，这比基于价值的强化学习算法的优化目标（一般是时序差分误差的最小化）要更加直接。

REINFORCE 算法理论上是能保证局部最优的，它实际上是借助蒙特卡洛方法采样轨迹来估计动作价值，这种做法的一大优点是可以得到无偏的梯度。但是，正是因为使用了蒙特卡洛方法，REINFORCE 算法的梯度估计的方差很大，可能会造成一定程度上的不稳定，这也是第 10 章将介绍的 Actor-Critic 算法要解决的问题。

9.6 扩展阅读：策略梯度证明

策略梯度定理是强化学习中的重要理论。本节我们来证明 $\nabla_\theta J(\theta) \propto \sum_{s\in\mathcal{S}} \nu^{\pi_\theta}(s) \sum_{a\in\mathcal{A}} Q^{\pi_\theta}(s,a) \nabla_\theta \pi_\theta(a|s)$。

先从状态价值函数的推导开始：

$$\begin{aligned}
\nabla_\theta V^{\pi_\theta}(s) &= \nabla_\theta\Big(\sum_{a\in\mathcal{A}}\pi_\theta(a|s)Q^{\pi_\theta}(s,a)\Big) \\
&= \sum_{a\in\mathcal{A}}\big(\nabla_\theta\pi_\theta(a|s)Q^{\pi_\theta}(s,a)+\pi_\theta(a|s)\nabla_\theta Q^{\pi_\theta}(s,a)\big) \\
&= \sum_{a\in\mathcal{A}}\Big(\nabla_\theta\pi_\theta(a|s)Q^{\pi_\theta}(s,a)+\pi_\theta(a|s)\nabla_\theta\sum_{s',r}P(s',r|s,a)(r+\gamma V^{\pi_\theta}(s'))\Big) \\
&= \sum_{a\in\mathcal{A}}\Big(\nabla_\theta\pi_\theta(a|s)Q^{\pi_\theta}(s,a)+\gamma\pi_\theta(a|s)\sum_{s',r}P(s',r|s,a)\nabla_\theta V^{\pi_\theta}(s')\Big) \\
&= \sum_{a\in\mathcal{A}}\Big(\nabla_\theta\pi_\theta(a|s)Q^{\pi_\theta}(s,a)+\gamma\pi_\theta(a|s)\sum_{s'}P(s'|s,a)\nabla_\theta V^{\pi_\theta}(s')\Big)
\end{aligned}$$

为了简化表示，我们让$\phi(s)=\sum_{a\in\mathcal{A}}\nabla_\theta\pi_\theta(a|s)Q^{\pi_\theta}(s,a)$，定义$d^{\pi_\theta}(s\to x,k)$为策略$\pi$从状态$s$出发$k$步后到达状态$x$的概率。我们继续推导：

$$\begin{aligned}
\nabla_\theta V^{\pi_\theta}(s) &= \phi(s)+\gamma\sum_a\pi_\theta(a|s)\sum_{s'}P(s'|s,a)\nabla_\theta V^{\pi_\theta}(s') \\
&= \phi(s)+\gamma\sum_a\sum_{s'}\pi_\theta(a|s)P(s'|s,a)\nabla_\theta V^{\pi_\theta}(s') \\
&= \phi(s)+\gamma\sum_{s'}d^{\pi_\theta}(s\to s',1)\nabla_\theta V^{\pi_\theta}(s') \\
&= \phi(s)+\gamma\sum_{s'}d^{\pi_\theta}(s\to s',1)\Big[\phi(s')+\gamma\sum_{s''}d^{\pi_\theta}(s'\to s'',1)\nabla_\theta V^{\pi_\theta}(s'')\Big] \\
&= \phi(s)+\gamma\sum_{s'}d^{\pi_\theta}(s\to s',1)\phi(s')+\gamma^2\sum_{s''}d^{\pi_\theta}(s\to s'',2)\nabla_\theta V^{\pi_\theta}(s'') \\
&= \phi(s)+\gamma\sum_{s'}d^{\pi_\theta}(s\to s',1)\phi(s')+\gamma^2\sum_{s''}d^{\pi_\theta}(s'\to s'',2)\phi(s'')+\gamma^3\sum_{s'''}d^{\pi_\theta}(s\to s''',3)\nabla_\theta V^{\pi_\theta}(s''') \\
&= \cdots \\
&= \sum_{x\in S}\sum_{k=0}^{\infty}\gamma^k d^{\pi_\theta}(s\to x,k)\phi(x)
\end{aligned}$$

定义$\eta(s)=\mathrm{E}_{s_0}[\sum_{k=0}^{\infty}\gamma^k d^{\pi_\theta}(s_0\to s,k)]$。至此，回到目标函数：

$$\begin{aligned}
\nabla_\theta J(\theta) &= \nabla_\theta \mathrm{E}_{s_0}[V^{\pi_\theta}(s_0)] \\
&= \sum_s \mathrm{E}_{s_0}\left[\sum_{k=0}^{\infty}\gamma^k d^{\pi_\theta}(s_0\to s,k)\right]\phi(s) \\
&= \sum_s\eta(s)\phi(s) \\
&= \left(\sum_s\eta(s)\right)\sum_s\frac{\eta(s)}{\sum_s\eta(s)}\phi(s) \\
&\propto \sum_s\frac{\eta(s)}{\sum_s\eta(s)}\phi(s) \\
&= \sum_s \nu^{\pi_\theta}(s)\sum_{a\in\mathcal{A}}Q^{\pi_\theta}(s,a)\nabla_\theta\pi_\theta(a|s)
\end{aligned}$$

证明完毕！

9.7 参考文献

[1] SUTTON R S, MCALLESTER D A, SINGH S P, et al. Policy gradient methods for reinforcement learning with function approximation [C] // Advances in neural information processing systems, 2000: 1057-1063.

第 10 章 Actor-Critic 算法

10.1 简介

扫码观看视频课程

本书之前的章节讲解了基于值函数的方法（DQN）和基于策略的方法（REINFORCE），基于值函数的方法只学习一个价值函数，而基于策略的方法只学习一个策略函数。那么，一个很自然的问题是，有没有什么方法既学习价值函数，又学习策略函数呢？答案就是 Actor-Critic。Actor-Critic 是囊括一系列算法的整体架构，目前很多高效的前沿算法都属于 Actor-Critic 算法。本章接下来将会介绍一种最简单的 Actor-Critic 算法。需要明确的是，Actor-Critic 算法本质上是基于策略的算法，因为这一系列算法的目标都是优化一个带参数的策略，只是会额外学习价值函数，从而帮助策略函数更好地学习。

10.2 Actor-Critic

回顾一下，在 REINFORCE 算法中，目标函数的梯度中有一项轨迹回报，用于指导策略的更新。REINFOCE 算法用蒙特卡洛方法来估计 $Q(\boldsymbol{s},\boldsymbol{a})$，能不能考虑拟合一个值函数来指导策略进行学习呢？这正是 Actor-Critic 算法所做的。在策略梯度中，可以把梯度写成下面这个更加一般的形式：

$$g = \mathrm{E}[\sum_{t=0}^{T}\psi_t \nabla_\theta \log\pi_\theta(\boldsymbol{a}_t \mid \boldsymbol{s}_t)]$$

其中，ψ_t 可以有以下很多种形式。

（1）$\sum_{t'=0}^{T}\gamma^{t'} r_{t'}$：轨迹的总回报；

（2）$\sum_{t'=t}^{T}\gamma^{t'-t} r_{t'}$：动作 $\boldsymbol{a}_t$ 之后的回报；

（3）$\sum_{t'=t}^{T}\gamma^{t'-t} r_{t'} - b(\boldsymbol{s}_t)$：基准线版本的改进；

（4）$Q^{\pi_\theta}(\boldsymbol{s}_t,\boldsymbol{a}_t)$：动作价值函数；

（5）$A^{\pi_\theta}(\boldsymbol{s}_t, \boldsymbol{a}_t)$：优势函数；

（6）$r_t + \gamma V^{\pi_\theta}(\boldsymbol{s}_{t+1}) - V^{\pi_\theta}(\boldsymbol{s}_t)$：时序差分残差。

9.5 节提到 REINFORCE 通过蒙特卡洛采样方法对策略梯度的估计是无偏的，但是方差非常大。我们可以用形式（3）引入基线函数（baseline function）$b(\boldsymbol{s}_t)$ 来减小方差。此外，我们也可以采用 Actor-Critic 算法估计一个动作价值函数 Q，代替蒙特卡洛采样得到的回报，这便是形式（4）。这个时候，我们可以把状态价值函数 V 作为基线，从函数 Q 减去这个函数 V 则得到函数 A，即优势函数（advantage function），这便是形式（5）。更进一步，我们可以利用 $Q = r + \gamma V$ 得到形式（6）。

本章将着重介绍形式（6），即通过时序差分残差 $\psi_t = r_t + \gamma V^{\pi}(\boldsymbol{s}_{t+1}) - V^{\pi}(\boldsymbol{s}_t)$ 来指导策略梯度进行学习。事实上，用 Q 值或者 V 值本质上也是用奖励来进行指导，但是用神经网络进行估计的方法可以减小方差、提高鲁棒性。除此之外，REINFORCE 算法基于蒙特卡洛采样，只能在序列结束后进行更新，这同时也要求任务具有有限的步数，而 Actor-Critic 算法则可以在每一步之后都进行更新，并且不对任务的步数做限制。

我们将 Actor-Critic 分为两个部分：Actor（策略网络）和 Critic（价值网络），如图 10-1 所示。

- Actor 要做的是与环境交互，并在 Critic 价值函数的指导下用策略梯度学习一个更好的策略。
- Critic 要做的是通过 Actor 与环境交互收集的数据学习一个价值函数，这个价值函数会用于判断在当前状态什么动作是好的，什么动作不是好的，进而帮助 Actor 进行策略更新。

图 10-1　Actor 和 Critic 的关系

Actor 的更新采用策略梯度的原则，那 Critic 如何更新呢？我们将 Critic 价值网络表示为 V_ω，参数为 ω。于是，我们可以采取时序差分残差的学习方式，对单个数据定义如下价值函数的损失函数：

$$L(\omega)=\frac{1}{2}(r+\gamma V_{\omega}(s_{t+1})-V_{\omega}(s_t))^2$$

与 DQN 中一样，我们采取类似目标网络的方法，将上式中的 $r+\gamma V_{\omega}(s_{t+1})$ 作为时序差分目标，不会产生梯度来更新价值函数。因此，价值函数的梯度为：

$$\nabla_{\omega}L(\omega)=-(r+\gamma V_{\omega}(s_{t+1})-V_{\omega}(s_t))\nabla_{\omega}V_{\omega}(s_t)$$

然后使用梯度下降方法来更新 Critic 价值网络参数即可。

Actor-Critic 算法的具体流程如下：

> 初始化策略网络参数 θ 和价值网络参数 ω
> **for** 序列 $e=1\rightarrow E$ **do**:
> 　　用当前策略 π_θ 采样轨迹 $\{s_1,a_1,r_1,s_2,a_2,r_2,\cdots\}$
> 　　为每一步数据计算 $\delta_t=r_t+\gamma V_{\omega}(s_{t+1})-V_{\omega}(s_t)$
> 　　更新价值参数 $w=w+\alpha_{\omega}\sum_t\delta_t\nabla_{\omega}V_{\omega}(s_t)$
> 　　更新策略参数 $\theta=\theta+\alpha_{\theta}\sum_t\delta_t\nabla_{\theta}\log\pi_{\theta}(a_t|s_t)$
> **end for**

以上就是 Actor-Critic 算法的流程，接下来让我们用代码来实现它，看看效果如何吧！

10.3 Actor-Critic 代码实践

我们仍然在车杆环境上进行 Actor-Critic 算法的实验。

```
import gym
import torch
import torch.nn.functional as F
import numpy as np
import matplotlib.pyplot as plt
import rl_utils
```

首先定义策略网络 `PolicyNet`（与 REINFORCE 算法一样）。

```
class PolicyNet(torch.nn.Module):
    def __init__(self, state_dim, hidden_dim, action_dim):
        super(PolicyNet, self).__init__()
        self.fc1 = torch.nn.Linear(state_dim, hidden_dim)
        self.fc2 = torch.nn.Linear(hidden_dim, action_dim)

    def forward(self, x):
        x = F.relu(self.fc1(x))
        return  F.softmax(self.fc2(x),dim=1)
```

Actor-Critic 算法额外引入了一个价值网络，接下来的代码定义价值网络 `ValueNet`，其输入是某个状态，输出则是状态的价值。

```
class ValueNet(torch.nn.Module):
    def __init__(self, state_dim, hidden_dim):
        super(ValueNet, self).__init__()
        self.fc1 = torch.nn.Linear(state_dim, hidden_dim)
        self.fc2 = torch.nn.Linear(hidden_dim, 1)

    def forward(self, x):
        x = F.relu(self.fc1(x))
        return self.fc2(x)
```

现在定义 ActorCritic 算法，主要包含采取动作（take_action()）和更新网络参数（update()）两个函数。

```
class ActorCritic:
    def __init__(self, state_dim, hidden_dim, action_dim, actor_lr, critic_lr,
            gamma, device):
        # 策略网络
        self.actor = PolicyNet(state_dim, hidden_dim, action_dim).to(device)
        self.critic = ValueNet(state_dim, hidden_dim).to(device) # 价值网络
        # 策略网络优化器
        self.actor_optimizer = torch.optim.Adam(self.actor.parameters(), lr=actor_lr)
        self.critic_optimizer = torch.optim.Adam(self.critic.parameters(),
                lr=critic_lr) # 价值网络优化器
        self.gamma = gamma
        self.device = device

    def take_action(self, state):
        state = torch.tensor([state], dtype=torch.float).to(self.device)
        probs = self.actor(state)
        action_dist = torch.distributions.Categorical(probs)
        action = action_dist.sample()
        return action.item()

    def update(self, transition_dict):
        states = torch.tensor(transition_dict['states'], dtype=torch.float).
                to(self.device)
        actions = torch.tensor(transition_dict['actions']).view(-1, 1).
                to(self.device)
        rewards = torch.tensor(transition_dict['rewards'], dtype=torch.float).
                view(-1, 1).to(self.device)
        next_states = torch.tensor(transition_dict['next_states'], dtype=
                torch.float).to(self.device)
        dones = torch.tensor(transition_dict['dones'], dtype=torch.float).
                view(-1, 1).to(self.device)

        # 时序差分目标
        td_target = rewards + self.gamma * self.critic(next_states) * (1 - dones)
        td_delta = td_target - self.critic(states) # 时序差分误差
        log_probs = torch.log(self.actor(states).gather(1, actions))
        actor_loss = torch.mean(-log_probs * td_delta.detach())
        # 均方误差损失函数
        critic_loss = torch.mean(F.mse_loss(self.critic(states), td_target.detach()))
```

```
        self.actor_optimizer.zero_grad()
        self.critic_optimizer.zero_grad()
        actor_loss.backward() # 计算策略网络的梯度
        critic_loss.backward() # 计算价值网络的梯度
        self.actor_optimizer.step() # 更新策略网络的参数
        self.critic_optimizer.step() # 更新价值网络的参数
```

定义好 Actor 和 Critic，我们就可以开始实验了，看看 Actor-Critic 在车杆环境上表现如何吧！

```
actor_lr = 1e-3
critic_lr = 1e-2
num_episodes = 1000
hidden_dim = 128
gamma = 0.98
device = torch.device("cuda") if torch.cuda.is_available() else torch.device("cpu")

env_name = 'CartPole-v0'
env = gym.make(env_name)
env.seed(0)
torch.manual_seed(0)
state_dim = env.observation_space.shape[0]
action_dim = env.action_space.n
agent = ActorCritic(state_dim, hidden_dim, action_dim, actor_lr, critic_lr,
gamma, device)

return_list = rl_utils.train_on_policy_agent(env, agent, num_episodes)
```

```
Iteration 0: 100%|██████████| 100/100 [00:00<00:00, 184.32it/s, episode=100,
return=21.100]
Iteration 1: 100%|██████████| 100/100 [00:01<00:00, 98.31it/s, episode=200,
return=72.800]
Iteration 2: 100%|██████████| 100/100 [00:01<00:00, 58.72it/s, episode=300,
return=109.300]
Iteration 3: 100%|██████████| 100/100 [00:04<00:00, 23.14it/s, episode=400,
return=163.000]
Iteration 4: 100%|██████████| 100/100 [00:08<00:00, 11.78it/s, episode=500,
return=193.600]
Iteration 5: 100%|██████████| 100/100 [00:08<00:00, 11.23it/s, episode=600,
return=195.900]
Iteration 6: 100%|██████████| 100/100 [00:08<00:00, 11.55it/s, episode=700,
return=199.100]
Iteration 7: 100%|██████████| 100/100 [00:09<00:00, 10.75it/s, episode=800,
return=186.900]
Iteration 8: 100%|██████████| 100/100 [00:08<00:00, 11.73it/s, episode=900,
return=200.000]
Iteration 9: 100%|██████████| 100/100 [00:08<00:00, 12.05it/s, episode=1000,
return=200.000]
```

在 `CartPole-v0` 环境中，满分就是 200 分。和 REINFORCE 相似，接下来我们绘制训练过程中每一条轨迹的回报变化图以及其经过平滑处理的版本。

```
episodes_list = list(range(len(return_list)))
plt.plot(episodes_list,return_list)
plt.xlabel('Episodes')
plt.ylabel('Returns')
plt.title('Actor-Critic on {}'.format(env_name))
plt.show()

mv_return = rl_utils.moving_average(return_list, 9)
plt.plot(episodes_list, mv_return)
plt.xlabel('Episodes')
plt.ylabel('Returns')
plt.title('Actor-Critic on {}'.format(env_name))
plt.show()
```

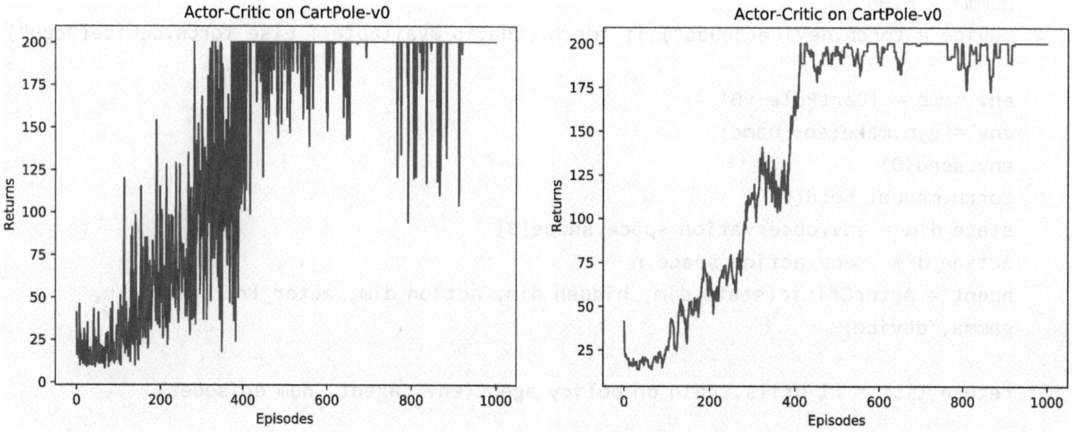

根据实验结果我们可以发现，Actor-Critic 算法很快便能收敛到最优策略，并且训练过程非常稳定，抖动情况相比 REINFORCE 算法有了明显的改进，这说明价值函数的引入减小了方差。

10.4 小结

本章讲解了 Actor-Critic 算法，它是基于值函数的方法和基于策略的方法的叠加。价值模块 Critic 在策略模块 Actor 采样的数据中学习分辨什么是好的动作，什么不是好的动作，进而指导 Actor 进行策略更新。随着 Actor 的训练的进行，其与环境交互所产生的数据分布也发生改变，这需要 Critic 尽快适应新的数据分布并给出好的判别。

Actor-Critic 算法非常实用，后续章节中的 TRPO、PPO、DDPG、SAC 等深度强化学习算法都是在 Actor-Critic 框架下进行发展的。深入了解 Actor-Critic 算法对读懂目前深度强化学习的研究热点大有裨益。

10.5 参考文献

[1] KONDA, V R, TSITSIKLIS J N. Actor-critic algorithms [C]// Advances in neural information processing systems, 2000.

第 11 章 TRPO 算法

11.1 简介

扫码观看视频课程

本书之前介绍的基于策略的方法包括策略梯度算法和 Actor-Critic 算法。这些算法虽然简单、直观，但在实际应用过程中会遇到训练不稳定的情况。回顾一下基于策略的方法：参数化智能体的策略，并设计衡量策略好坏的目标函数，通过梯度上升的方法来最大化这个目标函数，使得策略最优。具体来说，假设θ表示策略π_θ的参数，定义$J(\theta)=\mathrm{E}_{s_0}[V^{\pi_\theta}(\boldsymbol{s}_0)]=\mathrm{E}_{\pi_\theta}[\sum_{t=0}^{\infty}\gamma^t r(\boldsymbol{s}_t,\boldsymbol{a}_t)]$，基于策略的方法的目标是找到$\theta^*=\arg\max_\theta J(\theta)$，策略梯度算法主要沿着$\nabla_\theta J(\theta)$方向迭代更新策略参数$\theta$。但是这种算法有一个明显的缺点：当策略网络是深度模型时，沿着策略梯度更新参数，很有可能由于步长太长，策略突然显著变差，进而影响训练效果。

针对以上问题，我们考虑在更新时找到一块信任区域（trust region），在这个区域上更新策略时能够得到某种策略性能的安全性保证，这就是信任区域策略优化（trust region policy optimization，TRPO）算法的主要思想。TRPO 算法在 2015 年被提出，它在理论上能够保证策略学习的性能单调性，并在实际应用中取得了比策略梯度算法更好的效果。

11.2 策略目标

假设当前策略为π_θ，参数为θ。我们考虑如何借助当前的θ找到一个更优的参数θ'，使得$J(\theta')\geqslant J(\theta)$。具体来说，由于初始状态$\boldsymbol{s}_0$的分布和策略无关，因此上述策略$\pi_\theta$下的优化目标$J(\theta)$可以写成新策略$\pi_{\theta'}$下的期望形式：

$$
\begin{aligned}
J(\theta) &= \mathrm{E}_{s_0}[V^{\pi_\theta}(\boldsymbol{s}_0)] \\
&= \mathrm{E}_{\pi_{\theta'}}\left[\sum_{t=0}^{\infty}\gamma^t V^{\pi_\theta}(\boldsymbol{s}_t)-\sum_{t=1}^{\infty}\gamma^t V^{\pi_\theta}(\boldsymbol{s}_t)\right] \\
&= -\mathrm{E}_{\pi_{\theta'}}\left[\sum_{t=0}^{\infty}\gamma^t(\gamma V^{\pi_\theta}(\boldsymbol{s}_{t+1})-V^{\pi_\theta}(\boldsymbol{s}_t))\right]
\end{aligned}
$$

基于以上等式，我们可以推导出新旧策略的目标函数之间的差距：

$$
\begin{aligned}
J(\theta')-J(\theta) &= \mathrm{E}_{s_0}[V^{\pi_{\theta'}}(s_0)]-\mathrm{E}_{s_0}[V^{\pi_\theta}(s_0)] \\
&= \mathrm{E}_{\pi_{\theta'}}\left[\sum_{t=0}^{\infty}\gamma^t r(s_t,a_t)\right]+\mathrm{E}_{\pi_{\theta'}}\left[\sum_{t=0}^{\infty}\gamma^t(\gamma V^{\pi_\theta}(s_{t+1})-V^{\pi_\theta}(s_t))\right] \\
&= \mathrm{E}_{\pi_{\theta'}}\left[\sum_{t=0}^{\infty}\gamma^t[r(s_t,a_t)+\gamma V^{\pi_\theta}(s_{t+1})-V^{\pi_\theta}(s_t)]\right]
\end{aligned}
$$

将时序差分残差定义为优势函数 A：

$$
\begin{aligned}
&= \mathrm{E}_{\pi_{\theta'}}\left[\sum_{t=0}^{\infty}\gamma^t A^{\pi_\theta}(s_t,a_t)\right] \\
&= \sum_{t=0}^{\infty}\gamma^t \mathrm{E}_{s_t\sim P_t^{\pi_{\theta'}}}\mathrm{E}_{a_t\sim\pi_{\theta'}(\cdot|s_t)}[A^{\pi_\theta}(s_t,a_t)] \\
&= \frac{1}{1-\gamma}\mathrm{E}_{s\sim\nu^{\pi_{\theta'}}}\mathrm{E}_{a\sim\pi_{\theta'}(\cdot|s)}[A^{\pi_\theta}(s,a)]
\end{aligned}
$$

最后一个等号的成立用到了状态访问分布的定义：$\nu^\pi(s)=(1-\gamma)\sum_{t=0}^{\infty}\gamma^t P_t^\pi(s)$，所以只要我们能找到一个新策略，使得 $\mathrm{E}_{s\sim\nu^{\pi_{\theta'}}}\mathrm{E}_{a\sim\pi_{\theta'}(\cdot|s)}[A^{\pi_\theta}(s,a)]\geqslant 0$，就能保证策略性能单调递增，即 $J(\theta')\geqslant J(\theta)$。

但是直接求解该式是非常困难的，因为 $\pi_{\theta'}$ 是我们需要求解的策略，但我们又要用它来收集样本。把所有可能的新策略都拿来收集数据，然后判断哪个策略满足上述条件的做法显然是不现实的。于是 TRPO 做了一步近似操作，对状态访问分布进行了相应处理。具体而言，忽略两个策略之间的状态访问分布变化，直接采用旧的策略 π_θ 的状态分布，定义如下替代优化目标：

$$
L_\theta(\theta')=J(\theta)+\frac{1}{1-\gamma}\mathrm{E}_{s\sim\nu^{\pi_\theta}}\mathrm{E}_{a\sim\pi_{\theta'}(\cdot|s)}[A^{\pi_\theta}(s,a)]
$$

当新旧策略非常接近时，状态访问分布变化很小，这样近似是合理的。其中，动作仍然用新策略 $\pi_{\theta'}$ 采样得到，我们可以用重要性采样对动作分布进行处理：

扫码观看视频课程

$$
L_\theta(\theta')=J(\theta)+J\mathrm{E}_{s\sim\nu^{\pi_\theta}}\mathrm{E}_{a\sim\pi_\theta(\cdot|s)}\left[\frac{\pi_{\theta'}(a|s)}{\pi_\theta(a|s)}A^{\pi_\theta}(s,a)\right]
$$

这样，我们就可以基于旧策略 π_θ 已经采样出的数据来估计并优化新策略 $\pi_{\theta'}$ 了。为了保证新旧策略足够接近，TRPO 使用了库尔贝克-莱布勒（Kullback-Leibler，KL）散度来衡量策略之间的距离，并给出了整体的优化公式：

$$
\begin{aligned}
\max_{\theta'}\quad & L_\theta(\theta') \\
\text{s.t.}\quad & \mathrm{E}_{s\sim\nu^{\pi_{\theta_k}}}[D_{\mathrm{KL}}(\pi_{\theta_k}(\cdot|s),\pi_{\theta'}(\cdot|s))]\leqslant\delta
\end{aligned}
$$

这里的不等式约束定义了策略空间中的一个库尔贝克-莱布勒（Kullback-Leibler，KL）球，称为信任区域。在这个区域中，可以认为当前学习策略和环境交互的状态分布与上一轮策略最后采样的状态分布一致，进而可以基于一步动作的重要性采样方法使当前学习策略稳定提升。TRPO 的原理如图 11-1 所示。

图 11-1 TRPO 原理示意图。左图表示当完全不设置信任区域时，策略的梯度更新可能导致策略的性能骤降；右图表示当设置了信任区域时，可以保证每次策略的梯度更新都能来带性能的提升

11.3 近似求解

直接求解上述带约束的优化问题比较麻烦，TRPO 在其具体实现中做了一步近似操作来快速求解。为方便起见，我们在接下来的公式中用 θ_k 代替之前的 θ，表示第 k 次迭代之后的策略。首先对目标函数和约束在 θ_k 进行泰勒展开，分别用 1 阶、2 阶进行近似：

$$\mathrm{E}_{s\sim \nu^{\pi_{\theta_k}}}\mathrm{E}_{a\sim \pi_{\theta_k}(\cdot|s)}\left[\frac{\pi_{\theta'}(a|s)}{\pi_{\theta_k}(a|s)}A^{\pi_{\theta_k}}(s,a)\right]\approx \boldsymbol{g}^T(\theta'-\theta_k)$$

$$\mathrm{E}_{s\sim \nu^{\pi_{\theta_k}}}[D_{\mathrm{KL}}(\pi_{\theta_k}(\cdot|s),\pi_{\theta'}(\cdot|s))]\approx \frac{1}{2}(\theta'-\theta_k)^T\boldsymbol{H}(\theta'-\theta_k)$$

其中，$\boldsymbol{g}=\nabla_{\theta'}\mathrm{E}_{s\sim \nu^{\pi_{\theta_k}}}\mathrm{E}_{a\sim \pi_{\theta_k}(\cdot|s)}\left[\frac{\pi_{\theta'}(a|s)}{\pi_{\theta_k}(a|s)}A^{\pi_{\theta_k}}(s,a)\right]$，表示目标函数的梯度，$\boldsymbol{H}=\mathrm{H}[\mathrm{E}_{s\sim \nu^{\pi_{\theta_k}}}[D_{\mathrm{KL}}(\pi_{\theta_k}(\cdot|s),\pi_{\theta'}(\cdot|s))]]$ 表示策略之间平均 KL 距离的黑塞矩阵（Hessian matrix）。

于是优化目标变成了

$$\theta_{k+1}=\arg\max_{\theta'}\boldsymbol{g}^T(\theta'-\theta_k)\quad \text{s.t.}\quad \frac{1}{2}(\theta'-\theta_k)^T\mathrm{H}(\theta'-\theta_k)\leqslant\delta$$

此时，我们可以用卡罗需-库恩-塔克（Karush-Kuhn-Tucker，KKT）条件直接导出上述问题的解：

$$\theta_{k+1}=\theta_k+\sqrt{\frac{2\delta}{\boldsymbol{g}^T\boldsymbol{H}^{-1}\boldsymbol{g}}}\boldsymbol{H}^{-1}\boldsymbol{g}$$

11.4 共轭梯度

一般来说，用神经网络表示的策略函数的参数数量都是成千上万的，计算和存储黑塞矩阵 $\boldsymbol{H}$ 的逆矩阵会耗费大量的内存资源和时间。TRPO 通过共轭梯度法（conjugate gradient method）回避了这个问题，它的核心思想是直接计算 $\boldsymbol{x}=\boldsymbol{H}^{-1}\boldsymbol{g}$，$\boldsymbol{x}$ 即参数更新方向。假设满足 KL 距离约束的参数更新时的最大步长为 β，于是，根据 KL 距离约束条件，有 $\frac{1}{2}(\beta\boldsymbol{x})^T\boldsymbol{H}(\beta\boldsymbol{x})=\delta$。求解 β，得到 $\beta=\sqrt{\frac{2\delta}{\boldsymbol{x}^T\boldsymbol{H}\boldsymbol{x}}}$。因此，此时参数更新方式为

$$\theta_{k+1}=\theta_k+\sqrt{\frac{2\delta}{\boldsymbol{x}^T\boldsymbol{H}\boldsymbol{x}}}\boldsymbol{x}$$

因此，只要可以直接计算 $\boldsymbol{x}=\boldsymbol{H}^{-1}\boldsymbol{g}$，就可以根据该式更新参数，问题转化为解 $\boldsymbol{H}\boldsymbol{x}=\boldsymbol{g}$。实际上 $\boldsymbol{H}$ 为对称正定矩阵，所以我们可以使用共轭梯度法来求解。共轭梯度法的具体流程如下：

初始化 $\boldsymbol{r}_0=\boldsymbol{g}-\boldsymbol{H}\boldsymbol{x}_0$，$\boldsymbol{p}_0=\boldsymbol{r}_0$，$\boldsymbol{x}_0=0$

for $k=0\to N$ **do:**

$$\alpha_k=\frac{\boldsymbol{r}_k^T\boldsymbol{r}_k}{\boldsymbol{p}_k^T\boldsymbol{H}\boldsymbol{p}_k}$$

$$\boldsymbol{x}_{k+1}=\boldsymbol{x}_k+\alpha_k\boldsymbol{p}_k$$

$$\boldsymbol{r}_{k+1}=\boldsymbol{r}_k-\alpha_k\boldsymbol{H}\boldsymbol{p}_k$$

如果 $\boldsymbol{r}_{k+1}^T\boldsymbol{r}_{k+1}$ 非常小，则退出循环

$$\beta_k=\frac{\boldsymbol{r}_{k+1}^T\boldsymbol{r}_{k+1}}{\boldsymbol{r}_k^T\boldsymbol{r}_k}$$

$$\boldsymbol{p}_{k+1}=\boldsymbol{r}_{k+1}+\beta_k\boldsymbol{p}_k$$

end for

输出 $\boldsymbol{x}_{N+1}$

在共轭梯度运算过程中，直接计算 α_k 和 r_{k+1} 需要计算和存储黑塞矩阵 $\boldsymbol{H}$。为了避免这种大矩阵的出现，我们只计算 $\boldsymbol{H}\boldsymbol{x}$ 向量，而不直接计算和存储 $\boldsymbol{H}$ 矩阵。这样做比较容易，因为对于任意的列向量 $\boldsymbol{v}$，容易验证：

$$\boldsymbol{H}\boldsymbol{v}=\nabla_\theta\left(\left(\nabla_\theta\left(D_{\mathrm{KL}}^{\nu^{\pi_{\theta_k}}}(\pi_{\theta_k},\pi_{\theta'})\right)\right)^T\right)\boldsymbol{v}=\nabla_\theta\left(\left(\nabla_\theta\left(D_{\mathrm{KL}}^{\nu^{\pi_{\theta_k}}}(\pi_{\theta_k},\pi_{\theta'})\right)\right)^T\boldsymbol{v}\right)$$

即先用梯度和向量 $\boldsymbol{v}$ 点乘后再计算梯度。

11.5 线性搜索

由于 TRPO 算法用到了泰勒展开的 1 阶和 2 阶近似，这并非精准求解，因此，θ' 可能未必比 θ_k 好，或未必能满足 KL 散度限制。TRPO 在每次迭代的最后进行一次线性搜索（line search），以确保找到满足条件。具体来说，就是找到一个最小的非负整数 i，使得按照

$$\theta_{k+1}=\theta_k+\alpha^i\sqrt{\frac{2\delta}{\boldsymbol{x}^T\boldsymbol{H}\boldsymbol{x}}}\boldsymbol{x}$$

求出的 θ_{k+1} 依然满足最初的 KL 散度限制，并且确实能够提升目标函数 L_{θ_k}，其中 $\alpha\in(0,1)$ 是一个决定线性搜索长度的超参数。

至此，我们已经基本上清楚了 TRPO 算法的大致过程，它具体的算法流程如下：

> 初始化策略网络参数 θ 和价值网络参数 ω
> **for** 序列 $e=1\to E$ **do**：
> 　用当前策略 π_θ 采样轨迹 $\{\boldsymbol{s}_1,\boldsymbol{a}_1,r_1,\boldsymbol{s}_2,\boldsymbol{a}_2,r_2,\cdots\}$
> 　根据收集到的数据和价值网络估计每个状态动作对的优势 $A(\boldsymbol{s}_t,\boldsymbol{a}_t)$
> 　计算策略目标函数的梯度 $\boldsymbol{g}$
> 　用共轭梯度法计算 $\boldsymbol{x}=\boldsymbol{H}^{-1}\boldsymbol{g}$
> 　用线性搜索找到一个 i 值，并更新策略网络参数 $\theta_{k+1}=\theta_k+\alpha^i\sqrt{\frac{2\delta}{\boldsymbol{x}^T\boldsymbol{H}\boldsymbol{x}}}\boldsymbol{x}$，其中 $i\in\{1,2,\cdots,K\}$
> 　为能提升策略并满足 KL 距离限制的最小整数
> 　更新价值网络参数（与 Actor-Critic 中的更新方法相同）
> **end for**

11.6 广义优势估计

从 11.5 节中，我们尚未得知如何估计优势函数 A。目前比较常用的一种方法为广义优势估计（generalized advantage estimation，GAE），接下来我们简单介绍一下 GAE 的做法。首先，用 $\delta_t=r_t+\gamma V(\boldsymbol{s}_{t+1})-V(\boldsymbol{s}_t)$ 表示时序差分误差，其中 V 是一个已经学习的状态价值函数。于是，根据多步时序差分的思想，有：

$$\begin{aligned}
A_t^{(1)}&=\delta_t &&=-V(\boldsymbol{s}_t)+r_t+\gamma V(\boldsymbol{s}_{t+1})\\
A_t^{(2)}&=\delta_t+\gamma\delta_{t+1} &&=-V(\boldsymbol{s}_t)+r_t+\gamma r_{t+1}+\gamma^2V(\boldsymbol{s}_{t+2})\\
A_t^{(3)}&=\delta_t+\gamma\delta_{t+1}+\gamma^2\delta_{t+2} &&=-V(\boldsymbol{s}_t)+r_t+\gamma r_{t+1}+\gamma^2r_{t+2}+\gamma^3V(\boldsymbol{s}_{t+3})\\
&\vdots &&\vdots\\
A_t^{(k)}&=\sum_{l=0}^{k-1}\gamma^l\delta_{t+l} &&=-V(\boldsymbol{s}_t)+r_t+\gamma r_{t+1}+\cdots+\gamma^{k-1}r_{t+k-1}+\gamma^kV(\boldsymbol{s}_{t+k})
\end{aligned}$$

然后，GAE 将这些不同步数的优势估计进行指数加权平均：

$$\begin{aligned}
A_t^{\mathrm{GAE}}&=(1-\lambda)(A_t^{(1)}+\lambda A_t^{(2)}+\lambda^2A_t^{(3)}+\cdots)\\
&=(1-\lambda)(\delta_t+\lambda(\delta_t+\gamma\delta_{t+1})+\lambda^2(\delta_t+\gamma\delta_{t+1}+\gamma^2\delta_{t+2})+\cdots)\\
&=(1-\lambda)(\delta_t(1+\lambda+\lambda^2+\cdots)+\gamma\delta_{t+1}(\lambda+\lambda^2+\lambda^3+\cdots)+\gamma^2\delta_{t+2}(\lambda^2+\lambda^3+\lambda^4+\cdots)\\
&=(1-\lambda)\left(\delta_t\frac{1}{1-\lambda}+\gamma\delta_{t+1}\frac{\lambda}{1-\lambda}+\gamma^2\delta_{t+2}\frac{\lambda^2}{1-\lambda}+\cdots\right)\\
&=\sum_{l=0}^{\infty}(\gamma\lambda)^l\delta_{t+l}
\end{aligned}$$

其中，$\lambda \in [0,1]$ 是在 GAE 中额外引入的一个超参数。当 $\lambda = 0$ 时，$A_t^{\text{GAE}} = \delta_t = r_t + \gamma V(s_{t+1}) - V(s_t)$，即只看一步差分得到的优势；当 $\lambda = 1$ 时，$A_t^{\text{GAE}} = \sum_{l=0}^{\infty} \gamma^l \delta_{t+l} = \sum_{l=0}^{\infty} \gamma^l r_{t+l} - V(s_t)$，则看每一步差分得到的优势的完全平均值。

下面一段是 GAE 的代码，给定 γ、λ 以及每个时间步的 δ_t 之后，我们可以根据公式直接进行优势估计。

```
def compute_advantage(gamma, lmbda, td_delta):
    td_delta = td_delta.detach().numpy()
    advantage_list = []
    advantage = 0.0
    for delta in td_delta[::-1]:
        advantage = gamma * lmbda * advantage + delta
        advantage_list.append(advantage)
    advantage_list.reverse()
    return torch.tensor(advantage_list, dtype=torch.float)
```

11.7　TRPO 代码实践

本节将使用支持与离散和连续两种动作交互的环境来进行 TRPO 实验。我们使用的第一个环境是车杆（CartPole），第二个环境是倒立摆（Inverted Pendulum）。

首先导入一些必要的库。

```
import torch
import numpy as np
import gym
import matplotlib.pyplot as plt
import torch.nn.functional as F
import rl_utils
import copy
```

然后定义策略网络和价值网络（与 Actor-Critic 算法一样）。

```
class PolicyNet(torch.nn.Module):
    def __init__(self, state_dim, hidden_dim, action_dim):
        super(PolicyNet, self).__init__()
        self.fc1 = torch.nn.Linear(state_dim, hidden_dim)
        self.fc2 = torch.nn.Linear(hidden_dim, action_dim)

    def forward(self, x):
        x = F.relu(self.fc1(x))
        return  F.softmax(self.fc2(x),dim=1)

class ValueNet(torch.nn.Module):
    def __init__(self, state_dim, hidden_dim):
        super(ValueNet, self).__init__()
        self.fc1 = torch.nn.Linear(state_dim, hidden_dim)
        self.fc2 = torch.nn.Linear(hidden_dim, 1)
```

```
    def forward(self, x):
        x = F.relu(self.fc1(x))
        return self.fc2(x)

class TRPO:
  """ TRPO 算法 """
    def __init__(self, hidden_dim, state_space, action_space, lmbda, kl_constraint,
            alpha, critic_lr, gamma, device):
        state_dim = state_space.shape[0]
        action_dim = action_space.n
        # 策略网络参数不需要优化器更新
        self.actor = PolicyNet(state_dim, hidden_dim, action_dim).to(device)
        self.critic = ValueNet(state_dim, hidden_dim).to(device)
        self.critic_optimizer = torch.optim.Adam(self.critic.parameters(), lr=critic_lr)
        self.gamma = gamma
        self.lmbda = lmbda # GAE 参数
        self.kl_constraint = kl_constraint # KL 距离最大限制
        self.alpha = alpha # 线性搜索参数
        self.device = device

    def take_action(self, state):
        state = torch.tensor([state], dtype=torch.float).to(self.device)
        probs = self.actor(state)
        action_dist = torch.distributions.Categorical(probs)
        action = action_dist.sample()
        return action.item()

    def hessian_matrix_vector_product(self, states, old_action_dists, vector):
        # 计算黑塞矩阵和一个向量的乘积
        new_action_dists = torch.distributions.Categorical(self.actor(states))
        kl = torch.mean(torch.distributions.kl.kl_divergence(old_action_dists,
                new_action_dists)) # 计算平均 KL 距离
        kl_grad = torch.autograd.grad(kl, self.actor.parameters(), create_graph=True)
        kl_grad_vector = torch.cat([grad.view(-1) for grad in kl_grad])
        # KL 距离的梯度先和向量进行点积运算
        kl_grad_vector_product = torch.dot(kl_grad_vector, vector)
        grad2 = torch.autograd.grad(kl_grad_vector_product, self.actor.parameters())
        grad2_vector = torch.cat([grad.view(-1) for grad in grad2])
        return grad2_vector

    def conjugate_gradient(self, grad, states, old_action_dists): # 共轭梯度法求解方程
        x = torch.zeros_like(grad)
        r = grad.clone()
        p = grad.clone()
        rdotr = torch.dot(r, r)
        for i in range(10): # 共轭梯度主循环
                Hp = self.hessian_matrix_vector_product(states, old_action_dists, p)
                alpha = rdotr / torch.dot(p, Hp)
                x += alpha * p
                r -= alpha * Hp
                new_rdotr = torch.dot(r, r)
                if new_rdotr < 1e-10:
                        break
```

```
            beta = new_rdotr / rdotr
            p = r + beta * p
            rdotr = new_rdotr
        return x

    def compute_surrogate_obj(self, states, actions, advantage, old_log_probs,
        actor): # 计算策略目标
        log_probs = torch.log(actor(states).gather(1, actions))
        ratio = torch.exp(log_probs - old_log_probs)
        return torch.mean(ratio * advantage)

    def line_search(self, states, actions, advantage, old_log_probs,
            old_action_dists, max_vec): # 线性搜索
        old_para = torch.nn.utils.convert_parameters.parameters_to_vector(self.actor.
                parameters())
        old_obj = self.compute_surrogate_obj(states, actions, advantage,
                old_log_probs, self.actor)
        for i in range(15): # 线性搜索主循环
            coef = self.alpha ** i
            new_para = old_para + coef * max_vec
            new_actor = copy.deepcopy(self.actor)
            torch.nn.utils.convert_parameters.vector_to_parameters(new_para,
                    new_actor.parameters())
            new_action_dists = torch.distributions.Categorical(new_actor(states))
            kl_div = torch.mean(torch.distributions.kl.kl_divergence(old_action_dists,
                    new_action_dists))
            new_obj = self.compute_surrogate_obj(states, actions, advantage,
                    old_log_probs, new_actor)
            if new_obj > old_obj and kl_div < self.kl_constraint:
                    return new_para
        return old_para

    def policy_learn(self, states, actions, old_action_dists, old_log_probs,
            advantage): # 更新策略函数
        surrogate_obj = self.compute_surrogate_obj(states, actions, advantage,
                old_log_probs, self.actor)
        grads = torch.autograd.grad(surrogate_obj, self.actor.parameters())
        obj_grad = torch.cat([grad.view(-1) for grad in grads]).detach()
        # 用共轭梯度法计算 x = H^(-1)g
        descent_direction = self.conjugate_gradient(obj_grad, states, old_action_dists)

        Hd = self.hessian_matrix_vector_product(states, old_action_dists,
                descent_direction)
        max_coef = torch.sqrt(2 * self.kl_constraint / (torch.dot(descent_direction,
                Hd) + 1e-8))
        new_para = self.line_search(states, actions, advantage, old_log_probs,
                old_action_dists, descent_direction * max_coef) # 线性搜索
        torch.nn.utils.convert_parameters.vector_to_parameters(new_para, self.actor.
                parameters()) # 用线性搜索后的参数更新策略

    def update(self, transition_dict):
        states = torch.tensor(transition_dict['states'], dtype=torch.float).
                to(self.device)
        actions = torch.tensor(transition_dict['actions']).view(-1, 1).to(self.device)
```

```
        rewards = torch.tensor(transition_dict['rewards'], dtype=torch.float).
                view(-1, 1).to(self.device)
        next_states = torch.tensor(transition_dict['next_states'], dtype=torch.float).
                to(self.device)
        dones = torch.tensor(transition_dict['dones'], dtype=torch.float).
                view(-1, 1).to(self.device)
        td_target = rewards + self.gamma * self.critic(next_states) * (1 - dones)
        td_delta = td_target - self.critic(states)
        advantage = compute_advantage(self.gamma, self.lmbda, td_delta.cpu()).
                to(self.device)
        old_log_probs = torch.log(self.actor(states).gather(1, actions)).detach()
        old_action_dists = torch.distributions.Categorical(self.actor(states).detach())
        critic_loss = torch.mean(F.mse_loss(self.critic(states), td_target.detach()))
        self.critic_optimizer.zero_grad()
        critic_loss.backward()
        self.critic_optimizer.step() # 更新价值函数
        # 更新策略函数
        self.policy_learn(states, actions, old_action_dists, old_log_probs, advantage)
```

接下来在车杆环境中训练 TRPO，并将结果可视化。

```
num_episodes = 500
hidden_dim = 128
gamma = 0.98
lmbda = 0.95
critic_lr = 1e-2
kl_constraint = 0.0005
alpha = 0.5
device = torch.device("cuda") if torch.cuda.is_available() else torch.device("cpu")

env_name = 'CartPole-v0'
env = gym.make(env_name)
env.seed(0)
torch.manual_seed(0)
agent = TRPO(hidden_dim, env.observation_space, env.action_space, lmbda,
kl_constraint, alpha, critic_lr, gamma, device)
return_list = rl_utils.train_on_policy_agent(env, agent, num_episodes)

episodes_list = list(range(len(return_list)))
plt.plot(episodes_list,return_list)
plt.xlabel('Episodes')
plt.ylabel('Returns')
plt.title('TRPO on {}'.format(env_name))
plt.show()

mv_return = rl_utils.moving_average(return_list, 9)
plt.plot(episodes_list, mv_return)
plt.xlabel('Episodes')
plt.ylabel('Returns')
plt.title('TRPO on {}'.format(env_name))
plt.show()
```

```
Iteration 0: 100%|██████████| 50/50 [00:02<00:00, 16.85it/s, episode=50,
return=139.200]
```

```
Iteration 1: 100%|██████████| 50/50 [00:03<00:00, 16.55it/s, episode=100,
return=150.500]
Iteration 2: 100%|██████████| 50/50 [00:03<00:00, 14.21it/s, episode=150,
return=184.000]
Iteration 3: 100%|██████████| 50/50 [00:03<00:00, 14.15it/s, episode=200,
return=183.600]
Iteration 4: 100%|██████████| 50/50 [00:03<00:00, 13.96it/s, episode=250,
return=183.500]
Iteration 5: 100%|██████████| 50/50 [00:03<00:00, 13.29it/s, episode=300,
return=193.700]
Iteration 6: 100%|██████████| 50/50 [00:03<00:00, 14.08it/s, episode=350,
return=199.500]
Iteration 7: 100%|██████████| 50/50 [00:03<00:00, 13.36it/s, episode=400,
return=200.000]
Iteration 8: 100%|██████████| 50/50 [00:03<00:00, 13.33it/s, episode=450,
return=200.000]
Iteration 9: 100%|██████████| 50/50 [00:03<00:00, 13.08it/s, episode=500,
return=200.000]
```

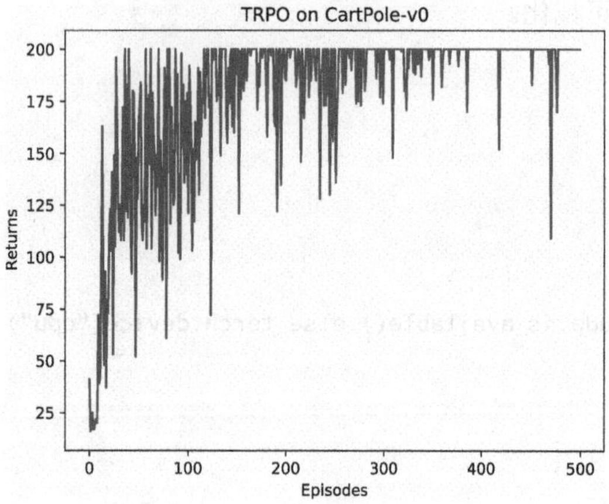

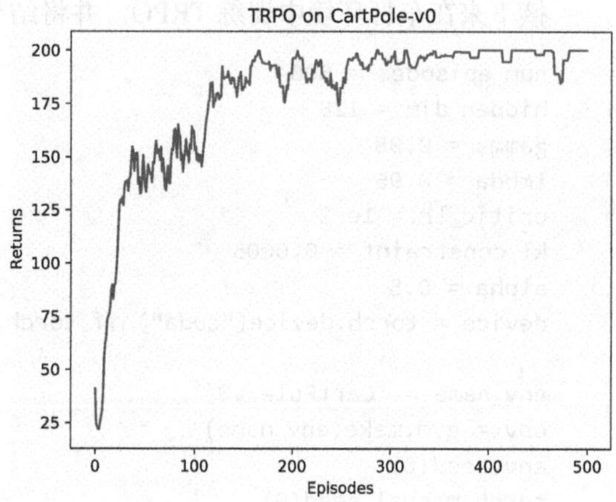

TRPO 在车杆环境中很快收敛，展现了十分优秀的性能效果。

接下来我们尝试倒立摆环境，由于它是与连续动作交互的环境，我们需要对上面的代码做一定的修改。对于策略网络，因为环境是连续动作的，所以策略网络分别输出表示动作分布的高斯分布的均值和标准差。

```
class PolicyNetContinuous(torch.nn.Module):
    def __init__(self, state_dim, hidden_dim, action_dim):
        super(PolicyNetContinuous, self).__init__()
        self.fc1 = torch.nn.Linear(state_dim, hidden_dim)
        self.fc_mu = torch.nn.Linear(hidden_dim, action_dim)
        self.fc_std = torch.nn.Linear(hidden_dim, action_dim)

    def forward(self, x):
        x = F.relu(self.fc1(x))
        mu = 2.0 * torch.tanh(self.fc_mu(x))
        std = F.softplus(self.fc_std(x))
        return  mu, std # 高斯分布的均值和标准差
```

```python
class TRPOContinuous:
    """ 处理连续动作的 TRPO 算法 """
    def __init__(self, hidden_dim, state_space, action_space, lmbda, kl_constraint,
            alpha, critic_lr, gamma, device):
        state_dim = state_space.shape[0]
        action_dim = action_space.shape[0]
        self.actor = PolicyNetContinuous(state_dim, hidden_dim, action_dim).to(device)
        self.critic = ValueNet(state_dim, hidden_dim).to(device)
        self.critic_optimizer = torch.optim.Adam(self.critic.parameters(), lr=critic_lr)
        self.gamma = gamma
        self.lmbda = lmbda
        self.kl_constraint = kl_constraint
        self.alpha = alpha
        self.device = device

    def take_action(self, state):
        state = torch.tensor([state], dtype=torch.float).to(self.device)
        mu, std = self.actor(state)
        action_dist = torch.distributions.Normal(mu, std)
        action = action_dist.sample()
        return [action.item()]

    def hessian_matrix_vector_product(self, states, old_action_dists, vector,
            damping=0.1):
        mu, std = self.actor(states)
        new_action_dists = torch.distributions.Normal(mu, std)
        kl = torch.mean(torch.distributions.kl.kl_divergence(old_action_dists,
                new_action_dists))
        kl_grad = torch.autograd.grad(kl, self.actor.parameters(), create_graph=True)
        kl_grad_vector = torch.cat([grad.view(-1) for grad in kl_grad])
        kl_grad_vector_product = torch.dot(kl_grad_vector, vector)
        grad2 = torch.autograd.grad(kl_grad_vector_product, self.actor.parameters())
        grad2_vector = torch.cat([grad.contiguous().view(-1) for grad in grad2])
        return grad2_vector + damping * vector

    def conjugate_gradient(self, grad, states, old_action_dists):
        x = torch.zeros_like(grad)
        r = grad.clone()
        p = grad.clone()
        rdotr = torch.dot(r, r)
        for i in range(10):
            Hp = self.hessian_matrix_vector_product(states, old_action_dists, p)
            alpha = rdotr / torch.dot(p, Hp)
            x += alpha * p
            r -= alpha * Hp
            new_rdotr = torch.dot(r, r)
            if new_rdotr < 1e-10:
                break
            beta = new_rdotr / rdotr
            p = r + beta * p
            rdotr = new_rdotr
        return x
```

```
    def compute_surrogate_obj(self, states, actions, advantage, old_log_probs, actor):
        mu, std = actor(states)
        action_dists = torch.distributions.Normal(mu, std)
        log_probs = action_dists.log_prob(actions)
        ratio = torch.exp(log_probs - old_log_probs)
        return torch.mean(ratio * advantage)

    def line_search(self, states, actions, advantage, old_log_probs, old_action_dists,
            max_vec):
        old_para = torch.nn.utils.convert_parameters.parameters_to_vector(self.
                actor.parameters())
        old_obj = self.compute_surrogate_obj(states, actions, advantage,
                old_log_probs, self.actor)
        for i in range(15):
            coef = self.alpha ** i
            new_para = old_para + coef * max_vec
            new_actor = copy.deepcopy(self.actor)
            torch.nn.utils.convert_parameters.vector_to_parameters(new_para,
                    new_actor.parameters())
            mu, std = new_actor(states)
            new_action_dists = torch.distributions.Normal(mu, std)
            kl_div = torch.mean(torch.distributions.kl.kl_divergence(old_action_
                    dists, new_action_dists))
            new_obj = self.compute_surrogate_obj(states, actions, advantage,
                    old_log_probs, new_actor)
            if new_obj > old_obj and kl_div < self.kl_constraint:
                return new_para
        return old_para

    def policy_learn(self, states, actions, old_action_dists, old_log_probs,
            advantage):
        surrogate_obj = self.compute_surrogate_obj(states, actions, advantage,
                old_log_probs, self.actor)
        grads = torch.autograd.grad(surrogate_obj, self.actor.parameters())
        obj_grad = torch.cat([grad.view(-1) for grad in grads]).detach()
        descent_direction = self.conjugate_gradient(obj_grad, states,
                old_action_dists)
        Hd = self.hessian_matrix_vector_product(states, old_action_dists,
                descent_direction)
        max_coef = torch.sqrt(2 * self.kl_constraint / (torch.dot(descent_direction,
                Hd) + 1e-8))
        new_para = self.line_search(states, actions, advantage, old_log_probs,
                old_action_dists, descent_direction * max_coef)
        torch.nn.utils.convert_parameters.vector_to_parameters(new_para,
                self.actor.parameters())

    def update(self, transition_dict):
        states = torch.tensor(transition_dict['states'], dtype=torch.float).
                to(self.device)
        actions = torch.tensor(transition_dict['actions'], dtype=torch.float).
                view(-1, 1).to(self.device)
        rewards = torch.tensor(transition_dict['rewards'], dtype=torch.float).
                view(-1, 1).to(self.device)
```

```
        next_states = torch.tensor(transition_dict['next_states'], dtype=torch.
                float).to(self.device)
        dones = torch.tensor(transition_dict['dones'], dtype=torch.float).
                view(-1, 1).to(self.device)
        rewards = (rewards + 8.0) / 8.0 # 对奖励进行修改,方便训练
        td_target = rewards + self.gamma * self.critic(next_states) * (1 - dones)
        td_delta = td_target - self.critic(states)
        advantage = compute_advantage(self.gamma, self.lmbda, td_delta.cpu()).
                to(self.device)
        mu, std = self.actor(states)
        old_action_dists = torch.distributions.Normal(mu.detach(), std.detach())
        old_log_probs = old_action_dists.log_prob(actions)
        critic_loss = torch.mean(F.mse_loss(self.critic(states), td_target.detach()))
        self.critic_optimizer.zero_grad()
        critic_loss.backward()
        self.critic_optimizer.step()
        self.policy_learn(states, actions, old_action_dists, old_log_probs, advantage)
```

接下来我们在倒立摆环境下训练连续动作版本的 TRPO 算法，并观测它的训练性能曲线。本段代码的完整运行需要一定的时间。

```
num_episodes = 2000
hidden_dim = 128
gamma = 0.9
lmbda = 0.9
critic_lr = 1e-2
kl_constraint = 0.00005
alpha = 0.5
device = torch.device("cuda") if torch.cuda.is_available() else torch.device("cpu")

env_name = 'Pendulum-v0'
env = gym.make(env_name)
env.seed(0)
torch.manual_seed(0)
agent = TRPOContinuous(hidden_dim, env.observation_space, env.action_space, lmbda,
kl_constraint, alpha, critic_lr, gamma, device)
return_list = rl_utils.train_on_policy_agent(env, agent, num_episodes)

episodes_list = list(range(len(return_list)))
plt.plot(episodes_list,return_list)
plt.xlabel('Episodes')
plt.ylabel('Returns')
plt.title('TRPO on {}'.format(env_name))
plt.show()

mv_return = rl_utils.moving_average(return_list, 9)
plt.plot(episodes_list, mv_return)
plt.xlabel('Episodes')
plt.ylabel('Returns')
plt.title('TRPO on {}'.format(env_name))
plt.show()
```

```
Iteration 0: 100%|██████████| 200/200 [00:19<00:00, 10.00it/s, episode=200,
return=-1181.390]
Iteration 1: 100%|██████████| 200/200 [00:20<00:00,  9.98it/s, episode=400,
return=-994.876]
Iteration 2: 100%|██████████| 200/200 [00:20<00:00,  9.86it/s, episode=600,
return=-888.498]
Iteration 3: 100%|██████████| 200/200 [00:20<00:00,  9.94it/s, episode=800,
return=-848.329]
Iteration 4: 100%|██████████| 200/200 [00:20<00:00,  9.87it/s, episode=1000,
return=-772.392]
Iteration 5: 100%|██████████| 200/200 [00:20<00:00,  9.91it/s, episode=1200,
return=-611.870]
Iteration 6: 100%|██████████| 200/200 [00:20<00:00,  9.89it/s, episode=1400,
return=-397.705]
Iteration 7: 100%|██████████| 200/200 [00:20<00:00,  9.95it/s, episode=1600,
return=-268.498]
Iteration 8: 100%|██████████| 200/200 [00:20<00:00,  9.87it/s, episode=1800,
return=-408.976]
Iteration 9: 100%|██████████| 200/200 [00:19<00:00, 10.08it/s, episode=2000,
return=-296.363]
```

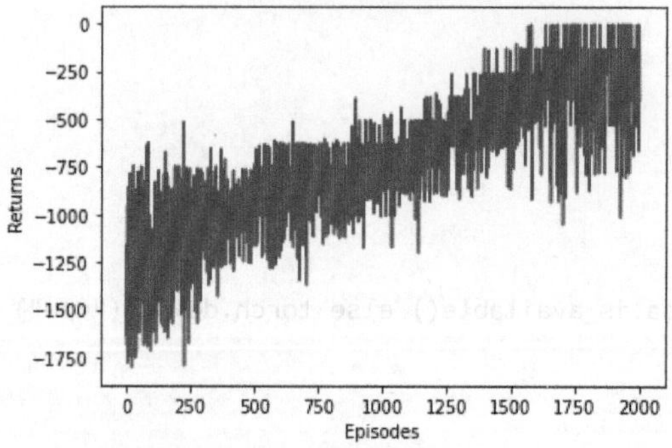

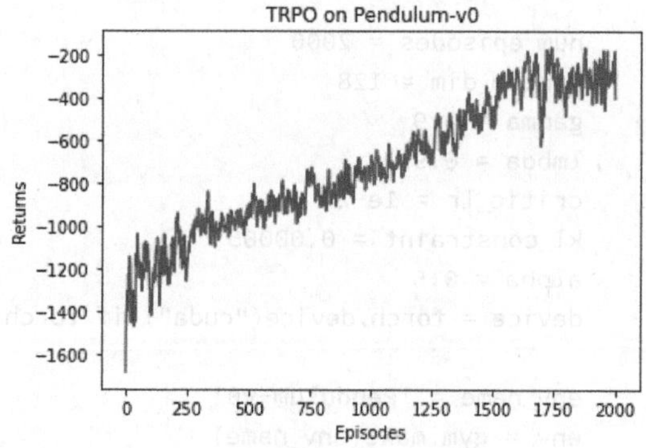

用 TRPO 在与连续动作交互的倒立摆环境中能够取得非常不错的效果，这说明 TRPO 中的信任区域优化方法在离散和连续动作空间都能有效工作。

11.8 小结

本章讲解了 TRPO 算法，并在分别与离散动作和连续动作交互的环境中进行了实验。TRPO 算法属于在线策略算法，每次策略训练仅使用上一轮策略采样的数据，是基于策略的深度强化学习算法中十分有代表性的工作之一。直观地理解，TRPO 给出的观点是：由于策略的改变导致数据分布的改变，这大大影响深度模型实现的策略网络的学习效果，因此可以通过划定一个可信任的策略学习区域，保证策略学习的稳定性和有效性。

TRPO 算法是比较难掌握的一种强化学习算法，需要较好的数学基础。读者若在学习过程中遇到困难，可自行查阅相关资料。TRPO 有一些后续工作，其中最著名的当属 PPO，我们将在第 12 章进行介绍。

11.9 参考文献

[1] SCHULMAN J, LEVINE S, ABBEEL P, et al. Trust region policy optimization [C]// International conference on machine learning, PMLR, 2015:1889-1897.

[2] SHAM K M. A natural policy gradient [C]// Advances in neural information processing systems 2001: 14.

[3] SCHULMAN J, MORITZ P, LEVINE S, et al. High-dimensional continuous control using generalized advantage estimation [C]// International conference on learning representation, 2016.

第12章 PPO算法

12.1 简介

第 11 章介绍的 TRPO 算法在很多场景上的应用都很成功，但是我们也发现它的计算过程非常复杂，每一步更新的运算量非常大。于是，TRPO 算法的改进版——PPO 算法在 2017 年被提出，PPO 基于 TRPO 的思想，但是其算法实现更加简单。并且大量的实验结果表明，与 TRPO 相比，PPO 能学习得一样好（甚至更快），这使得 PPO 成为非常流行的强化学习算法。如果我们想要尝试在一个新的环境中使用强化学习算法，那么 PPO 就属于可以首先尝试的算法。

扫码观看视频课程

回忆一下 TRPO 的优化目标：

$$
\begin{aligned}
\max_{\theta} \quad & \mathbb{E}_{s\sim \nu^{\pi_{\theta_k}}} \mathbb{E}_{a\sim\pi_{\theta_k}(\cdot|s)}\left[\frac{\pi_{\theta'}(a|s)}{\pi_{\theta_k}(a|s)}A^{\pi_{\theta_k}}(s,a)\right] \\
\text{s.t.} \quad & \mathbb{E}_{s\sim \nu^{\pi_{\theta_k}}}[D_{\mathrm{KL}}(\pi_{\theta_k}(\cdot|s),\pi_{\theta'}(\cdot|s))] \leqslant \delta
\end{aligned}
$$

TRPO 使用泰勒展开近似、共轭梯度、线性搜索等方法直接求解。PPO 的优化目标与 TRPO 相同，但 PPO 用了一些相对简单的方法来求解。具体来说，PPO 有两种形式，一种是 PPO-惩罚，另一种是 PPO-截断，我们接下来对这两种形式进行介绍。

12.2 PPO-惩罚

PPO-惩罚（PPO-Penalty）用拉格朗日乘数法直接将 KL 散度的限制放进目标函数中，这就变成了一个无约束的优化问题，在迭代的过程中不断更新 KL 散度前的系数。即：

$$
\arg\max_{\theta} \mathbb{E}_{s\sim \nu^{\pi_{\theta_k}}} \mathbb{E}_{a\sim\pi_{\theta_k}(\cdot|s)}\left[\frac{\pi_{\theta'}(a|s)}{\pi_{\theta_k}(a|s)}A^{\pi_{\theta_k}}(s,a) - \beta D_{\mathrm{KL}}[\pi_{\theta_k}(\cdot|s),\pi_{\theta'}(\cdot|s)]\right]
$$

令 $d_k = D_{\mathrm{KL}}^{\nu^{\pi_{\theta_k}}}(\pi_{\theta_k},\pi_{\theta'})$，$\beta$ 的更新规则如下：

（1）如果 $d_k < \delta/1.5$，那么 $\beta_{k+1} = \beta_k/2$；

（2）如果 $d_k > 1.5 \times \delta$，那么 $\beta_{k+1} = 2 \times \beta_k$；

（3）否则 $\beta_{k+1} = \beta_k$。

其中，δ 是事先设定的一个超参数，用于限制学习策略和之前一轮策略的差距。

12.3 PPO-截断

PPO 的另一种形式 PPO-截断（PPO-Clip）更加直接，它在目标函数中进行限制，以保证新的参数和旧的参数的差距不会太大，即：

$$\arg\max_{\theta'} \mathrm{E}_{s\sim\nu^{\pi_{\theta_k}}} \mathrm{E}_{a\sim\pi_{\theta_k}(\cdot|s)}\left[\min\left(\frac{\pi_{\theta'}(\boldsymbol{a}|\boldsymbol{s})}{\pi_{\theta_k}(\boldsymbol{a}|\boldsymbol{s})}A^{\pi_{\theta_k}}(\boldsymbol{s},\boldsymbol{a}), \mathrm{clip}\left(\frac{\pi_{\theta'}(\boldsymbol{a}|\boldsymbol{s})}{\pi_{\theta_k}(\boldsymbol{a}|\boldsymbol{s})}, 1-\epsilon, 1+\epsilon\right)A^{\pi_{\theta_k}}(\boldsymbol{s},\boldsymbol{a})\right)\right]$$

其中，$\mathrm{clip}(x,l,r) := \max(\min(x,r),l)$，即把 x 限制在 $[l,r]$ 内。ϵ 是一个超参数，表示进行截断（clip）的范围。

如果 $A^{\pi_{\theta_k}}(\boldsymbol{s},\boldsymbol{a}) > 0$，说明这个动作的价值高于平均值，最大化这个式子会增大 $\frac{\pi_{\theta'}(\boldsymbol{a}|\boldsymbol{s})}{\pi_{\theta_k}(\boldsymbol{a}|\boldsymbol{s})}$，但不会让其超过 $1+\epsilon$。反之，如果 $A^{\pi_{\theta_k}}(\boldsymbol{s},\boldsymbol{a}) < 0$，最大化这个式子会减小 $\frac{\pi_{\theta'}(\boldsymbol{a}|\boldsymbol{s})}{\pi_{\theta_k}(\boldsymbol{a}|\boldsymbol{s})}$，但不会让其小于 $1-\epsilon$，如图 12-1 所示。

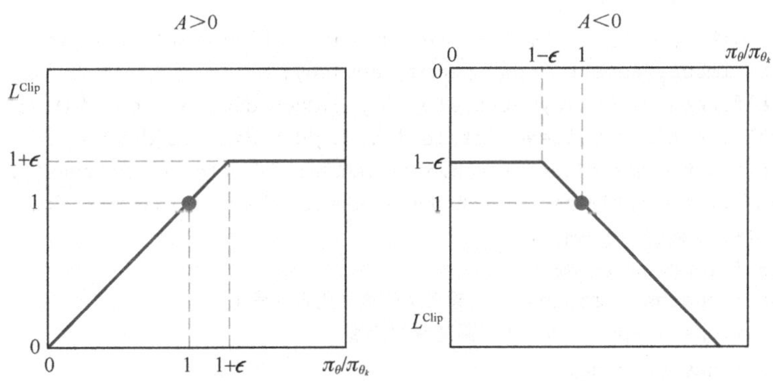

图 12-1 PPO-截断示意图

12.4 PPO 代码实践

与 TRPO 相同，我们仍然在车杆和倒立摆两个环境中测试 PPO 算法。大量实验表明，PPO-截断总是比 PPO-惩罚表现得更好。因此下面我们专注于 PPO-截断的代码实现。

首先导入一些必要的库，并定义策略网络和价值网络。

```
import gym
import torch
```

```
import torch.nn.functional as F
import numpy as np
import matplotlib.pyplot as plt
import rl_utils

class PolicyNet(torch.nn.Module):
    def __init__(self, state_dim, hidden_dim, action_dim):
        super(PolicyNet, self).__init__()
        self.fc1 = torch.nn.Linear(state_dim, hidden_dim)
        self.fc2 = torch.nn.Linear(hidden_dim, action_dim)

    def forward(self, x):
        x = F.relu(self.fc1(x))
        return  F.softmax(self.fc2(x),dim=1)

class ValueNet(torch.nn.Module):
    def __init__(self, state_dim, hidden_dim):
        super(ValueNet, self).__init__()
        self.fc1 = torch.nn.Linear(state_dim, hidden_dim)
        self.fc2 = torch.nn.Linear(hidden_dim, 1)

    def forward(self, x):
        x = F.relu(self.fc1(x))
        return self.fc2(x)

class PPO:
    ''' PPO算法,采用截断方式 '''
    def __init__(self, state_dim, hidden_dim, action_dim, actor_lr, critic_lr,
            lmbda, epochs, eps, gamma, device):
        self.actor = PolicyNet(state_dim, hidden_dim, action_dim).to(device)
        self.critic = ValueNet(state_dim, hidden_dim).to(device)
        self.actor_optimizer =torch.optim.Adam(self.actor.parameters(), lr=actor_lr)
        self.critic_optimizer =torch.optim.Adam(self.critic.parameters(), lr=critic_lr)
        self.gamma = gamma
        self.lmbda = lmbda
        self.epochs = epochs # 一条序列的数据用来训练轮数
        self.eps = eps # PPO中截断范围的参数
        self.device = device

    def take_action(self, state):
        state = torch.tensor([state], dtype=torch.float).to(self.device)
        probs = self.actor(state)
        action_dist = torch.distributions.Categorical(probs)
        action = action_dist.sample()
        return action.item()

    def update(self, transition_dict):
        states = torch.tensor(transition_dict['states'], dtype=torch.float).
                to(self.device)
        actions = torch.tensor(transition_dict['actions']).view(-1, 1).to(self.device)
        rewards = torch.tensor(transition_dict['rewards'], dtype=torch.float).
```

```
                view(-1, 1).to(self.device)
        next_states = torch.tensor(transition_dict['next_states'], dtype=torch.
                float).to(self.device)
        dones = torch.tensor(transition_dict['dones'], dtype=torch.float).
                view(-1, 1).to(self.device)
        td_target = rewards + self.gamma * self.critic(next_states) * (1 - dones)
        td_delta = td_target - self.critic(states)
        advantage = rl_utils.compute_advantage(self.gamma, self.lmbda, td_delta.
                cpu()).to(self.device)
        old_log_probs = torch.log(self.actor(states).gather(1, actions)).detach()

        for _ in range(self.epochs):
            log_probs = torch.log(self.actor(states).gather(1, actions))
            ratio = torch.exp(log_probs - old_log_probs)
            surr1 = ratio * advantage
            surr2 = torch.clamp(ratio, 1-self.eps, 1+self.eps) * advantage # 截断
            actor_loss = torch.mean(-torch.min(surr1, surr2)) # PPO损失函数
            critic_loss = torch.mean(F.mse_loss(self.critic(states), td_target.
                    detach()))
            self.actor_optimizer.zero_grad()
            self.critic_optimizer.zero_grad()
            actor_loss.backward()
            critic_loss.backward()
            self.actor_optimizer.step()
            self.critic_optimizer.step()
```

接下来在车杆环境中训练 PPO 算法。

```
actor_lr = 1e-3
critic_lr = 1e-2
num_episodes = 500
hidden_dim = 128
gamma = 0.98
lmbda = 0.95
epochs = 10
eps = 0.2
device = torch.device("cuda") if torch.cuda.is_available() else torch.device("cpu")

env_name = 'CartPole-v0'
env = gym.make(env_name)
env.seed(0)
torch.manual_seed(0)
state_dim = env.observation_space.shape[0]
action_dim = env.action_space.n
agent = PPO(state_dim, hidden_dim, action_dim, actor_lr, critic_lr, lmbda, epochs,
        eps, gamma, device)

return_list = rl_utils.train_on_policy_agent(env, agent, num_episodes)
```

```
Iteration 0: 100%|██████████| 50/50 [00:10<00:00,  4.81it/s, episode=50,
return=183.200]
```

```
Iteration 1: 100%|██████████| 50/50 [00:22<00:00,  2.24it/s, episode=100,
return=191.400]
Iteration 2: 100%|██████████| 50/50 [00:22<00:00,  2.24it/s, episode=150,
return=199.900]
Iteration 3: 100%|██████████| 50/50 [00:21<00:00,  2.33it/s, episode=200,
return=200.000]
Iteration 4: 100%|██████████| 50/50 [00:21<00:00,  2.29it/s, episode=250,
return=200.000]
Iteration 5: 100%|██████████| 50/50 [00:22<00:00,  2.22it/s, episode=300,
return=200.000]
Iteration 6: 100%|██████████| 50/50 [00:23<00:00,  2.14it/s, episode=350,
return=200.000]
Iteration 7: 100%|██████████| 50/50 [00:23<00:00,  2.16it/s, episode=400,
return=200.000]
Iteration 8: 100%|██████████| 50/50 [00:22<00:00,  2.23it/s, episode=450,
return=200.000]
Iteration 9: 100%|██████████| 50/50 [00:22<00:00,  2.25it/s, episode=500,
return=200.000]

episodes_list = list(range(len(return_list)))
plt.plot(episodes_list,return_list)
plt.xlabel('Episodes')
plt.ylabel('Returns')
plt.title('PPO on {}'.format(env_name))
plt.show()

mv_return = rl_utils.moving_average(return_list, 9)
plt.plot(episodes_list, mv_return)
plt.xlabel('Episodes')
plt.ylabel('Returns')
plt.title('PPO on {}'.format(env_name))
plt.show()
```

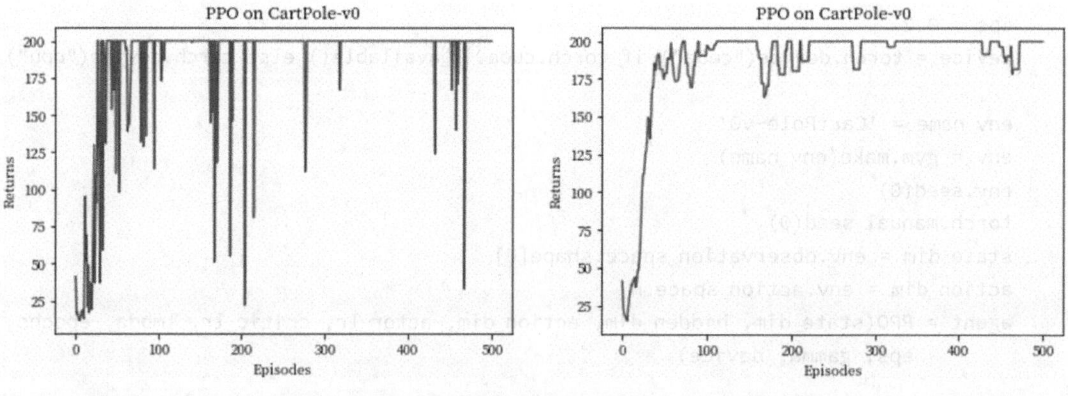

倒立摆是与连续动作交互的环境，同 TRPO 算法一样，我们做一些修改，让策略网络输出连续动作高斯分布（Gaussian distribution）的均值和标准差。后续的连续动作则在该高斯分布中采样得到。

```
class PolicyNetContinuous(torch.nn.Module):
    def __init__(self, state_dim, hidden_dim, action_dim):
        super(PolicyNetContinuous, self).__init__()
        self.fc1 = torch.nn.Linear(state_dim, hidden_dim)
        self.fc_mu = torch.nn.Linear(hidden_dim, action_dim)
        self.fc_std = torch.nn.Linear(hidden_dim, action_dim)

    def forward(self, x):
        x = F.relu(self.fc1(x))
        mu = 2.0 * torch.tanh(self.fc_mu(x))
        std = F.softplus(self.fc_std(x))
        return  mu, std

class PPOContinuous:
    ''' 处理连续动作的 PPO 算法 '''
    def __init__(self, state_dim, hidden_dim, action_dim, actor_lr, critic_lr,
            lmbda, epochs, eps, gamma, device):
        self.actor = PolicyNetContinuous (state_dim, hidden_dim, action_dim).
                to(device)
        self.critic = ValueNet(state_dim, hidden_dim).to(device)
        self.actor_optimizer =torch.optim.Adam(self.actor.parameters(), lr=actor_lr)
        self.critic_optimizer=torch.optim.Adam(self.critic.parameters(), lr=critic_lr)
        self.gamma = gamma
        self.lmbda = lmbda
        self.epochs = epochs
        self.eps = eps
        self.device = device

    def take_action(self, state):
        state = torch.tensor([state], dtype=torch.float).to(self.device)
        mu, sigma = self.actor(state)
        action_dist = torch.distributions.Normal(mu, sigma)
        action = action_dist.sample()
        return [action.item()]

    def update(self, transition_dict):
        states = torch.tensor(transition_dict['states'], dtype=torch.float).
                to(self.device)
        actions = torch.tensor(transition_dict['actions'], dtype=torch.float).
                view(-1, 1).to(self.device)
        rewards = torch.tensor(transition_dict['rewards'], dtype=torch.float).
                view(-1, 1).to(self.device)
        next_states = torch.tensor(transition_dict['next_states'], dtype=torch.
                float).to(self.device)
        dones = torch.tensor(transition_dict['dones'], dtype=torch.float).
                view(-1, 1).to(self.device)
        rewards = (rewards + 8.0) / 8.0 # 和 TRPO 一样,对奖励进行修改,方便训练
        td_target = rewards + self.gamma * self.critic(next_states) * (1 - dones)
        td_delta = td_target - self.critic(states)
        advantage = rl_utils.compute_advantage(self.gamma, self.lmbda, td_delta.
                cpu()).to(self.device)
```

```
        mu, std = self.actor(states)
        action_dists = torch.distributions.Normal(mu.detach(), std.detach())
        # 动作是正态分布
        old_log_probs = action_dists.log_prob(actions)

        for _ in range(self.epochs):
            mu, std = self.actor(states)
            action_dists = torch.distributions.Normal(mu, std)
            log_probs = action_dists.log_prob(actions)
            ratio = torch.exp(log_probs - old_log_probs)
            surr1 = ratio * advantage
            surr2 = torch.clamp(ratio, 1-self.eps, 1+self.eps) * advantage
            actor_loss = torch.mean(-torch.min(surr1, surr2))
            critic_loss = torch.mean(F.mse_loss(self.critic(states), td_target.
                    detach()))
            self.actor_optimizer.zero_grad()
            self.critic_optimizer.zero_grad()
            actor_loss.backward()
            critic_loss.backward()
            self.actor_optimizer.step()
            self.critic_optimizer.step()
```

创建环境 Pendulum-v0，并设定随机数种子以便重复实现。接下来我们在倒立摆环境中训练 PPO 算法。

```
actor_lr = 1e-4
critic_lr = 5e-3
num_episodes = 2000
hidden_dim = 128
gamma = 0.9
lmbda = 0.9
epochs = 10
eps = 0.2
device = torch.device("cuda") if torch.cuda.is_available() else torch.device("cpu")

env_name = 'Pendulum-v0'
env = gym.make(env_name)
env.seed(0)
torch.manual_seed(0)
state_dim = env.observation_space.shape[0]
action_dim = env.action_space.shape[0] # 连续动作空间
agent = PPOContinuous(state_dim, hidden_dim, action_dim, actor_lr, critic_lr, lmbda,
epochs, eps, gamma, device)

return_list = rl_utils.train_on_policy_agent(env, agent, num_episodes)
```

```
Iteration 0: 100%|██████████| 200/200 [02:15<00:00,  1.47it/s, episode=200,
return=-984.137]
Iteration 1: 100%|██████████| 200/200 [02:17<00:00,  1.45it/s, episode=400,
return=-895.332]
```

```
Iteration 2: 100%|██████████| 200/200 [02:14<00:00, 1.48it/s, episode=600,
return=-518.916]
Iteration 3: 100%|██████████| 200/200 [02:19<00:00, 1.44it/s, episode=800,
return=-602.183]
Iteration 4: 100%|██████████| 200/200 [02:17<00:00, 1.45it/s, episode=1000,
return=-392.104]
Iteration 5: 100%|██████████| 200/200 [02:17<00:00, 1.45it/s, episode=1200,
return=-259.206]
Iteration 6: 100%|██████████| 200/200 [02:17<00:00, 1.45it/s, episode=1400,
return=-221.772]
Iteration 7: 100%|██████████| 200/200 [02:17<00:00, 1.45it/s, episode=1600,
return=-293.515]
Iteration 8: 100%|██████████| 200/200 [02:17<00:00, 1.45it/s, episode=1800,
return=-371.194]
Iteration 9: 100%|██████████| 200/200 [02:17<00:00, 1.45it/s, episode=2000,
return=-248.958]

episodes_list = list(range(len(return_list)))
plt.plot(episodes_list,return_list)
plt.xlabel('Episodes')
plt.ylabel('Returns')
plt.title('PPO on {}'.format(env_name))
plt.show()

mv_return = rl_utils.moving_average(return_list, 21)
plt.plot(episodes_list, mv_return)
plt.xlabel('Episodes')
plt.ylabel('Returns')
plt.title('PPO on {}'.format(env_name))
plt.show()
```

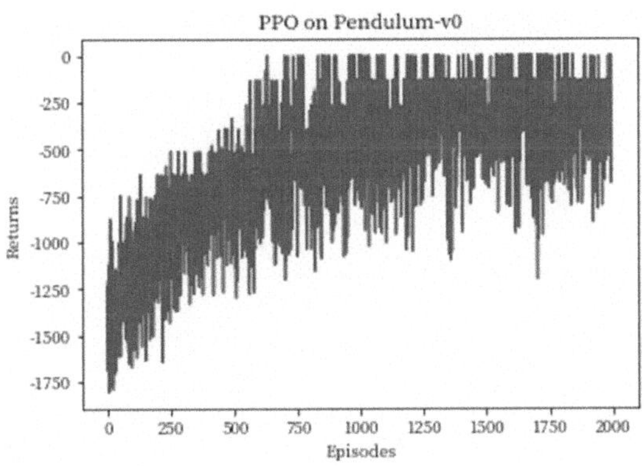

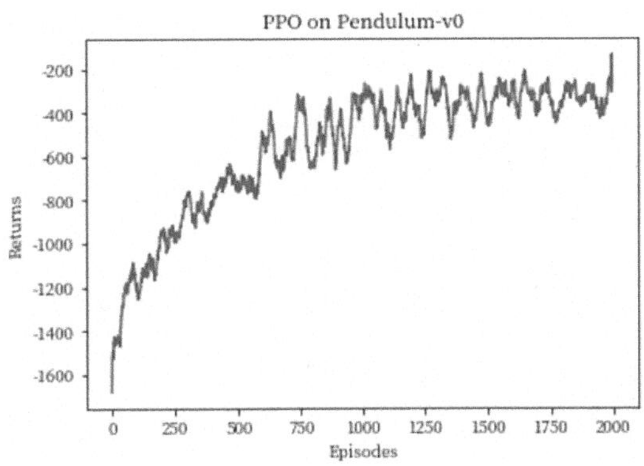

12.5 小结

PPO 是 TRPO 的一种改进算法，它在实现上简化了 TRPO 中的复杂计算，并且它在实验中的性能大多数情况下会比 TRPO 更好，因此目前常被用作一种常用的基准算法。需要注意的是，TRPO 和 PPO 都属于在线策略算法，即使优化目标中包含重要性采样的过程，但其只用到了上一轮策略的数据，而不是过去所有策略的数据。

PPO 是 TRPO 的第一作者 John Schulman 从加州大学伯克利分校博士毕业后在 OpenAI 公司研究出来的。通过对 TRPO 的计算方式的改进，PPO 成为最受关注的深度强化学习算法之一，其论文的引用量也超越了 TRPO。

12.6 参考文献

[1] SCHULMAN J, FILIP W, DHARIWAL P, et al. Proximal policy optimization algorithms [J]. Machine Learning, 2017.

第 13 章 DDPG 算法

13.1 简介

之前的章节介绍了基于策略梯度的算法 REINFORCE、Actor-Critic 以及两个改进算法——TRPO 和 PPO。这类算法有一个共同的特点：它们都是在线策略算法，这意味着它们的样本效率（sample efficiency）比较低。我们回忆一下 DQN 算法：DQN 算法直接估计最优函数 Q，可以做到离线策略学习，但是它只能处理动作空间有限的环境，这是因为它需要从所有动作中挑选一个 Q 值最大的动作。如果动作个数是无限的，虽然我们可以像 8.3 节一样，将动作空间离散化，但这比较粗糙，无法精细控制。那有没有办法可以用类似的思想来处理动作空间无限的环境并且使用是离线策略算法呢？本章要讲解的深度确定性策略梯度（deep deterministic policy gradient，DDPG）算法就是如此，它构造一个确定性策略，用梯度上升的方法来最大化 Q 值。DDPG 也属于一种 Actor-Critic 算法。我们之前学习的 REINFORCE、TRPO 和 PPO 学习随机性策略，而本章的 DDPG 则学习一个确定性策略。

13.2 DDPG

之前我们学习的策略是随机性的，可以表示为 $\boldsymbol{a} \sim \pi_\theta(\cdot|\boldsymbol{s})$；而如果策略是确定性的，则可以记为 $\boldsymbol{a} = \mu_\theta(\boldsymbol{s})$。与策略梯度定理类似，我们可以推导出确定性策略梯度定理（deterministic policy gradient theorem）：

$$\nabla_\theta J(\pi_\theta) = \mathrm{E}_{s\sim\nu^{\pi_\beta}}[\nabla_\theta \mu_\theta(\boldsymbol{s}) \nabla_{\boldsymbol{a}} Q_\omega^\mu(\boldsymbol{s},\boldsymbol{a})|_{\boldsymbol{a}=\mu_\theta(\boldsymbol{s})}]$$

其中，π_β 是用来收集数据的行为策略。我们可以这样理解这个定理：假设现在已经有函数 Q，给定一个状态 $\boldsymbol{s}$，但由于现在动作空间是无限的，无法通过遍历所有动作来得到 Q 值最大的动作，因此我们想用策略 μ 找到使 $Q(\boldsymbol{s},\boldsymbol{a})$ 值最大的动作 $\boldsymbol{a}$，即 $\mu(\boldsymbol{s}) = \arg\max_{\boldsymbol{a}} Q(\boldsymbol{s},\boldsymbol{a})$。此时 Q 就是 Critic，μ 就是 Actor，这是一个 Actor-Critic 的框架，如图 13-1 所示。

那如何得到这个 μ 呢？首先用 Q 对 μ_θ 求导：$\nabla_\theta Q(\boldsymbol{s},\mu_\theta(\boldsymbol{s}))$，其中会用到梯度的链式法则，先对 $\boldsymbol{a}$ 求导，再对 θ 求导。然后通过梯度上升的方法来最大化函数 Q，得到 Q 值最大的动作。

具体的推导过程可参见 13.5 节。

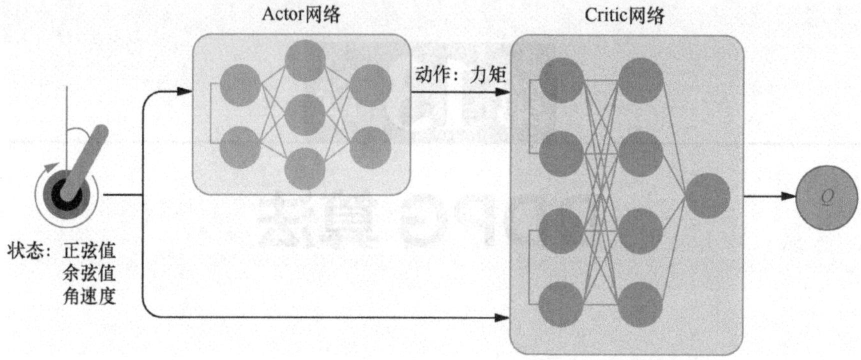

图 13-1　DDPG 中的 Actor 网络和 Critic 网络，以倒立摆环境为例

下面我们来看一下 DDPG 的细节。DDPG 要用到 4 个神经网络，其中 Actor 和 Critic 各用一个网络，此外它们都各自有一个目标网络。至于为什么需要目标网络，读者可以回到第 7 章去看 DQN 中的介绍。DDPG 中的 Actor 也需要目标网络是因为目标网络也会被用来计算目标 Q 值。DDPG 中目标网络的更新与 DQN 中略有不同：在 DQN 中，每隔一段时间将 Q 网络直接复制给目标 Q 网络；而在 DDPG 中，目标 Q 网络的更新采取的是一种软更新的方式，即让目标 Q 网络缓慢更新，逐渐接近 Q 网络，其公式为：

$$\omega^- \leftarrow \tau\omega + (1-\tau)\omega^-$$

通常 τ 是一个比较小的数，当 $\tau=1$ 时，DDPG 就和 DQN 的更新方式一致了。而目标 μ 网络也使用这种软更新的方式。

另外，由于函数 Q 存在 Q 值过高估计的问题，因此 DDPG 采用了 Double DQN 中的技术来更新 Q 网络。但是，由于 DDPG 采用的是确定性策略，它本身的探索仍然十分有限。回忆一下 DQN 算法，它的探索主要由 ϵ-贪婪策略的行为策略产生。同样作为一种离线策略算法，DDPG 在行为策略上引入一个随机噪声 $\mathcal{N}$ 来进行探索。我们来看一下 DDPG 具体的算法流程吧！

随机噪声可以用 $\mathcal{N}$ 来表示，用随机的网络参数 ω 和 θ 分别初始化 Critic 网络 $Q_\omega(\boldsymbol{s},\boldsymbol{a})$ 和 Actor 网络 $\mu_\theta(\boldsymbol{s})$

复制相同的参数 $\omega^- \leftarrow \omega$ 和 $\theta^- \leftarrow \theta$，分别初始化目标网络 Q_{ω^-} 和 μ_{θ^-}

初始化经验回放池 R

for 序列 $e=1 \rightarrow E$ **do**：

　　初始化随机过程 $\mathcal{N}$，用于动作探索

　　获取环境初始状态 $\boldsymbol{s}_1$

　　for 时间步 $t=1 \rightarrow T$ **do**：

　　　　根据当前策略和噪声选择动作 $\boldsymbol{a}_t = \mu_\theta(\boldsymbol{s}_t) + \mathcal{N}$

　　　　执行动作 $\boldsymbol{a}_t$，获得奖励 r_t，环境状态变为 $\boldsymbol{s}_{t+1}$

　　　　将 $(\boldsymbol{s}_t, \boldsymbol{a}_t, r_t, \boldsymbol{s}_{t+1})$ 存储进回放池 R

　　　　从 R 中采样 N 个元组 $\{(\boldsymbol{s}_i, \boldsymbol{a}_i, r_i, \boldsymbol{s}_i')\}_{i=1,\cdots,N}$

对每个元组，用目标网络计算 $y_i = r_i + \gamma Q_{\omega^-}(s_{i+1}, \mu_{\theta^-}(s_i'))$

最小化目标损失 $L = \frac{1}{N}\sum_{i=1}^{N}(y_i - Q_\omega(s_i, a_i))^2$，以此更新当前 Critic 网络

计算采样的策略梯度，以此更新当前 Actor 网络：

$$\nabla_\theta J \approx \frac{1}{N}\sum_{i=1}^{N}\nabla_\theta \mu_\theta(s_i)\nabla_a Q_\omega(s_i, a)|_{a=\mu_\theta(s_i)}$$

更新目标网络：

$$\omega^- \leftarrow \tau\omega + (1-\tau)\omega^-$$
$$\theta^- \leftarrow \tau\theta + (1-\tau)\theta^-$$

end for

end for

13.3 DDPG 代码实践

下面我们以倒立摆环境为例，结合代码详细讲解 DDPG 的具体实现。

```
import random
import gym
import numpy as np
from tqdm import tqdm
import torch
from torch import nn
import torch.nn.functional as F
import matplotlib.pyplot as plt
import rl_utils
```

对于策略网络和价值网络，我们都采用只有一层隐藏层的神经网络。策略网络的输出层用正切函数（y=tanh$x$）作为激活函数，这是因为正切函数的值域是[−1,1]，方便按比例调整成环境可以接受的动作范围。在 DDPG 中处理的是与连续动作交互的环境，Q 网络的输入是状态和动作拼接后的向量，Q 网络的输出是一个值，表示该状态动作对的价值。

```
class PolicyNet(torch.nn.Module):
    def __init__(self, state_dim, hidden_dim, action_dim, action_bound):
        super(PolicyNet, self).__init__()
        self.fc1 = torch.nn.Linear(state_dim, hidden_dim)
        self.fc2 = torch.nn.Linear(hidden_dim, action_dim)
        self.action_bound = action_bound # action_bound是环境可以接受的动作最大值

    def forward(self, x):
        x = F.relu(self.fc1(x))
        return torch.tanh(self.fc2(x)) * self.action_bound

class QValueNet(torch.nn.Module):
    def __init__(self, state_dim, hidden_dim, action_dim):
        super(QValueNet, self).__init__()
        self.fc1 = torch.nn.Linear(state_dim + action_dim, hidden_dim)
```

```
        self.fc2 = torch.nn.Linear(hidden_dim, hidden_dim)
        self.fc_out = torch.nn.Linear(hidden_dim, 1)

    def forward(self, x, a):
        cat = torch.cat([x, a], dim=1) # 拼接状态和动作
        x = F.relu(self.fc1(cat))
        x = F.relu(self.fc2(x))
        return self.fc_out(x)
```

接下来是 DDPG 算法的主体部分。在用策略网络采取动作的时候，为了更好地探索，我们向动作中加入高斯噪声。在 DDPG 的原始论文中，添加的噪声符合奥恩斯坦-乌伦贝克（Ornstein-Uhlenbeck，OU）随机过程：

$$\Delta x_t = \theta(\mu - x_{t-1}) + \sigma W,$$

其中，μ 是均值，W 是符合布朗运动的随机噪声，θ 和 σ 是比例参数。可以看出，当 x_{t-1} 偏离均值时，x_t 的值会向均值靠拢。OU 随机过程的特点是在均值附近做出线性负反馈，并有额外的干扰项。OU 随机过程是与时间相关的，适用于有惯性的系统。在 DDPG 的实践中，不少地方仅使用正态分布的噪声。这里为了简单起见，同样使用正态分布的噪声，感兴趣的读者可以自行改为 OU 随机过程并观察效果。

```
class DDPG:
    ''' DDPG算法 '''
    def __init__(
        self, state_dim, hidden_dim, action_dim, action_bound,
        sigma, actor_lr, critic_lr, tau, gamma, device
    ):
        self.actor = PolicyNet(state_dim, hidden_dim, action_dim, action_bound).
            to(device)
        self.critic = QValueNet(state_dim, hidden_dim, action_dim).to(device)
        self.target_actor = PolicyNet(state_dim, hidden_dim, action_dim,
            action_bound).to(device)
        self.target_critic = QValueNet(state_dim, hidden_dim, action_dim).to(device)
        # 初始化目标价值网络并设置和价值网络相同的参数
        self.target_critic.load_state_dict(self.critic.state_dict())
        # 初始化目标策略网络并设置和策略相同的参数
        self.target_actor.load_state_dict(self.actor.state_dict())
        self.actor_optimizer = torch.optim.Adam(self.actor.parameters(), lr=actor_lr)
        self.critic_optimizer = torch.optim.Adam(self.critic.parameters(),lr=critic_lr)
        self.gamma = gamma
        self.sigma = sigma # 高斯噪声的标准差,均值直接设为0
        self.action_bound = action_bound # action_bound是环境可以接受的动作最大值
        self.tau = tau # 目标网络软更新参数
        self.action_dim = num_out_actor
        self.device = device

    def take_action(self, state):
        state = torch.tensor([state], dtype=torch.float).to(self.device)
```

```
        action = self.actor(state).item()
        # 给动作添加噪声，增加探索
        action = action + self.sigma * np.random.randn(self.action_dim)
        return action

    def soft_update(self, net, target_net):
        for param_target, param in zip(target_net.parameters(), net.parameters()):
            param_target.data.copy_(param_target.data * (1.0 - self.tau) +
                    param.data * self.tau)

    def update(self, transition_dict):
        states = torch.tensor(transition_dict['states'], dtype=torch.float).
                to(self.device)
        actions =  torch.tensor(transition_dict['actions'], dtype=torch.float).
                view(-1, 1).to(self.device)
        rewards = torch.tensor(transition_dict['rewards'], dtype=torch.float).
                view(-1, 1).to(self.device)
        next_states = torch.tensor(transition_dict['next_states'], dtype=torch.
                float).to(self.device)
        dones = torch.tensor(transition_dict['dones'], dtype=torch.float).
                view(-1, 1).to(self.device)

        next_q_values = self.target_critic(next_states, self.target_actor(next_states))
        q_targets = rewards + self.gamma * next_q_values * (1 - dones)
        critic_loss = torch.mean(F.mse_loss(
            self.critic(states, actions), q_targets))
        self.critic_optimizer.zero_grad()
        critic_loss.backward()
        self.critic_optimizer.step()

        actor_loss = - torch.mean(self.critic(states, self.actor(states)))
        self.actor_optimizer.zero_grad()
        actor_loss.backward()
        self.actor_optimizer.step()

        self.soft_update(self.actor, self.target_actor) # 软更新策略网络
        self.soft_update(self.critic, self.target_critic) # 软更新价值网络
```

接下来我们在倒立摆环境中训练 DDPG，并绘制其性能曲线。

```
actor_lr = 3e-4
critic_lr = 3e-3
num_episodes = 200
hidden_dim = 64
gamma = 0.98
tau = 0.005 # 软更新参数
buffer_size = 10000
minimal_size = 1000
```

```
batch_size = 64
sigma = 0.01 # 高斯噪声标准差
device = torch.device("cuda") if torch.cuda.is_available() else torch.device("cpu")

env_name = 'Pendulum-v0'
env = gym.make(env_name)
random.seed(0)
np.random.seed(0)
env.seed(0)
torch.manual_seed(0)
replay_buffer = rl_utils.ReplayBuffer(buffer_size)
state_dim = env.observation_space.shape[0]
action_dim = env.action_space.shape[0]
action_bound = env.action_space.high[0] # 动作最大值
agent = DDPG(state_dim, hidden_dim, action_dim,
        action_bound, sigma, actor_lr, critic_lr, tau, gamma, device)

return_list = rl_utils.train_off_policy_agent(env, agent, num_episodes,
replay_buffer, minimal_size, batch_size)
```

```
Iteration 0: 100%|██████████| 20/20 [00:11<00:00, 1.78it/s, episode=20,
return=-1266.015]
Iteration 1: 100%|██████████| 20/20 [00:14<00:00, 1.39it/s, episode=40,
return=-610.296]
Iteration 2: 100%|██████████| 20/20 [00:14<00:00, 1.37it/s, episode=60,
return=-185.336]
Iteration 3: 100%|██████████| 20/20 [00:14<00:00, 1.36it/s, episode=80,
return=-201.593]
Iteration 4: 100%|██████████| 20/20 [00:14<00:00, 1.37it/s, episode=100,
return=-157.392]
Iteration 5: 100%|██████████| 20/20 [00:14<00:00, 1.39it/s, episode=120,
return=-156.995]
Iteration 6: 100%|██████████| 20/20 [00:14<00:00, 1.39it/s, episode=140,
return=-175.051]
Iteration 7: 100%|██████████| 20/20 [00:14<00:00, 1.36it/s, episode=160,
return=-191.872]
Iteration 8: 100%|██████████| 20/20 [00:14<00:00, 1.38it/s, episode=180,
return=-192.037]
Iteration 9: 100%|██████████| 20/20 [00:14<00:00, 1.36it/s, episode=200,
return=-204.490]
```

```
episodes_list = list(range(len(return_list)))
plt.plot(episodes_list, return_list)
plt.xlabel('Episodes')
plt.ylabel('Returns')
plt.title('DDPG on {}'.format(env_name))
plt.show()
```

```
mv_return = rl_utils.moving_average(return_list, 9)
plt.plot(episodes_list, mv_return)
plt.xlabel('Episodes')
plt.ylabel('Returns')
plt.title('DDPG on {}'.format(env_name))
plt.show()
```

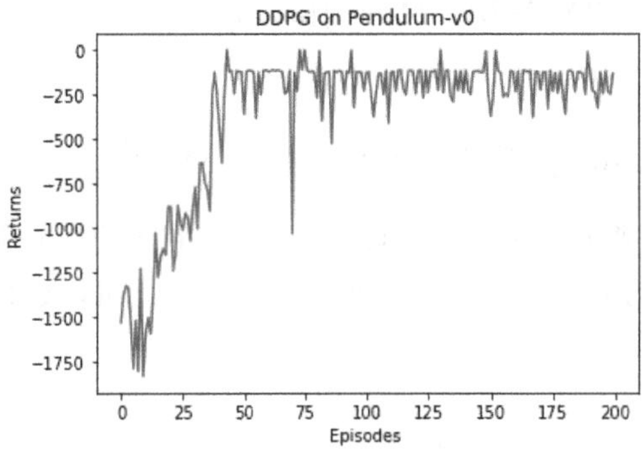

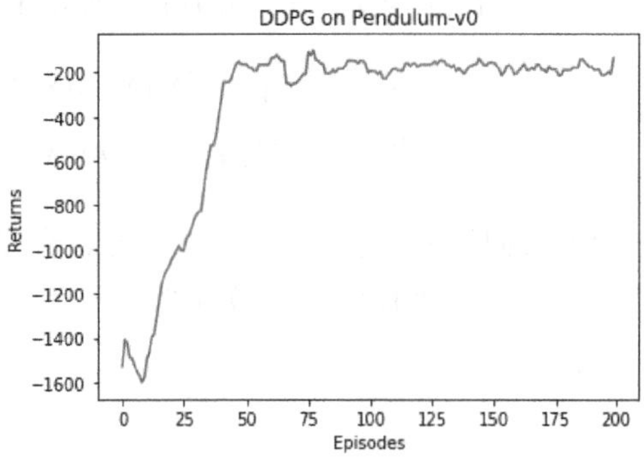

可以发现 DDPG 在倒立摆环境中表现出很不错的效果，其学习速度非常快，并且不需要太多样本。有兴趣的读者可以尝试自行调节超参数（例如用于探索的高斯噪声参数），观察训练结果的变化。

13.4 小结

本章讲解了深度确定性策略梯度算法（DDPG），它是面向连续动作空间的深度确定性策略训练的典型算法。相比于它的先期工作，即确定性梯度算法（DPG），DDPG 加入了目标网络和软更新的方法，这对深度模型构建的价值网络和策略网络的稳定学习起到了关键的作用。DDPG 算法也被引入了多智能体强化学习领域，催生了 MADDPG 算法，我们会在后续的章节中对此展开讨论。

13.5 扩展阅读：确定性策略梯度定理的证明

扫码观看视频课程

对于确定性策略 μ，强化学习的目标函数可以写成期望的形式：

$$J(\mu_\theta)=\int_{\mathcal{S}}\nu^{\mu_\theta}(s)r(s,\mu_\theta(s))\mathrm{d}s=\mathrm{E}_{s\sim\nu^{\mu_\theta}}\left[r(s,\mu_\theta(s))\right]$$

其中，$\mathcal{S}$ 表示状态空间，ν 是第 3 章介绍过的状态访问分布。下面的证明过程与策略梯度定理较为相似，可以对比阅读。

首先直接计算 $V^{\mu_\theta}(s)$ 对 θ 的梯度。由于 μ_θ 是确定性策略，因此 $V^{\mu_\theta}(s)=Q^{\mu_\theta}(s,\mu_\theta(s))$，进而可以给出如下推导：

$$
\begin{aligned}
\nabla_\theta V^{\mu_\theta}(\boldsymbol{s}) &= \nabla_\theta Q^{\mu_\theta}(\boldsymbol{s}, \mu_\theta(\boldsymbol{s})) \\
\text{（代入}Q\text{）} &= \nabla_\theta \left(r(\boldsymbol{s}, \mu_\theta(\boldsymbol{s})) + \int_{\mathcal{S}} \gamma P(\boldsymbol{s}' \mid \boldsymbol{s}, \mu_\theta(\boldsymbol{s})) V^{\mu_\theta}(\boldsymbol{s}') \mathrm{d}\boldsymbol{s}' \right) \\
\text{（第一项用链式法则）} &= \nabla_\theta \mu_\theta(\boldsymbol{s}) \nabla_{\boldsymbol{a}} r(\boldsymbol{s}, \boldsymbol{a}) |_{\boldsymbol{a}=\mu_\theta(\boldsymbol{s})} + \nabla_\theta \int_{\mathcal{S}} \gamma P(\boldsymbol{s}' \mid \boldsymbol{s}, \mu_\theta(\boldsymbol{s})) V^{\mu_\theta}(\boldsymbol{s}') \mathrm{d}\boldsymbol{s}' \\
\text{（第二项用乘法法则）} &= \nabla_\theta \mu_\theta(\boldsymbol{s}) \nabla_{\boldsymbol{a}} r(\boldsymbol{s}, \boldsymbol{a}) |_{\boldsymbol{a}=\mu_\theta(\boldsymbol{s})} \\
&\quad + \int_{\mathcal{S}} \gamma \left(P(\boldsymbol{s}' \mid \boldsymbol{s}, \mu_\theta(\boldsymbol{s})) \nabla_\theta V^{\mu_\theta}(\boldsymbol{s}') + \nabla_\theta \mu_\theta(\boldsymbol{s}) \nabla_{\boldsymbol{a}} P(\boldsymbol{s}' \mid \boldsymbol{s}, \boldsymbol{a}) |_{\boldsymbol{a}=\mu_\theta(\boldsymbol{s})} V^{\mu_\theta}(\boldsymbol{s}') \right) \mathrm{d}\boldsymbol{s}' \\
\text{（合并同类项）} &= \nabla_\theta \mu_\theta(\boldsymbol{s}) \nabla_{\boldsymbol{a}} \left(r(\boldsymbol{s}, \boldsymbol{a}) + \int_{\mathcal{S}} \gamma P(\boldsymbol{s}' \mid \boldsymbol{s}, \boldsymbol{a}) V^{\mu_\theta}(\boldsymbol{s}') \mathrm{d}\boldsymbol{s}' \right) \Big|_{\boldsymbol{a}=\mu_\theta(\boldsymbol{s})} \\
&\quad + \int_{\mathcal{S}} \gamma P(\boldsymbol{s}' \mid \boldsymbol{s}, \mu_\theta(\boldsymbol{s})) \nabla_\theta V^{\mu_\theta}(\boldsymbol{s}') \mathrm{d}\boldsymbol{s}' \\
\text{（代回}Q\text{）} &= \nabla_\theta \mu_\theta(\boldsymbol{s}) \nabla_{\boldsymbol{a}} Q^{\mu_\theta}(\boldsymbol{s}, \boldsymbol{a}) |_{\boldsymbol{a}=\mu_\theta(\boldsymbol{s})} + \int_{\mathcal{S}} \gamma P(\boldsymbol{s} \to \boldsymbol{s}', 1, \mu_\theta) \nabla_\theta V^{\mu_\theta}(\boldsymbol{s}') \mathrm{d}\boldsymbol{s}'
\end{aligned}
$$

至此我们仅进行了简单的链式求导、合并同类项和代换，下面重点对等式右边的积分进行处理。积分中出现的 $\nabla_\theta V^{\mu_\theta}(\boldsymbol{s}')$ 项正是等式左边的 $\nabla_\theta V^{\mu_\theta}(\boldsymbol{s})$ 在状态 $\boldsymbol{s}'$ 下的值，因此可以进行反复迭代：

$$
\begin{aligned}
\nabla_\theta V^{\mu_\theta}(\boldsymbol{s}) &= \nabla_\theta \mu_\theta(\boldsymbol{s}) \nabla_{\boldsymbol{a}} Q^{\mu_\theta}(\boldsymbol{s}, \boldsymbol{a}) |_{\boldsymbol{a}=\mu_\theta(\boldsymbol{s})} + \int_{\mathcal{S}} \gamma P(\boldsymbol{s} \to \boldsymbol{s}', 1, \mu_\theta) \nabla_\theta V^{\mu_\theta}(\boldsymbol{s}') \mathrm{d}\boldsymbol{s}' \\
\text{（}V^{\mu_\theta}(\boldsymbol{s}')\text{自我代入）} &= \nabla_\theta \mu_\theta(\boldsymbol{s}) \nabla_{\boldsymbol{a}} Q^{\mu_\theta}(\boldsymbol{s}, \boldsymbol{a}) |_{\boldsymbol{a}=\mu_\theta(\boldsymbol{s})} \\
&\quad + \int_{\mathcal{S}} \gamma P(\boldsymbol{s} \to \boldsymbol{s}', 1, \mu_\theta) \nabla_\theta \mu_\theta(\boldsymbol{s}') \nabla_{\boldsymbol{a}} Q^{\mu_\theta}(\boldsymbol{s}', \boldsymbol{a}) |_{\boldsymbol{a}=\mu_\theta(\boldsymbol{s}')} \mathrm{d}\boldsymbol{s}' \\
&\quad + \int_{\mathcal{S}} \left(\gamma P(\boldsymbol{s} \to \boldsymbol{s}', 1, \mu_\theta) \int_{\mathcal{S}} \gamma P(\boldsymbol{s}' \to \boldsymbol{s}'', 1, \mu_\theta) \nabla_\theta V^{\mu_\theta}(\boldsymbol{s}'') \mathrm{d}\boldsymbol{s}'' \right) \mathrm{d}\boldsymbol{s}' \\
\text{（按含义计算出积分）} &= \nabla_\theta \mu_\theta(\boldsymbol{s}) \nabla_{\boldsymbol{a}} Q^{\mu_\theta}(\boldsymbol{s}, \boldsymbol{a}) |_{\boldsymbol{a}=\mu_\theta(\boldsymbol{s})} \\
&\quad + \int_{\mathcal{S}} \gamma P(\boldsymbol{s} \to \boldsymbol{s}', 1, \mu_\theta) \nabla_\theta \mu_\theta(\boldsymbol{s}') \nabla_{\boldsymbol{a}} Q^{\mu_\theta}(\boldsymbol{s}', \boldsymbol{a}) |_{\boldsymbol{a}=\mu_\theta(\boldsymbol{s}')} \mathrm{d}\boldsymbol{s}' \\
&\quad + \int_{\mathcal{S}} \gamma^2 P(\boldsymbol{s} \to \boldsymbol{s}', 2, \mu_\theta) \nabla_\theta V^{\mu_\theta}(\boldsymbol{s}') \mathrm{d}\boldsymbol{s}' \\
\text{（不断迭代）} &= \cdots \\
\text{（迭代结果）} &= \nabla_\theta \mu_\theta(\boldsymbol{s}) \nabla_{\boldsymbol{a}} Q^{\mu_\theta}(\boldsymbol{s}, \boldsymbol{a}) |_{\boldsymbol{a}=\mu_\theta(\boldsymbol{s})} \\
&\quad + \int_{\mathcal{S}} \sum_{t=1}^{\infty} \gamma^t P(\boldsymbol{s} \to \boldsymbol{s}', t, \mu_\theta) \nabla_\theta \mu_\theta(\boldsymbol{s}') \nabla_{\boldsymbol{a}} Q^{\mu_\theta}(\boldsymbol{s}', \boldsymbol{a}) |_{\boldsymbol{a}=\mu_\theta(\boldsymbol{s}')} \mathrm{d}\boldsymbol{s}' \\
\text{（第一项并入求和）} &= \int_{\mathcal{S}} \sum_{t=0}^{\infty} \gamma^t P(\boldsymbol{s} \to \boldsymbol{s}', t, \mu_\theta) \nabla_\theta \mu_\theta(\boldsymbol{s}') \nabla_{\boldsymbol{a}} Q^{\mu_\theta}(\boldsymbol{s}', \boldsymbol{a}) |_{\boldsymbol{a}=\mu_\theta(\boldsymbol{s}')} \mathrm{d}\boldsymbol{s}'
\end{aligned}
$$

这样就计算出了 $J(\mu_\theta)$ 对 θ 的梯度。最终的优化目标累积回报函数 $J(\mu_\theta)$ 的其中一种定义就是 $V(\boldsymbol{s})$ 按照初始状态的分布 $\nu_0(\boldsymbol{s})$ 对状态求期望：

$$
J(\mu_\theta) = \int_{\mathcal{S}} \nu_0(\boldsymbol{s}) V^{\mu_\theta}(\boldsymbol{s}) \mathrm{d}\boldsymbol{s}
$$

计算 $J(\mu_\theta)$ 对 θ 梯度并代入上面的结果，就得到

$$
\begin{aligned}
\nabla_\theta J(\mu_\theta) &= \nabla_\theta \int_{\mathcal{S}} \nu_0(\boldsymbol{s}) V^{\mu_\theta}(\boldsymbol{s}) \mathrm{d}\boldsymbol{s} \\
&= \int_{\mathcal{S}} \nu_0(\boldsymbol{s}) \nabla_\theta V^{\mu_\theta}(\boldsymbol{s}) \mathrm{d}\boldsymbol{s} \\
\text{（代入}V^{\mu_\theta}(\boldsymbol{s})\text{）} \quad &= \int_{\mathcal{S}} \nu_0(\boldsymbol{s}) \left(\int_{\mathcal{S}} \sum_{t=0}^{\infty} \gamma^t P(\boldsymbol{s} \to \boldsymbol{s}', t, \mu_\theta) \nabla_\theta \mu_\theta(\boldsymbol{s}') \nabla_{\boldsymbol{a}} Q^{\mu_\theta}(\boldsymbol{s}', \boldsymbol{a}) |_{\boldsymbol{a}=\mu_\theta(\boldsymbol{s}')} \mathrm{d}\boldsymbol{s}' \right) \mathrm{d}\boldsymbol{s} \\
\text{（交换积分顺序）} \quad &= \int_{\mathcal{S}} \left(\int_{\mathcal{S}} \sum_{t=0}^{\infty} \gamma^t \nu_0(\boldsymbol{s}) P(\boldsymbol{s} \to \boldsymbol{s}', t, \mu_\theta) \mathrm{d}\boldsymbol{s} \right) \nabla_\theta \mu_\theta(\boldsymbol{s}') \nabla_{\boldsymbol{a}} Q^{\mu_\theta}(\boldsymbol{s}', \boldsymbol{a}) |_{\boldsymbol{a}=\mu_\theta(\boldsymbol{s}')} \mathrm{d}\boldsymbol{s}' \\
\text{（代回}\nu^{\mu_\theta}(\boldsymbol{s})\text{）} \quad &= \int_{\mathcal{S}} \nu^{\mu_\theta}(\boldsymbol{s}) \nabla_\theta \mu_\theta(\boldsymbol{s}) \nabla_{\boldsymbol{a}} Q^{\mu_\theta}(\boldsymbol{s}', \boldsymbol{a}) |_{\boldsymbol{a}=\mu_\theta(\boldsymbol{s}')} \mathrm{d}\boldsymbol{s} \\
&= \mathrm{E}_{\boldsymbol{s} \sim \nu^{\mu_\theta}} [\nabla_\theta \mu_\theta(\boldsymbol{s}) \nabla_{\boldsymbol{a}} Q^{\mu_\theta}(\boldsymbol{s}', \boldsymbol{a}) |_{\boldsymbol{a}=\mu_\theta(\boldsymbol{s}')}]
\end{aligned}
$$

以上过程证明的是在线策略形式的 DPG 定理，期望下标明确表示 $\boldsymbol{s} \sim \nu^{\mu_\theta}$。为了得到离线策略形式的 DPG 定理，我们只需要将目标函数写成 $J(\theta) = \int_{\mathcal{S}} \nu^{\beta} V^{\mu_\theta}(\boldsymbol{s}) \mathrm{d}\boldsymbol{s} = \int_{\mathcal{S}} \nu^{\beta} Q^{\mu_\theta}(\boldsymbol{s}, \mu_\theta(\boldsymbol{s})) \mathrm{d}\boldsymbol{s}$，然后进行求导即可。

13.6 参考文献

[1] SILVER D, LEVER G, HEESS N, et al. Deterministic policy gradient algorithms [C]// International conference on machine learning, PMLR, 2014: 387-395.

[2] LILLICRAP T P, HUNT J J, PRITZEL A, et al. Continuous control with deep reinforcement learning [C]// International conference on learning representation, 2016.

第 14 章 SAC 算法

14.1 简介

之前的章节提到过在线策略算法的采样效率比较低，我们通常更倾向于使用离线策略算法。然而，虽然 DDPG 是离线策略算法，但是它的训练非常不稳定，收敛性较差，对超参数比较敏感，也难以适应不同的复杂环境。2018 年，一个更加稳定的离线策略算法 Soft Actor-Critic（SAC）被提出。SAC 的前身是 Soft Q-learning，它们都属于最大熵强化学习的范畴。Soft Q-learning 不存在显式的策略函数，而是使用一个函数 Q 的玻尔兹曼分布，在连续空间下求解非常麻烦。于是 SAC 提出使用一个 Actor 表示策略函数，从而解决这个问题。目前，在无模型的强化学习算法中，SAC 是一个非常高效的算法，它学习一个随机性策略，在不少标准环境中取得了领先的成绩。

扫码观看视频课程

14.2 最大熵强化学习

熵（entropy）表示对一个随机变量的随机程度的度量。具体而言，如果 X 是一个随机变量，且它的概率密度函数为 p，那么它的熵 H 就被定义为

$$H(X)=\mathrm{E}_{x\sim p}[-\log p(x)]$$

在强化学习中，我们可以使用 $H(\pi(\cdot|\boldsymbol{s}))$ 来表示策略 π 在状态 $\boldsymbol{s}$ 下的随机程度。

最大熵强化学习（maximum entropy RL）的思想就是除了要最大化累积奖励，还要使得策略更加随机。如此，强化学习的目标中就加入了一项熵的正则项，定义为

$$\pi^*=\arg\max_{\pi}\mathrm{E}_{\pi}\left[\sum_t r(\boldsymbol{s}_t,\boldsymbol{a}_t)+\alpha H(\pi(\cdot|\boldsymbol{s}_t))\right]$$

其中，α 是一个正则化的系数，用来控制熵的重要程度。

熵正则化增加了强化学习算法的探索程度，α 越大，探索性就越强，有助于加速后续的策略学习，并减少策略陷入较差的局部最优的可能性。传统强化学习和最大熵强化学习的区别如图 14-1 所示。

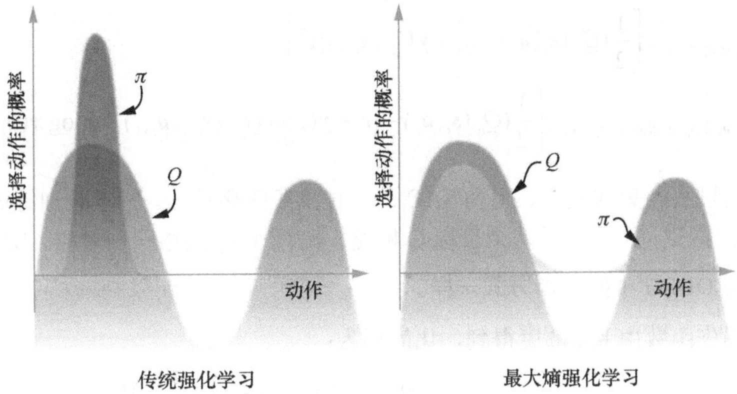

图 14-1 传统强化学习和最大熵强化学习的区别

14.3 Soft 策略迭代

在最大熵强化学习框架中，由于目标函数发生了变化，其他的一些定义也有相应的变化。首先，我们看一下 Soft 贝尔曼方程：

$$Q(s_t,a_t)=r(s_t,a_t)+\gamma \mathrm{E}_{s_{t+1}}[V(s_{t+1})]$$

其中，状态价值函数被写为

$$V(s_t)=\mathrm{E}_{a_t\sim\pi}[Q(s_t,a_t)-\alpha\log\pi(a_t\mid s_t)]=\mathrm{E}_{a_t\sim\pi}[Q(s_t,a_t)]+H(\pi(\cdot\mid s_t))$$

于是，根据该 Soft 贝尔曼方程，在有限的状态和动作空间下，Soft 策略评估可以收敛到策略 π 的 Soft Q 函数。然后，根据如下 Soft 策略提升公式可以改进策略：

$$\pi_{\text{new}}=\arg\min_{\pi'} D_{\text{KL}}\left(\pi'(\cdot\mid s),\frac{\exp\left(\frac{1}{\alpha}Q^{\pi_{\text{old}}}(s,\cdot)\right)}{Z^{\pi_{\text{old}}}(s,\cdot)}\right)$$

重复交替使用 Soft 策略评估和 Soft 策略提升，最终策略可以收敛到最大熵强化学习目标中的最优策略。但该 Soft 策略迭代方法只适用于表格型（tabular）设置的情况，即状态空间和动作空间有限的情况。在连续空间下，我们需要通过参数化函数 Q 和策略 π 来近似这样的迭代。

14.4 SAC

在 SAC 算法中，我们为两个动作价值函数 Q（参数分别为 ω_1 和 ω_2）和一个策略函数 π（参数为 θ）建模。基于 Double DQN 的思想，SAC 使用两个 Q 网络，但每次用 Q 网络时会挑选一个 Q 值小的网络，从而缓解 Q 值过高估计的问题。任意一个函数 Q 的损失函数为：

$$L_Q(\omega)=\mathrm{E}_{(s_t,a_t,r_t,s_{t+1})\sim R}\left[\frac{1}{2}(Q_\omega(s_t,a_t)-(r_t+\gamma V_{\omega^-}(s_{t+1})))^2\right]$$
$$=\mathrm{E}_{(s_t,a_t,r_t,s_{t+1})\sim R,a_{t+1}\sim\pi_\theta(\cdot|s_{t+1})}\left[\frac{1}{2}(Q_\omega(s_t,a_t)-(r_t+\gamma(\min_{j=1,2}Q_{\omega_j^-}(s_{t+1},a_{t+1})-\alpha\log\pi(a_{t+1}\mid s_{t+1}))))^2\right]$$

其中，R 是策略过去收集的数据，因为 SAC 是一种离线策略算法。为了让训练更加稳定，这里使用了目标 Q 网络Q_{ω^-}，同样是两个目标 Q 网络，与两个 Q 网络一一对应。SAC 中目标 Q 网络的更新方式与 DDPG 中的更新方式一样。

策略π的损失函数由 KL 散度得到，化简后为：

$$L_\pi(\theta)=\mathrm{E}_{s_t\sim R,a_t\sim\pi_\theta}[\alpha\log(\pi_\theta(a_t\mid s_t))-Q_\omega(s_t,a_t)]$$

可以理解为最大化函数V，因为有$V(s_t)=\mathrm{E}_{a_t\sim\pi}[Q(s_t,a_t)-\alpha\log\pi(a_t\mid s_t)]$。

对于连续动作空间的环境，SAC 算法的策略输出高斯分布的均值和标准差，但是根据高斯分布来采样动作的过程是不可导的。因此，我们需要用到重参数化技巧（reparameterization trick）。重参数化的做法是先从一个单位高斯分布$\mathcal{N}$采样，再把采样值乘以标准差后加上均值。这样就可以认为是从策略高斯分布采样，并且这个采样动作的过程对于策略函数是可导的，可以将该策略函数表示为$a_t=f_\theta(\epsilon_t;s_t)$，其中$\epsilon_t$是一个噪声随机变量。同时考虑两个函数$Q$，重写策略的损失函数：

$$L_\pi(\theta)=\mathrm{E}_{s_t\sim R,\epsilon_t\sim\mathcal{N}}[\alpha\log(\pi_\theta(f_\theta(\epsilon_t;s_t)\mid s_t))-\min_{j=1,2}Q_{\omega_j}(s_t,f_\theta(\epsilon_t;s_t))]$$

自动调整熵正则项

在 SAC 算法中，如何选择熵正则项的系数非常重要。在不同的状态下需要不同大小的熵：在最优动作的不确定某个状态下，熵的取值应该大一点；而在某个最优动作比较确定的状态下，熵的取值可以小一点。为了自动调整熵正则项，SAC 将强化学习的目标改写为一个带约束的优化问题：

$$\max_\pi \mathrm{E}_\pi\left[\sum_t r(s_t,a_t)\right]\quad \text{s.t.}\quad \mathrm{E}_{(s_t,a_t)\sim\rho_\pi}[-\log(\pi_t(a_t\mid s_t))]\geqslant H_0$$

也就是最大化期望回报，同时约束熵的均值大于H_0。通过一些数学技巧进行化简后，得到α的损失函数：

$$L(\alpha)=\mathrm{E}_{s_t\sim R,a_t\sim\pi(\cdot|s_t)}[-\alpha\log\pi(a_t\mid s_t)-\alpha H_0]$$

即当策略的熵低于目标值H_0时，训练目标$L(\alpha)$会使α的值增大，进而在上述最小化损失函数$L_\pi(\theta)$的过程中增加了策略熵对应项的重要性；而当策略的熵高于目标值H_0时，训练目标$L(\alpha)$会使α的值减小，进而使得策略训练时更专注于价值提升。

至此，我们介绍完了 SAC 算法的整体思想，它的具体算法流程如下：

用随机的网络参数ω_1、ω_2和θ分别初始化 Critic 网络$Q_{\omega_1}(s,a)$、$Q_{\omega_2}(s,a)$和 Actor 网络$\pi_\theta(s)$ 复制相同的参数$\omega_1^-\leftarrow\omega_1$、$\omega_2^-\leftarrow\omega_2$，分别初始化目标网络$Q_{\omega_1^-}$和$Q_{\omega_2^-}$

初始化经验回放池 R

for 序列 $e=1 \to E$ **do**

  获取环境初始状态 s_1

  for 时间步 $t=1 \to T$ **do**

    根据当前策略选择动作 $\boldsymbol{a}_t = \pi_\theta(\boldsymbol{s}_t)$

    执行动作 $\boldsymbol{a}_t$，获得奖励 r_t，环境状态变为 $\boldsymbol{s}_{t+1}$

    将 $(\boldsymbol{s}_t, \boldsymbol{a}_t, r_t, \boldsymbol{s}_{t+1})$ 存入回放池 R

    for 训练轮数 $k=1 \to K$ **do**

      从 R 中采样 N 个元组 $\{(\boldsymbol{s}_i, \boldsymbol{a}_i, r_i, \boldsymbol{s}_{i+1})\}_{i=1,\cdots,N}$

      对每个元组，用目标网络计算 $y_i = r_i + \gamma \min_{j=1,2} Q_{\omega_j^-}(\boldsymbol{s}_{i+1}, \boldsymbol{a}_{i+1}) - \alpha \log \pi_\theta(\boldsymbol{a}_{i+1} | \boldsymbol{s}_{i+1})$，其中 $\boldsymbol{a}_{i+1} \sim \pi_\theta(\cdot | \boldsymbol{s}_{i+1})$

      对两个 Critic 网络都进行如下更新：对 $j=1,2$，最小化损失函数 $L = \frac{1}{N}\sum_{i=1}^{N}(y_i - Q_{\omega_j}(\boldsymbol{s}_i, \boldsymbol{a}_i))^2$

      用重参数化技巧采样动作 $\tilde{\boldsymbol{a}}_i$，然后用以下损失函数更新当前 Actor 网络：

$$L_\pi(\theta) = \frac{1}{N}\sum_{i=1}^{N}(\alpha \log \pi_\theta(\tilde{\boldsymbol{a}}_i | \boldsymbol{s}_i) - \min_{j=1,2} Q_{\omega_j}(\boldsymbol{s}_i, \tilde{\boldsymbol{a}}_i))$$

      更新熵正则项的系数 α

      更新目标网络：

$$\omega_1^- \leftarrow \tau \omega_1 + (1-\tau)\omega_1^-$$
$$\omega_2^- \leftarrow \tau \omega_2 + (1-\tau)\omega_2^-$$

    end for

  end for

end for

14.5 SAC 代码实践

我们来看一下 SAC 的代码实现，首先在倒立摆环境下进行实验，然后尝试将 SAC 应用到与离散动作交互的车杆环境。

首先导入需要用到的库。

```
import random
import gym
import numpy as np
from tqdm import tqdm
import torch
import torch.nn.functional as F
from torch.distributions import Normal
import matplotlib.pyplot as plt
import rl_utils
```

接下来定义策略网络和价值网络。由于处理的是与连续动作交互的环境，策略网络输出一个高斯分布的均值和标准差来表示动作分布；而价值网络的输入是状态和动作的拼接向量，输出一个实数来表示动作价值。

```
class PolicyNetContinuous(torch.nn.Module):
    def __init__(self, state_dim, hidden_dim, action_dim, action_bound):
        super(PolicyNetContinuous, self).__init__()
        self.fc1 = torch.nn.Linear(state_dim, hidden_dim)
        self.fc_mu = torch.nn.Linear(hidden_dim, action_dim)
        self.fc_std = torch.nn.Linear(hidden_dim, action_dim)
        self.action_bound = action_bound

    def forward(self, x):
        x = F.relu(self.fc1(x))
        mu = self.fc_mu(x)
        std = F.softplus(self.fc_std(x))
        dist = Normal(mu, std)
        normal_sample = dist.rsample() # rsample()是重参数化采样
        log_prob = dist.log_prob(normal_sample)
        action = torch.tanh(normal_sample)
        # 计算 tanh_normal 分布的对数概率密度
        log_prob = log_prob - torch.log(1-torch.tanh(action).pow(2) + 1e-7)
        action = action * self.action_bound
        return action, log_prob

class QValueNetContinuous(torch.nn.Module):
    def __init__(self, state_dim, hidden_dim, action_dim):
        super(QValueNetContinuous, self).__init__()
        self.fc1 = torch.nn.Linear(state_dim + action_dim, hidden_dim)
        self.fc2 = torch.nn.Linear(hidden_dim, hidden_dim)
        self.fc_out = torch.nn.Linear(hidden_dim, 1)

    def forward(self, x, a):
        cat = torch.cat([x, a], dim=1)
        x = F.relu(self.fc1(cat))
        x = F.relu(self.fc2(x))
        return self.fc_out(x)
```

然后我们来看一下 SAC 算法的主要代码。如 14.4 节所述，SAC 使用两个 Critic 网络 Q_{ω_1} 和 Q_{ω_2} 来使 Actor 的训练更稳定，而这两个 Critic 网络在训练时则各自需要一个目标价值网络。因此，SAC 算法一共用到 5 个网络，分别是一个策略网络、两个价值网络和两个目标价值网络。

```
class SACContinuous:
    ''' 处理连续动作的 SAC 算法 '''
    def __init__(self, state_dim, hidden_dim, action_dim, action_bound, actor_lr,
                 critic_lr, alpha_lr, target_entropy, tau, gamma, device):
```

```
        self.actor = PolicyNetContinuous(state_dim, hidden_dim, action_dim,
                action_bound).to(device) # 策略网络
        self.critic_1 = QValueNetContinuous(state_dim, hidden_dim, action_dim).
                to(device) # 第一个Q网络
        self.critic_2 = QValueNetContinuous(state_dim, hidden_dim, action_dim).
                to(device) # 第二个Q网络
        self.target_critic_1 = QValueNetContinuous(state_dim, hidden_dim, action_dim).
                to(device) # 第一个目标Q网络
        self.target_critic_2 = QValueNetContinuous(state_dim, hidden_dim, action_dim).
                to(device) # 第二个目标Q网络
        # 令目标Q网络的初始参数和Q网络一样
        self.target_critic_1.load_state_dict(self.critic_1.state_dict())
        self.target_critic_2.load_state_dict(self.critic_2.state_dict())
        self.actor_optimizer = torch.optim.Adam(self.actor.parameters(), lr=actor_lr)
        self.critic_1_optimizer = torch.optim.Adam(self.critic_1.parameters(),
                lr=critic_lr)
        self.critic_2_optimizer = torch.optim.Adam(self.critic_2.parameters(),
                lr=critic_lr)
        # 使用alpha的log值,可以使训练结果比较稳定
        self.log_alpha = torch.tensor(np.log(0.01), dtype=torch.float)
        self.log_alpha.requires_grad = True # 可以对alpha求梯度
        self.log_alpha_optimizer = torch.optim.Adam([self.log_alpha], lr=alpha_lr)
        self.target_entropy = target_entropy # 目标熵的大小
        self.gamma = gamma
        self.tau = tau
        self.device = device

    def take_action(self, state):
        state = torch.tensor([state], dtype=torch.float).to(self.device)
        action = self.actor(state)[0]
        return [action.item()]

    def calc_target(self, rewards, next_states, dones): # 计算目标Q值
        next_actions, log_prob = self.actor(next_states)
        entropy = -log_prob
        q1_value = self.target_critic_1(next_states, next_actions)
        q2_value = self.target_critic_2(next_states, next_actions)
        next_value = torch.min(q1_value, q2_value) + self.log_alpha.exp() * entropy
        td_target = rewards + self.gamma * next_value * (1 - dones)
        return td_target

    def soft_update(self, net, target_net):
        for param_target, param in zip(target_net.parameters(), net.parameters()):
            param_target.data.copy_(param_target.data * (1.0 - self.tau) + param.
                    data * self.tau)

    def update(self, transition_dict):
        states = torch.tensor(transition_dict['states'], dtype=torch.float).
                to(self.device)
```

```
        actions = torch.tensor(transition_dict['actions'], dtype=torch.float).
              view(-1, 1).to(self.device)
        rewards = torch.tensor(transition_dict['rewards'], dtype=torch.float).
              view(-1, 1).to(self.device)
        next_states = torch.tensor(transition_dict['next_states'], dtype=torch.
              float).to(self.device)
        dones = torch.tensor(transition_dict['dones'], dtype=torch.float).view(-1, 1).
              to(self.device)
        # 和之前章节一样,对倒立摆环境的奖励进行重塑以便训练
        rewards = (rewards + 8.0) / 8.0

        # 更新两个Q网络
        td_target = self.calc_target(rewards, next_states, dones)
        critic_1_loss = torch.mean(F.mse_loss(self.critic_1(states, actions),
              td_target.detach()))
        critic_2_loss = torch.mean(F.mse_loss(self.critic_2(states, actions),
              td_target.detach()))
        self.critic_1_optimizer.zero_grad()
        critic_1_loss.backward()
        self.critic_1_optimizer.step()
        self.critic_2_optimizer.zero_grad()
        critic_2_loss.backward()
        self.critic_2_optimizer.step()

        # 更新策略网络
        new_actions, log_prob = self.actor(states)
        entropy = -log_prob
        q1_value = self.critic_1(states, new_actions)
        q2_value = self.critic_2(states, new_actions)
        actor_loss = torch.mean(-self.log_alpha.exp() * entropy - torch.min(q1_value,
              q2_value))
        self.actor_optimizer.zero_grad()
        actor_loss.backward()
        self.actor_optimizer.step()

        # 更新alpha值
        alpha_loss = torch.mean((entropy - self.target_entropy).detach() * self.
              log_alpha.exp())
        self.log_alpha_optimizer.zero_grad()
        alpha_loss.backward()
        self.log_alpha_optimizer.step()

        self.soft_update(self.critic_1, self.target_critic_1)
        self.soft_update(self.critic_2, self.target_critic_2)
```

接下来我们就在倒立摆环境上尝试一下 SAC 算法吧！

```
env_name = 'Pendulum-v0'
env = gym.make(env_name)
state_dim = env.observation_space.shape[0]
```

```
action_dim = env.action_space.shape[0]
action_bound = env.action_space.high[0] # 动作最大值
random.seed(0)
np.random.seed(0)
env.seed(0)
torch.manual_seed(0)

actor_lr = 3e-4
critic_lr = 3e-3
alpha_lr = 3e-4
num_episodes = 100
hidden_dim = 128
gamma = 0.99
tau = 0.005 # 软更新参数
buffer_size = 100000
minimal_size = 1000
batch_size = 64
target_entropy = -env.action_space.shape[0]
device = torch.device("cuda") if torch.cuda.is_available() else torch.device("cpu")

replay_buffer = rl_utils.ReplayBuffer(buffer_size)
agent = SACContinuous(state_dim, hidden_dim, action_dim, action_bound, actor_lr,
critic_lr, alpha_lr, target_entropy, tau, gamma, device)

return_list = rl_utils.train_off_policy_agent(env, agent, num_episodes, replay_
buffer, minimal_size, batch_size)
```

```
Iteration 0: 100%|██████████| 10/10 [00:07<00:00,  1.35it/s, episode=10,
return=-1534.655]
Iteration 1: 100%|██████████| 10/10 [00:13<00:00,  1.32s/it, episode=20,
return=-1085.715]
Iteration 2: 100%|██████████| 10/10 [00:13<00:00,  1.38s/it, episode=30,
return=-377.923]
Iteration 3: 100%|██████████| 10/10 [00:13<00:00,  1.37s/it, episode=40,
return=-284.440]
Iteration 4: 100%|██████████| 10/10 [00:13<00:00,  1.36s/it, episode=50,
return=-183.556]
Iteration 5: 100%|██████████| 10/10 [00:14<00:00,  1.43s/it, episode=60,
return=-202.841]
Iteration 6: 100%|██████████| 10/10 [00:14<00:00,  1.41s/it, episode=70,
return=-193.436]
Iteration 7: 100%|██████████| 10/10 [00:14<00:00,  1.42s/it, episode=80,
return=-131.132]
Iteration 8: 100%|██████████| 10/10 [00:14<00:00,  1.41s/it, episode=90,
return=-181.888]
Iteration 9: 100%|██████████| 10/10 [00:14<00:00,  1.42s/it, episode=100,
return=-139.574]
```

```
episodes_list = list(range(len(return_list)))
plt.plot(episodes_list, return_list)
```

```
plt.xlabel('Episodes')
plt.ylabel('Returns')
plt.title('SAC on {}'.format(env_name))
plt.show()

mv_return = rl_utils.moving_average(return_list, 9)
plt.plot(episodes_list, mv_return)
plt.xlabel('Episodes')
plt.ylabel('Returns')
plt.title('SAC on {}'.format(env_name))
plt.show()
```

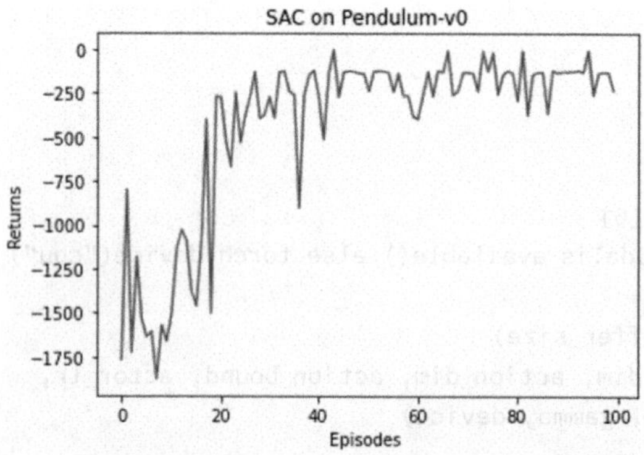

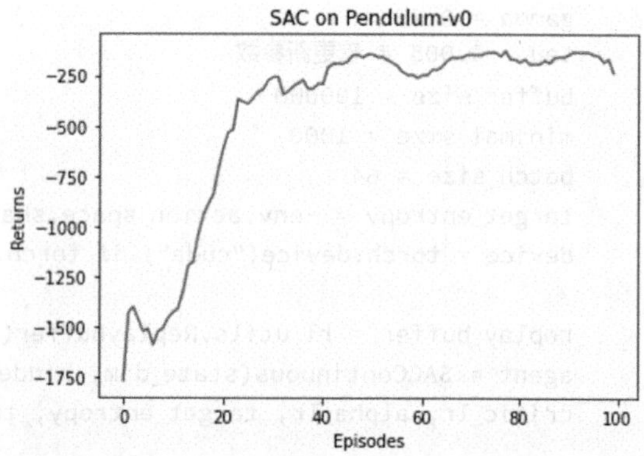

可以发现，SAC 在倒立摆环境中的表现非常出色。SAC 算法原本是针对与连续动作交互的环境提出的，那一个比较自然的问题便是：SAC 能否处理与离散动作交互的环境呢？答案是肯定的，但是我们要做一些相应的修改。首先，策略网络和价值网络的网络结构将发生如下改变：

- 策略网络的输出修改为在离散动作空间上的 softmax 分布；
- 价值网络直接接收状态和离散动作空间的分布作为输入。

```
class PolicyNet(torch.nn.Module):
    def __init__(self, state_dim, hidden_dim, action_dim):
        super(PolicyNet, self).__init__()
        self.fc1 = torch.nn.Linear(state_dim, hidden_dim)
        self.fc2 = torch.nn.Linear(hidden_dim, action_dim)

    def forward(self, x):
        x = F.relu(self.fc1(x))
        return F.softmax(self.fc2(x),dim=1)

class QValueNet(torch.nn.Module):
    ''' 只有一层隐藏层的 Q 网络 '''
    def __init__(self, state_dim, hidden_dim, action_dim):
        super(QValueNet, self).__init__()
        self.fc1 = torch.nn.Linear(state_dim, hidden_dim)
        self.fc2 = torch.nn.Linear(hidden_dim, action_dim)
```

```
    def forward(self, x):
        x = F.relu(self.fc1(x))
        return self.fc2(x)
```

该策略网络输出一个离散的动作分布，所以在价值网络的学习过程中，不需要再对下一个动作 $\boldsymbol{a}_{t+1}$ 进行采样，而是直接通过概率计算来得到下一个状态的价值。同理，在 α 的损失函数的计算中，也不需要再对动作进行采样。

```
class SAC:
    ''' 处理离散动作的 SAC 算法 '''
    def __init__(self, state_dim, hidden_dim, action_dim, actor_lr, critic_lr,
                 alpha_lr, target_entropy, tau, gamma, device):
        # 策略网络
        self.actor = PolicyNet(state_dim, hidden_dim, action_dim).to(device)
        # 第一个 Q 网络
        self.critic_1 = QValueNet(state_dim, hidden_dim, action_dim).to(device)
        # 第二个 Q 网络
        self.critic_2 = QValueNet(state_dim, hidden_dim, action_dim).to(device)
        self.target_critic_1 = QValueNet(state_dim, hidden_dim, action_dim).
                to(device) # 第一个目标 Q 网络
        self.target_critic_2 = QValueNet(state_dim, hidden_dim, action_dim).
                to(device) # 第二个目标 Q 网络
        # 令目标 Q 网络的初始参数和 Q 网络一样
        self.target_critic_1.load_state_dict(self.critic_1.state_dict())
        self.target_critic_2.load_state_dict(self.critic_2.state_dict())
        self.actor_optimizer = torch.optim.Adam(self.actor.parameters(), lr=actor_lr)
        self.critic_1_optimizer = torch.optim.Adam(self.critic_1.parameters(),
                lr=critic_lr)
        self.critic_2_optimizer = torch.optim.Adam(self.critic_2.parameters(),
                lr=critic_lr)
        # 使用 alpha 的 log 值,可以使训练结果比较稳定
        self.log_alpha = torch.tensor(np.log(0.01), dtype=torch.float)
        self.log_alpha.requires_grad = True # 可以对 alpha 求梯度
        self.log_alpha_optimizer = torch.optim.Adam([self.log_alpha], lr=alpha_lr)
        self.target_entropy = target_entropy # 目标熵的大小
        self.gamma = gamma
        self.tau = tau
        self.device = device

    def take_action(self, state):
        state = torch.tensor([state], dtype=torch.float).to(self.device)
        probs = self.actor(state)
        action_dist = torch.distributions.Categorical(probs)
        action = action_dist.sample()
        return action.item()

    # 计算目标 Q 值,直接用策略网络的输出概率进行期望计算
    def calc_target(self, rewards, next_states, dones):
        next_probs = self.actor(next_states)
        next_log_probs = torch.log(next_probs + 1e-8)
```

```
        entropy = -torch.sum(next_probs * next_log_probs, dim=1, keepdim=True)
        q1_value = self.target_critic_1(next_states)
        q2_value = self.target_critic_2(next_states)
        min_qvalue = torch.sum(next_probs * torch.min(q1_value, q2_value), dim=1,
                keepdim=True)
        next_value = min_qvalue + self.log_alpha.exp() * entropy
        td_target = rewards + self.gamma * next_value * (1 - dones)
        return td_target

    def soft_update(self, net, target_net):
        for param_target, param in zip(target_net.parameters(), net.parameters()):
            param_target.data.copy_(param_target.data * (1.0 - self.tau) + param.
                    data * self.tau)

    def update(self, transition_dict):
        states = torch.tensor(transition_dict['states'], dtype=torch.float).
                to(self.device)
        actions = torch.tensor(transition_dict['actions']).view(-1, 1).to(self.
                device) # 动作不再是float类型
        rewards = torch.tensor(transition_dict['rewards'], dtype=torch.float).
                view(-1, 1).to(self.device)
        next_states = torch.tensor(transition_dict['next_states'], dtype=torch.
                float).to(self.device)
        dones = torch.tensor(transition_dict['dones'], dtype=torch.float).
                view(-1, 1).to(self.device)

        # 更新两个Q网络
        td_target = self.calc_target(rewards, next_states, dones)
        critic_1_q_values = self.critic_1(states).gather(1, actions)
        critic_1_loss = torch.mean(F.mse_loss(critic_1_q_values, td_target.detach()))
        critic_2_q_values = self.critic_2(states).gather(1, actions)
        critic_2_loss = torch.mean(F.mse_loss(critic_2_q_values, td_target.detach()))
        self.critic_1_optimizer.zero_grad()
        critic_1_loss.backward()
        self.critic_1_optimizer.step()
        self.critic_2_optimizer.zero_grad()
        critic_2_loss.backward()
        self.critic_2_optimizer.step()

        # 更新策略网络
        probs = self.actor(states)
        log_probs = torch.log(probs + 1e-8)
        # 直接根据概率计算熵
        entropy = -torch.sum(probs * log_probs, dim=1, keepdim=True) #
        q1_value = self.critic_1(states)
        q2_value = self.critic_2(states)
        min_qvalue = torch.sum(probs * torch.min(q1_value, q2_value), dim=1,
                keepdim=True) # 直接根据概率计算期望
        actor_loss = torch.mean(-self.log_alpha.exp() * entropy - min_qvalue)
```

```
        self.actor_optimizer.zero_grad()
        actor_loss.backward()
        self.actor_optimizer.step()

        # 更新 alpha 值
        alpha_loss = torch.mean((entropy - target_entropy).detach() * self.
                log_alpha.exp())
        self.log_alpha_optimizer.zero_grad()
        alpha_loss.backward()
        self.log_alpha_optimizer.step()

        self.soft_update(self.critic_1, self.target_critic_1)
        self.soft_update(self.critic_2, self.target_critic_2)

actor_lr = 1e-3
critic_lr = 1e-2
alpha_lr = 1e-2
num_episodes = 200
hidden_dim = 128
gamma = 0.98
tau = 0.005 # 软更新参数
buffer_size = 10000
minimal_size = 500
batch_size = 64
target_entropy = -1
device = torch.device("cuda") if torch.cuda.is_available() else torch.device("cpu")

env_name = 'CartPole-v0'
env = gym.make(env_name)
random.seed(0)
np.random.seed(0)
env.seed(0)
torch.manual_seed(0)
replay_buffer = rl_utils.ReplayBuffer(buffer_size)
state_dim = env.observation_space.shape[0]
action_dim = env.action_space.n
agent = SAC(state_dim, hidden_dim, action_dim, actor_lr, critic_lr, alpha_lr,
target_entropy, tau, gamma, device)

return_list = rl_utils.train_off_policy_agent(env, agent, num_episodes, replay_buffer,
minimal_size, batch_size)
```

```
Iteration 0: 100%|██████████| 20/20 [00:00<00:00, 193.82it/s, episode=20,
return=19.700]
Iteration 1: 100%|██████████| 20/20 [00:00<00:00, 29.39it/s, episode=40,
return=10.600]
Iteration 2: 100%|██████████| 20/20 [00:00<00:00, 26.38it/s, episode=60,
return=10.000]
```

```
Iteration 3: 100%|██████████| 20/20 [00:00<00:00, 24.32it/s, episode=80,
return=9.800]
Iteration 4: 100%|██████████| 20/20 [00:00<00:00, 26.86it/s, episode=100,
return=9.100]
Iteration 5: 100%|██████████| 20/20 [00:00<00:00, 26.87it/s, episode=120,
return=9.500]
Iteration 6: 100%|██████████| 20/20 [00:07<00:00,  2.64it/s, episode=140,
return=178.400]
Iteration 7: 100%|██████████| 20/20 [00:15<00:00,  1.33it/s, episode=160,
return=200.000]
Iteration 8: 100%|██████████| 20/20 [00:15<00:00,  1.31it/s, episode=180,
return=200.000]
Iteration 9: 100%|██████████| 20/20 [00:15<00:00,  1.32it/s, episode=200,
return=197.600]

episodes_list = list(range(len(return_list)))
plt.plot(episodes_list, return_list)
plt.xlabel('Episodes')
plt.ylabel('Returns')
plt.title('SAC on {}'.format(env_name))
plt.show()

mv_return = rl_utils.moving_average(return_list, 9)
plt.plot(episodes_list, mv_return)
plt.xlabel('Episodes')
plt.ylabel('Returns')
plt.title('SAC on {}'.format(env_name))
plt.show()
```

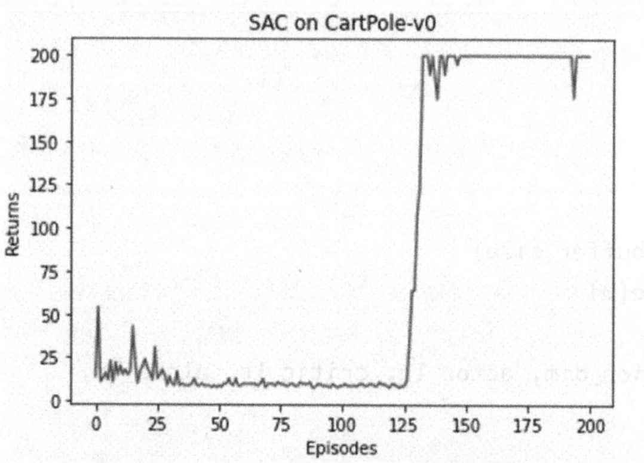

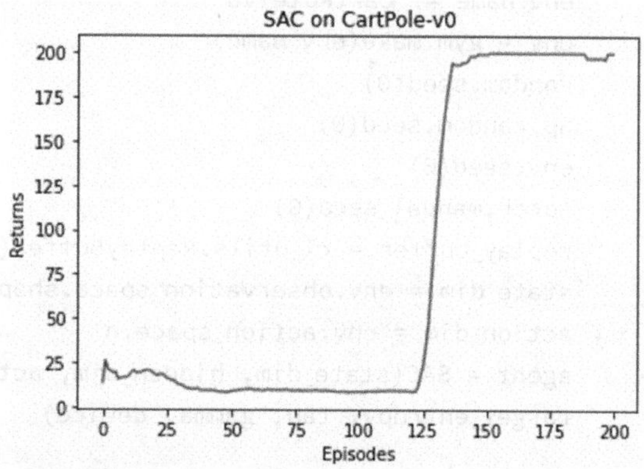

可以发现，SAC 在离散动作环境车杆下具有完美的收敛性能，并且其策略回报的曲线十分稳定，这体现出 SAC 可以在离散动作环境下平衡探索与利用的优秀性质。

14.6　小结

本章首先讲解了什么是最大熵强化学习，并通过控制策略所采取动作的熵来调整探索与利用的平衡，可以帮助读者加深对探索与利用的关系的理解；然后讲解了 SAC 算法，剖析了它背后的原理以及具体的流程，最后在连续的倒立摆环境以及离散的车杆环境中进行了 SAC 算法的代码实践。

由于有扎实的理论基础和优秀的实验性能，SAC 算法已经成为炙手可热的深度强化学习算法，很多新的研究基于 SAC 算法，第 17 章将要介绍的基于模型的强化学习算法 MBPO 和第 18 章将要介绍的离线强化学习算法 CQL 就是以 SAC 作为基本模块构建的。

14.7 参考文献

[1] HAARNOJA T, ZHOU A, ABBEEL P,et al. Soft actor-critic: Off-policy maximum entropy deep reinforcement learning with a stochastic actor [C] // International conference on machine learning, PMLR, 2018:1861-1870.

[2] HAARNOJA T, ZHOU A, HARTIKAINEN K, et al. Soft actor-critic algorithms and applications [J]. 2018.

[3] HAARNOJA T, TANG H, ABBEEL P,et al. Reinforcement learning with deep energy-based policies [C] // International conference on machine learning, PMLR, 2017:1352-1361.

[4] SCHULMAN J, CHEN X, ABBEEL P. Equivalence between policy gradients and soft q-learning [J]. 2017.

第三部分

强化学习前沿

第 15 章

模仿学习

15.1 简介

虽然强化学习不需要有监督学习中的标签数据，但它十分依赖奖励函数的设置。有时在奖励函数上做一些微小的改动，训练出来的策略就会有天差地别。在很多现实场景中，奖励函数并未给定，或者奖励信号极其稀疏，此时随机设计奖励函数将无法保证强化学习训练出来的策略满足实际需要。例如，对于无人驾驶车辆智能体的规控，其观测是当前的环境感知所恢复的 3D 局部环境，动作是车辆接下来数秒的具体路径规划，那么奖励是什么？如果只规定正常行驶而不发生碰撞的奖励为+1，发生碰撞的奖励为−100，那么智能体学习的结果则很可能是找个地方停滞不前。具体能帮助无人驾驶小车规控的奖励函数往往需要经过专家的精心设计和调试。

假设存在一个专家智能体，其策略可以看成最优策略，我们就可以通过直接模仿这个专家在环境中交互的状态动作数据来训练一个策略，并且不需要用到环境提供的奖励信号。模仿学习（imitation learning）研究的便是这一类问题，在模仿学习的框架下，专家能够提供一系列状态动作对 $\{(s_t,a_t)\}$，表示专家在 s_t 环境下做出了 a_t 的动作，而模仿者的任务则是利用这些专家数据进行训练，无须奖励信号就可以达到一个接近专家的策略。目前学术界模仿学习的方法基本上可以分为 3 类：

- 行为克隆（behavior cloning，BC）；
- 逆强化学习（inverse RL）；
- 生成对抗模仿学习（generative adversarial imitation learning，GAIL）

本章将主要介绍行为克隆方法和生成对抗模仿学习方法。尽管逆强化学习有良好的学术贡献，但由于其计算复杂度较高，实际应用的价值较小。

15.2 行为克隆

扫码观看视频课程

行为克隆（BC）就是直接使用监督学习方法，将专家数据中$(\boldsymbol{s}_t,\boldsymbol{a}_t)$的$\boldsymbol{s}_t$看作样本输入，$\boldsymbol{a}_t$看作标签，学习的目标为

$$\theta^* = \arg\min_{\theta} \mathrm{E}_{(\boldsymbol{s},\boldsymbol{a})\sim B}[L(\pi_\theta(\boldsymbol{s}),\boldsymbol{a})]$$

其中，B是专家的数据集，L是对应监督学习框架下的损失函数。若动作是离散的，该损失函数可以是通过最大似然估计得到的。若动作是连续的，该损失函数可以是均方误差函数。

在训练数据量比较大的时候，BC 能够很快地学习到一个不错的策略。例如，围棋人工智能 AlphaGo 就是首先在 16 万盘棋局的 3000 万次落子数据中学习人类选手是如何下棋的，仅仅凭这个行为克隆方法，AlphaGo 的棋力就已经超过了很多业余围棋爱好者。由于 BC 的实现十分简单，因此在很多实际场景下它都可以作为策略预训练的方法。BC 能使得策略无须在较差时仍然低效地通过和环境交互来探索较好的动作，而是通过模仿专家智能体的行为数据来快速达到较高水平，为接下来的强化学习创造一个高起点。

BC 也存在很大的局限性，该局限在数据量比较小的时候犹为明显。具体来说，由于通过 BC 学习得到的策略只是拿小部分专家数据进行训练，因此 BC 只能在专家数据的状态分布下预测得比较准。然而，强化学习面对的是一个序贯决策问题，通过 BC 学习得到的策略在和环境交互过程中不可能完全学成最优，只要存在一点偏差，就有可能导致下一个遇到的状态是在专家数据中没有见过的。此时，由于没有在此状态（或者比较相近的状态）下训练过，策略可能就会随机选择一个动作，这会导致下一个状态进一步偏离专家策略遇到的数据分布。最终，该策略在真实环境下不能得到比较好的效果，这被称为行为克隆的*复合误差*（compounding error）问题，如图 15-1 所示。

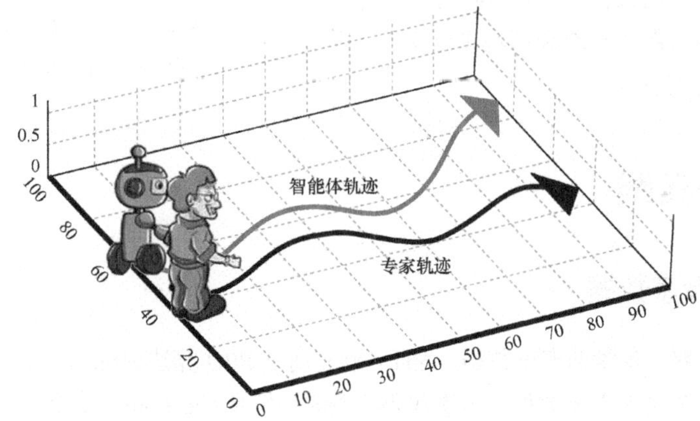

图 15-1　行为克隆带来的复合误差问题

15.3 生成对抗模仿学习

生成对抗模仿学习（GAIL）是 2016 年由斯坦福大学研究团队提出的基于生成对抗网络的模仿学

习，它诠释了生成对抗网络的本质其实就是模仿学习。GAIL 实质上是模仿了专家策略的占用度量 $\rho_E(\boldsymbol{s},\boldsymbol{a})$，即尽量使得策略在环境中的所有状态动作对 $(\boldsymbol{s},\boldsymbol{a})$ 的占用度量 $\rho_\pi(\boldsymbol{s},\boldsymbol{a})$ 和专家策略的占用度量一致。为了达成这个目标，策略需要和环境进行交互，收集下一个状态的信息并进一步做出动作。这一点和 BC 不同，BC 完全不需要和环境交互。GAIL 算法中有一个判别器和一个策略，策略 π 相当于生成对抗网络中的生成器（generator），给定一个状态，策略会输出这个状态下应该采取的动作，而判别器（discriminator）D 将状态动作对 $(\boldsymbol{s},\boldsymbol{a})$ 作为输入，输出一个 0 到 1 的实数，表示判别器认为该状态动作对 $(\boldsymbol{s},\boldsymbol{a})$ 是来自智能体策略而非专家的概率。判别器 D 的目标是尽量将专家数据的输出靠近 0，将模仿者策略的输出靠近 1，这样就可以将两组数据分辨开来。于是，判别器 D 的损失函数为

$$L(\phi) = -\mathrm{E}_{\rho_\pi}[\log D_\phi(\boldsymbol{s},\boldsymbol{a})] - \mathrm{E}_{\rho_E}[\log(1 - D_\phi(\boldsymbol{s},\boldsymbol{a}))]$$

其中，ϕ 是判别器 D 的参数。有了判别器 D 之后，模仿者策略的目标就是其交互产生的轨迹能被判别器误认为专家轨迹。于是，我们可以用判别器 D 的输出作为奖励函数来训练模仿者策略。具体来说，若模仿者策略在环境中采样到状态 $\boldsymbol{s}$，并且采取动作 $\boldsymbol{a}$，此时该状态动作对 $(\boldsymbol{s},\boldsymbol{a})$ 会输入到判别器 D 中，输出 $D(\boldsymbol{s},\boldsymbol{a})$ 的值，然后将奖励设置为 $r(\boldsymbol{s},\boldsymbol{a}) = -\log D(\boldsymbol{s},\boldsymbol{a})$。于是，我们可以用任意强化学习算法，使用这些数据继续训练模仿者策略。最后，在对抗过程不断进行后，模仿者策略生成的数据分布将接近真实的专家数据分布，达到模仿学习的目标。GAIL 的优化目标如图 15-2 所示。

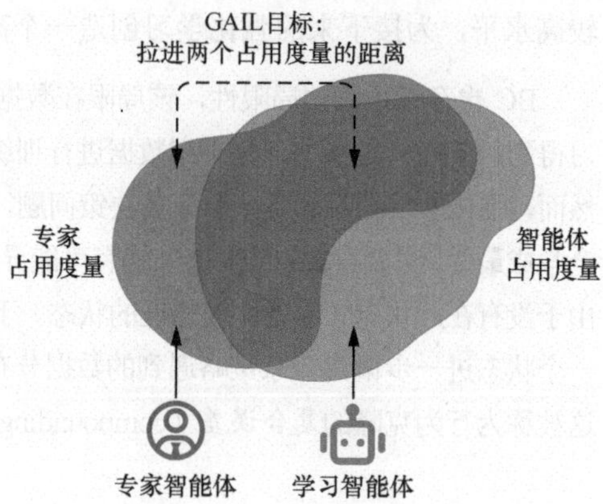

图 15-2　GAIL 的优化目标

第 3 章介绍过一个策略和给定 MDP 交互的占用度量呈一一对应的关系。因此，模仿学习的本质就是通过更新策略使其占用度量尽量靠近专家的占用度量，而这正是 GAIL 的训练目标。由于一旦策略改变，其占用度量就会改变，因此为了训练好最新的判别器，策略需要不断和环境进行交互，采样最新的状态动作对样本。

15.4　代码实践

15.4.1　生成专家数据

首先，我们需要一定量的专家数据，为此，预先通过 PPO 算法训练出一个表现良好的专家模型，再利用专家模型生成专家数据。本次代码实践的环境是 CartPole-v0，以下是 PPO 代码内容。

```
import gym
import torch
import torch.nn.functional as F
import torch.nn as nn
import numpy as np
import matplotlib.pyplot as plt
from tqdm import tqdm
```

```
import random
import rl_utils

class PolicyNet(torch.nn.Module):
    def __init__(self, state_dim, hidden_dim, action_dim):
        super(PolicyNet, self).__init__()
        self.fc1 = torch.nn.Linear(state_dim, hidden_dim)
        self.fc2 = torch.nn.Linear(hidden_dim, action_dim)

    def forward(self, x):
        x = F.relu(self.fc1(x))
        return  F.softmax(self.fc2(x), dim=1)

class ValueNet(torch.nn.Module):
    def __init__(self, state_dim, hidden_dim):
        super(ValueNet, self).__init__()
        self.fc1 = torch.nn.Linear(state_dim, hidden_dim)
        self.fc2 = torch.nn.Linear(hidden_dim, 1)

    def forward(self, x):
        x = F.relu(self.fc1(x))
        return self.fc2(x)

class PPO:
    ''' PPO算法,采用截断方式 '''
    def __init__(self, state_dim, hidden_dim, action_dim, actor_lr, critic_lr,
            lmbda, epochs, eps, gamma, device):
        self.actor = PolicyNet(state_dim, hidden_dim, action_dim).to(device)
        self.critic = ValueNet(state_dim, hidden_dim).to(device)
        self.actor_optimizer = torch.optim.Adam(self.actor.parameters(),
                lr=actor_lr)
        self.critic_optimizer = torch.optim.Adam(self.critic.parameters(),
                lr=critic_lr)
        self.gamma = gamma
        self.lmbda = lmbda
        self.epochs = epochs # 一条序列的数据用于训练轮数
        self.eps = eps # PPO中截断范围的参数
        self.device = device

    def take_action(self, state):
        state = torch.tensor([state], dtype=torch.float).to(self.device)
        probs = self.actor(state)
        action_dist = torch.distributions.Categorical(probs)
        action = action_dist.sample()
        return action.item()

    def update(self, transition_dict):
        states = torch.tensor(transition_dict['states'], dtype=torch.float).
                to(self.device)
        actions = torch.tensor(transition_dict['actions']).view(-1, 1).to(self.
                device)
```

```
        rewards = torch.tensor(transition_dict['rewards'], dtype=torch.float).
            view(-1, 1).to(self.device)
        next_states = torch.tensor(transition_dict['next_states'], dtype=torch.
            float).to(self.device)
        dones = torch.tensor(transition_dict['dones'], dtype=torch.float).view(-1,
            1).to(self.device)
        td_target = rewards + self.gamma * self.critic(next_states) * (1 - dones)
        td_delta = td_target - self.critic(states)
        advantage = rl_utils.compute_advantage(self.gamma, self.lmbda, td_delta.
            cpu()).to(self.device)
        old_log_probs = torch.log(self.actor(states).gather(1, actions)).detach()

        for _ in range(self.epochs):
            log_probs = torch.log(self.actor(states).gather(1, actions))
            ratio = torch.exp(log_probs - old_log_probs)
            surr1 = ratio * advantage
            surr2 = torch.clamp(ratio, 1-self.eps, 1+self.eps) * advantage # 截断
            actor_loss = torch.mean(-torch.min(surr1, surr2)) # PPO 损失函数
            critic_loss = torch.mean(F.mse_loss(self.critic(states), td_target.
                detach()))
            self.actor_optimizer.zero_grad()
            self.critic_optimizer.zero_grad()
            actor_loss.backward()
            critic_loss.backward()
            self.actor_optimizer.step()
            self.critic_optimizer.step()

actor_lr = 1e-3
critic_lr = 1e-2
num_episodes = 250
hidden_dim = 128
gamma = 0.98
lmbda = 0.95
epochs = 10
eps = 0.2
device = torch.device("cuda") if torch.cuda.is_available() else torch.device("cpu")

env_name = 'CartPole-v0'
env = gym.make(env_name)
env.seed(0)
torch.manual_seed(0)
state_dim = env.observation_space.shape[0]
action_dim = env.action_space.n
ppo_agent = PPO(state_dim, hidden_dim, action_dim, actor_lr, critic_lr, lmbda,
epochs, eps, gamma, device)

return_list = rl_utils.train_on_policy_agent(env, ppo_agent, num_episodes)

Iteration 0: 100%|██████████| 25/25 [00:00<00:00, 32.56it/s, episode=20,
return=40.700]
Iteration 1: 100%|██████████| 25/25 [00:09<00:00,  2.75it/s, episode=45,
```

```
return=182.800]
Iteration 2: 100%|██████████| 25/25 [00:11<00:00,  2.27it/s, episode=70,
return=176.100]
Iteration 3: 100%|██████████| 25/25 [00:11<00:00,  2.16it/s, episode=95,
return=194.500]
Iteration 4: 100%|██████████| 25/25 [00:11<00:00,  2.08it/s, episode=120,
return=180.600]
Iteration 5: 100%|██████████| 25/25 [00:12<00:00,  2.03it/s, episode=145,
return=200.000]
Iteration 6: 100%|██████████| 25/25 [00:11<00:00,  2.08it/s, episode=170,
return=185.700]
Iteration 7: 100%|██████████| 25/25 [00:11<00:00,  2.14it/s, episode=195,
return=200.000]
Iteration 8: 100%|██████████| 25/25 [00:12<00:00,  2.05it/s, episode=220,
return=200.000]
Iteration 9: 100%|██████████| 25/25 [00:11<00:00,  2.27it/s, episode=245,
return=196.900]
```

接下来开始生成专家数据。因为车杆环境比较简单，我们只生成一条轨迹，并从中采样 30 个状态动作对样本 $(\boldsymbol{s},\boldsymbol{a})$。我们只用这 30 个专家数据样本来训练模仿策略。

```
def sample_expert_data(n_episode):
    states = []
    actions = []
    for episode in range(n_episode):
        state = env.reset()
        done = False
        while not done:
            action = ppo_agent.take_action(state)
            states.append(state)
            actions.append(action)
            next_state, reward, done, _ = env.step(action)
            state = next_state
    return np.array(states), np.array(actions)

env.seed(0)
torch.manual_seed(0)
random.seed(0)
n_episode = 1
expert_s, expert_a = sample_expert_data(n_episode)

n_samples = 30 # 采样 30 个数据
random_index = random.sample(range(expert_s.shape[0]), n_samples)
expert_s = expert_s[random_index]
expert_a = expert_a[random_index]
```

15.4.2 行为克隆的代码实践

在 BC 中，我们将专家数据中 $(\boldsymbol{s}_t,\boldsymbol{a}_t)$ 的 $\boldsymbol{a}_t$ 视为标签，BC 则转化成监督学习中经典的分类问题，采用最大似然估计的训练方法可得到分类结果。

```
class BehaviorClone:
    def __init__(self, state_dim, hidden_dim, action_dim, lr):
        self.policy = PolicyNet(state_dim, hidden_dim, action_dim).to(device)
        self.optimizer = torch.optim.Adam(self.policy.parameters(), lr=lr)

    def learn(self, states, actions):
        states = torch.tensor(states, dtype=torch.float).to(device)
        actions = torch.tensor(actions).view(-1, 1).to(device)
        log_probs = torch.log(self.policy(states).gather(1, actions))
        bc_loss = torch.mean(-log_probs) # 最大似然估计

        self.optimizer.zero_grad()
        bc_loss.backward()
        self.optimizer.step()

    def take_action(self, state):
        state = torch.tensor([state], dtype=torch.float).to(device)
        probs = self.policy(state)
        action_dist = torch.distributions.Categorical(probs)
        action = action_dist.sample()
        return action.item()

def test_agent(agent, env, n_episode):
    return_list = []
    for episode in range(n_episode):
        episode_return = 0
        state = env.reset()
        done = False
        while not done:
            action = agent.take_action(state)
            next_state, reward, done, _ = env.step(action)
            state = next_state
            episode_return += reward
        return_list.append(episode_return)
    return np.mean(return_list)

env.seed(0)
torch.manual_seed(0)
np.random.seed(0)

lr = 1e-3
bc_agent = BehaviorClone(state_dim, hidden_dim, action_dim, lr)
n_iterations = 1000
batch_size = 64
test_returns = []

with tqdm(total=n_iterations, desc="进度条") as pbar:
    for i  in range(n_iterations):
        sample_indices = np.random.randint(low=0, high=expert_s.shape[0],
                size=batch_size)
        bc_agent.learn(expert_s[sample_indices], expert_a[sample_indices])
```

```
        current_return = test_agent(bc_agent, env, 5)
        test_returns.append(current_return)
        if (i+1) % 10 == 0:
            pbar.set_postfix({'return': '%.3f' % np.mean(test_returns[-10:])})
        pbar.update(1)
```

```
进度条: 100%|██████████| 1000/1000 [00:50<00:00, 19.82it/s, return=42.000]
```

```
iteration_list = list(range(len(test_returns)))
plt.plot(iteration_list, test_returns)
plt.xlabel('Iterations')
plt.ylabel('Returns')
plt.title('BC on {}'.format(env_name))
plt.show()
```

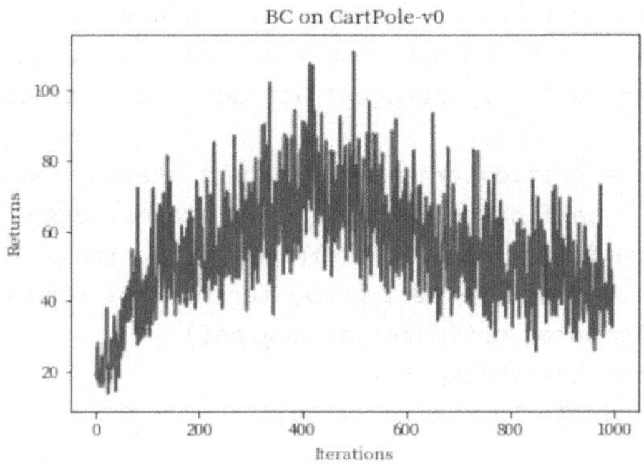

我们发现 BC 无法学习到最优策略（不同设备的运行结果可能会不同），这主要是因为在数据量比较少的情况下，学习容易发生过拟合。

15.4.3 生成对抗模仿学习的代码实践

接下来我们实现 GAIL 的代码。

首先实现判别器模型，其模型架构为一个两层的全连接网络，模型输入一个状态动作对，输出一个概率标量。

```
class Discriminator(nn.Module):
    def __init__(self, state_dim, hidden_dim, action_dim):
        super(Discriminator, self).__init__()
        self.fc1 = torch.nn.Linear(state_dim + action_dim, hidden_dim)
        self.fc2 = torch.nn.Linear(hidden_dim, 1)

    def forward(self, x, a):
        cat = torch.cat([x, a], dim=1)
        x = F.relu(self.fc1(cat))
        return torch.sigmoid(self.fc2(x))
```

接下来正式实现 GAIL 的代码。在每一轮迭代中，GAIL 中的策略和环境进行交互，采样新的状态动作对。基于专家数据和策略新采样的数据，首先训练判别器，然后将判别器的输出转换为策略的奖励信号，指导策略用 PPO 算法做训练。

```
class GAIL:
    def __init__(self, agent, state_dim, action_dim, hidden_dim, lr_d):
        self.discriminator = Discriminator(state_dim, hidden_dim, action_dim).
to(device)
        self.discriminator_optimizer = torch.optim.Adam(self.discriminator.
parameters(), lr=lr_d)
        self.agent = agent

    def learn(self, expert_s, expert_a, agent_s, agent_a, next_s, dones):
        expert_states = torch.tensor(expert_s, dtype=torch.float).to(device)
        expert_actions = torch.tensor(expert_a).to(device)
        agent_states = torch.tensor(agent_s, dtype=torch.float).to(device)
        agent_actions = torch.tensor(agent_a).to(device)
        expert_actions = F.one_hot(expert_actions, num_classes=2).float()
        agent_actions = F.one_hot(agent_actions, num_classes=2).float()

        expert_prob = self.discriminator(expert_states, expert_actions)
        agent_prob = self.discriminator(agent_states, agent_actions)
        discriminator_loss = nn.BCELoss()(agent_prob, torch.ones_like(agent_prob)) +
                nn.BCELoss()(expert_prob, torch.zeros_like(expert_prob))
        self.discriminator_optimizer.zero_grad()
        discriminator_loss.backward()
        self.discriminator_optimizer.step()

        rewards = -torch.log(agent_prob).detach().cpu().numpy()
        transition_dict = {'states': agent_s, 'actions': agent_a, 'rewards':
                rewards, 'next_states': next_s, 'dones': dones}
        self.agent.update(transition_dict)


env.seed(0)
torch.manual_seed(0)
lr_d = 1e-3
agent = PPO(state_dim, hidden_dim, action_dim, actor_lr, critic_lr, lmbda, epochs,
    eps, gamma, device)
gail = GAIL(agent, state_dim, action_dim, hidden_dim, lr_d)
n_episode = 500
return_list = []

with tqdm(total=n_episode, desc="进度条") as pbar:
    for i in range(n_episode):
        episode_return = 0
        state = env.reset()
        done = False
        state_list = []
        action_list = []
        next_state_list = []
        done_list = []
        while not done:
```

```
            action = agent.take_action(state)
            next_state, reward, done, _ = env.step(action)
            state_list.append(state)
            action_list.append(action)
            next_state_list.append(next_state)
            done_list.append(done)
            state = next_state
            episode_return += reward
        return_list.append(episode_return)
        gail.learn(expert_s, expert_a, state_list, action_list, next_state_list,
                done_list)
        if (i+1) % 10 == 0:
            pbar.set_postfix({'return': '%.3f' % np.mean(return_list[-10:])})
        pbar.update(1)
```

```
进度条: 100%|██████████| 500/500 [04:08<00:00,  2.01it/s, return=200.000]
```

```
iteration_list = list(range(len(return_list)))
plt.plot(iteration_list, return_list)
plt.xlabel('Episodes')
plt.ylabel('Returns')
plt.title('GAIL on {}'.format(env_name))
plt.show()
```

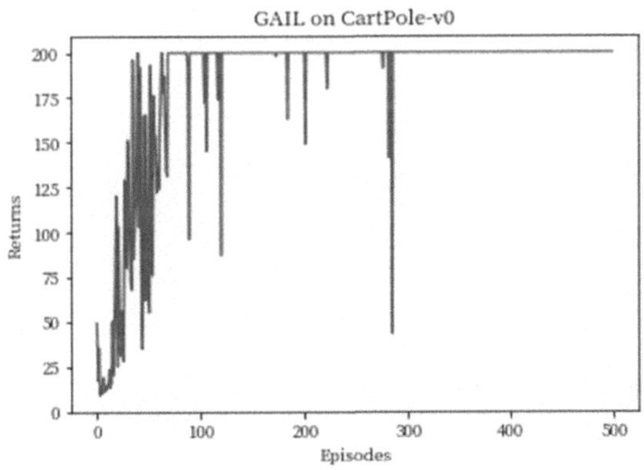

通过上面两个实验的对比我们可以直观地感受到，在数据样本有限的情况下，BC 不能学习到最优策略，但是 GAIL 在相同的专家数据下可以取得非常好的结果。这一方面归因于 GAIL 的训练目标（拉近策略和专家的占用度量）十分贴合模仿学习任务的目标，避免了 BC 中的复合误差问题；另一方面得益于在 GAIL 的训练中，策略可以和环境交互出更多的数据，以此训练判别器，进而生成对基于策略“量身定做”的指导奖励信号。

15.5 小结

本章讲解了模仿学习的基础概念，即根据一些专家数据来学习一个策略，数据中不包含奖励，和环境交互也不能获得奖励。本章还介绍了模仿学习中的两类方法，分别是行为克隆（BC）

和生成对抗模仿学习（GAIL）。通过实验对比发现，在少量专家数据的情况下，GAIL 能获得更好的效果。

此外，逆向强化学习（IRL）也是模仿学习中的重要方法，它假设环境的奖励函数应该使得专家轨迹获得最高的奖励值，进而学习背后的奖励函数，最后基于该奖励函数进行正向强化学习，从而得到模仿策略。感兴趣的读者可以查阅相关文献进行学习。

15.6 参考文献

[1] SYED U, BOWLING M, SCHAPIRE R E. Apprenticeship learning using linear programming [C]// Proceedings of the 25th international conference on Machine learning, 2008: 1032-1039.

[2] HO J, ERMON S. Generative adversarial imitation learning [J]. Advances in neural information processing systems 2016, 29: 4565-4573.

[3] ABBEEL P, NG A Y. Apprenticeship learning via inverse reinforcement learning [C] // Proceedings of the twenty-first international conference on machine learning, 2004.

第 16 章 模型预测控制

16.1 简介

之前的几章介绍了基于值函数的方法 DQN、基于策略的方法 REINFORCE 以及两者结合的方法 Actor-Critic。它们都是*无模型*（model-free）的方法，即没有建立一个环境模型来帮助智能体决策。而在深度强化学习领域中，*基于模型*（model-based）的方法通常用神经网络学习一个环境模型，然后利用该环境模型来帮助智能体训练和决策。利用环境模型帮助智能体训练和决策的方法有很多种，例如可以用与之前的 Dyna 类似的思想生成一些数据来加入策略训练中。本章要介绍的*模型预测控制*（model predictive control，MPC）算法并不构建一个显式的策略，只根据环境模型来选择当前步要采取的动作。

16.2 打靶法

首先，让我们用一个形象的比喻来帮助理解模型预测控制方法。假设我们在下围棋，现在根据棋盘的布局，我们要选择现在落子的位置。一个优秀的棋手会根据目前的局势来推演落子几步可能发生的局势，然后选择局势最好的一种情况来决定当前落子位置。

模型预测控制方法就是这样一种迭代的、基于模型的控制方法。值得注意的是，MPC 方法中不存在一个显式的策略。具体而言，MPC 方法在每次采取动作时，首先会生成一些候选动作序列，然后根据当前状态来确定每一条候选序列能得到多好的结果，最终选择结果最好的那条动作序列的第一个动作来执行。因此，在使用 MPC 方法时，主要在两个过程中迭代，一是根据历史数据学习环境模型 $\hat{P}(\boldsymbol{s},\boldsymbol{a})$，二是在和真实环境的交互过程中用环境模型来选择动作。

首先，我们定义模型预测方法的目标。在第 k 步时，我们要做的就是最大化智能体的累积奖励，具体来说就是：

$$\arg\max_{\boldsymbol{a}_{k:k+H}} \sum_{t=k}^{k+H} r(\boldsymbol{s}_t,\boldsymbol{a}_t) \quad \text{s.t. } \boldsymbol{s}_{t+1} = \hat{P}(\boldsymbol{s}_t,\boldsymbol{a}_t)$$

其中，H 为推演的长度，$\arg\max_{\boldsymbol{a}_{k:k+H}}$ 表示从所有动作序列中选取累积奖励最大的序列。我们每次选取最优序列中的第一个动作 $\boldsymbol{a}_k$ 来与环境交互。MPC 方法的一个关键点是如何生成一些候选动作序列，候选动作生成的好坏将直接影响到 MPC 方法得到的动作。生成候选动作序列的过程称为打靶（shooting）。

16.2.1　随机打靶法

随机打靶法（random shooting method）的做法是随机生成 N 条动作序列，即在生成每条动作序列的每一个动作时，都是从动作空间中随机采样一个动作，最终组合成 N 条长度为 H 的动作序列。

对于一些简单的环境，这个方法不但十分简单，而且效果还不错。那么，能不能在随机采样的基础上，根据已有的结果做得更好一些呢？接下来，我们来介绍另外一种打靶法：交叉熵方法。

16.2.2　交叉熵方法

交叉熵方法（cross entropy method，CEM）是一种进化策略方法，它的核心思想是维护一个带参数的分布，根据每次采样的结果来更新分布中的参数，使分布中能获得较高累积奖励的动作序列的概率比较高。相比于随机打靶法，交叉熵方法能够利用之前采样到的比较好的结果，在一定程度上减少采样到较差动作的概率，从而使算法更加高效。对于一个与连续动作交互的环境，每次交互时交叉熵方法的做法如下：

for 次数 $e=1\to E$ **do**

　　从分布 $P(A)$ 中选取 N 条动作序列 $A_1,\cdots,A_N$

　　对于每条动作序列 $A_1,\cdots,A_N$，用环境模型评估累积奖励

　　根据评估结果保留 M 条最优的动作序列 $A_{i_1},\cdots,A_{i_M}$

　　用这些动作序列 $A_{i_1},\cdots,A_{i_M}$ 更新分布 $P(A)$

　　end for

计算所有最优动作序列的第一个动作的均值，作为当前时刻采取的动作

我们可以使用如下的代码来实现交叉熵方法，其中将采用截断正态分布。

```
import numpy as np
from scipy.stats import truncnorm
import gym
import itertools
import torch
import torch.nn as nn
import torch.nn.functional as F
import collections
import matplotlib.pyplot as plt

class CEM:
    def __init__(self, n_sequence, elite_ratio, fake_env, upper_bound, lower_bound):
        self.n_sequence = n_sequence
        self.elite_ratio = elite_ratio
        self.upper_bound = upper_bound
```

```
        self.lower_bound = lower_bound
        self.fake_env = fake_env

    def optimize(self, state, init_mean, init_var):
        mean, var = init_mean, init_var
        X = truncnorm(-2, 2, loc=np.zeros_like(mean), scale=np.ones_like(var))
        state = np.tile(state, (self.n_sequence, 1))

        for _ in range(5):
            lb_dist, ub_dist = mean - self.lower_bound, self.upper_bound - mean
            constrained_var = np.minimum(np.minimum(np.square(lb_dist / 2),
                    np.square(ub_dist / 2)), var)
            # 生成动作序列
            action_sequences = [X.rvs() for _ in range(self.n_sequence)] * np.
                    sqrt(constrained_var) + mean
            # 计算每条动作序列的累积奖励
            returns = self.fake_env.propagate(state, action_sequences)[:, 0]
            # 选取累积奖励最高的若干条动作序列
            elites = action_sequences[np.argsort(returns)][-int(self.elite_ratio *
                    self.n_sequence):]
            new_mean = np.mean(elites, axis=0)
            new_var = np.var(elites, axis=0)
            # 更新动作序列分布
            mean = 0.1 * mean + 0.9 * new_mean
            var = 0.1 * var + 0.9 * new_var

        return mean
```

16.3 PETS 算法

带有轨迹采样的概率集成（probabilistic ensembles with trajectory sampling，PETS）是一种使用 MPC 的基于模型的强化学习算法。在 PETS 中，环境模型采用集成学习的方法，即会构建多个环境模型，然后用这多个环境模型来进行预测，最后使用 CEM 进行模型预测控制。接下来，我们来详细介绍模型构建与模型预测的方法。

在强化学习中，与智能体交互的环境是一个动态系统，所以拟合它的环境模型也通常是一个动态模型。我们通常认为一个系统中有两种不确定性，分别是偶然不确定性（aleatoric uncertainty）和认知不确定性（epistemic uncertainty）。偶然不确定性是由系统中本身存在的随机性引起的，而认知不确定性是由“见”过的数据较少所导致的自身认知的不足而引起的，如图 16-1 所示。

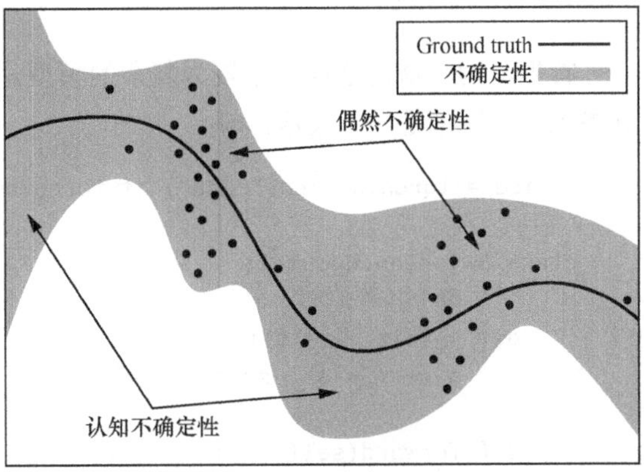

图 16-1 偶然不确定性和认知不确定性

在 PETS 算法中，环境模型的构建会同时考虑到这两种不确定性。首先，我们定义环境模型的输出为一个高斯分布，用来捕捉偶然不确定性。令环境模型为 $\hat{P}$，其参数为 θ，那么基于当前状态动作对 $(\boldsymbol{s}_t, \boldsymbol{a}_t)$，下一个状态 $\boldsymbol{s}_t$ 的分布可以写为

$$\hat{P}_\theta(\boldsymbol{s}_t, \boldsymbol{a}_t) = \mathcal{N}(\mu_\theta(\boldsymbol{s}_t, \boldsymbol{a}_t), \Sigma_\theta(\boldsymbol{s}_t, \boldsymbol{a}_t))$$

这里我们可以采用神经网络来构建 μ_θ 和 Σ_θ。这样，神经网络的损失函数则为

$$L(\theta) = \sum_{n=1}^{N} [\mu_\theta(\boldsymbol{s}_n, \boldsymbol{a}_n) - \boldsymbol{s}_{n+1}]^{\mathrm{T}} \Sigma_\theta^{-1}(\boldsymbol{s}_n, \boldsymbol{a}_n) [\mu_\theta(\boldsymbol{s}_n, \boldsymbol{a}_n) - \boldsymbol{s}_{n+1}] + \log \det \Sigma_\theta(\boldsymbol{s}_n, \boldsymbol{a}_n)$$

这样我们就得到了一个由神经网络表示的环境模型。在此基础之上，我们选择用集成（ensemble）方法来捕捉认知不确定性。具体而言，我们构建 B 个网络框架一样的神经网络，它们的输入都是状态动作对，输出都是下一个状态的高斯分布的均值向量和协方差矩阵。但是它们的参数采用不同的随机初始化方式，并且当每次训练时，会从真实数据中随机采样不同的数据来训练。

有了环境模型的集成后，MPC 算法会用其来预测奖励和下一个状态。具体来说，每一次预测会从 B 个模型中挑选一个来进行预测，因此一条轨迹的采样会用到多个环境模型，如图 16-2 所示。

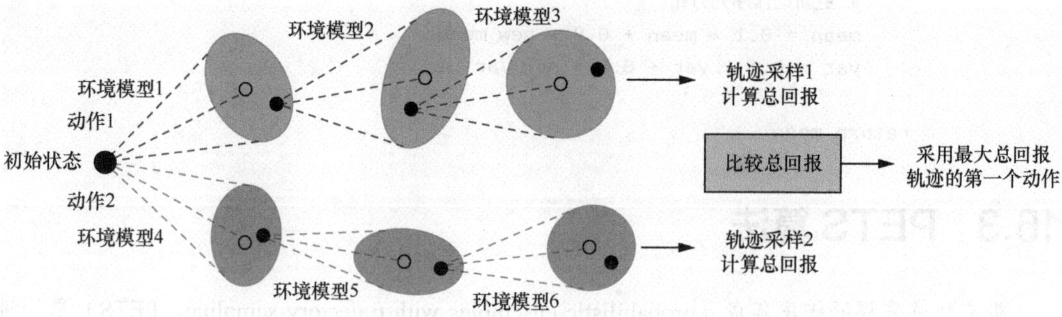

图 16-2　PETS 算法利用各个环境模型选取动作

16.4　PETS 算法实践

首先，为了搭建这样一个较为复杂的模型，我们定义模型中每一层的构造。在定义时就必须考虑每一层都是一个集成。

```
device = torch.device("cuda") if torch.cuda.is_available() else torch.device("cpu")

class Swish(nn.Module):
    ''' Swish 激活函数 '''
    def __init__(self):
        super(Swish, self).__init__()

    def forward(self, x):
        return x * torch.sigmoid(x)
```

```
def init_weights(m):
    ''' 初始化模型权重 '''
    def truncated_normal_init(t, mean=0.0, std=0.01):
        torch.nn.init.normal_(t, mean=mean, std=std)
        while True:
            cond = (t < mean - 2 * std) | (t > mean + 2 * std)
            if not torch.sum(cond):
                break
            t = torch.where(cond, torch.nn.init.normal_(torch.ones(t.shape,
                    device=device), mean=mean, std=std), t)
        return t

    if type(m) == nn.Linear or isinstance(m, FCLayer):
        truncated_normal_init(m.weight, std=1/(2 * np.sqrt(m._input_dim)))
        m.bias.data.fill_(0.0)

class FCLayer(nn.Module):
    ''' 集成之后的全连接层 '''
    def __init__(self, input_dim, output_dim, ensemble_size, activation):
        super(FCLayer, self). __init__()
        self._input_dim, self._output_dim = input_dim, output_dim
        self.weight = nn.Parameter(torch.Tensor(ensemble_size, input_dim,
                output_dim).to(device))
        self._activation = activation
        self.bias = nn.Parameter(torch.Tensor(ensemble_size, output_dim).
                to(device))

    def forward(self, x):
        return self._activation(torch.add(torch.bmm(x, self.weight), self.bias
                [:, None, :]))
```

接着，使用高斯分布的概率模型来定义一个集成模型。

```
class EnsembleModel(nn.Module):
    ''' 环境模型集成 '''
    def __init__(self, state_dim, action_dim, ensemble_size=5, learning_rate=1e-3):
        super(EnsembleModel, self).__init__()
        # 输出包括均值和方差,因此是状态与奖励维度之和的两倍
        self._output_dim = (state_dim + 1) * 2
        self._max_logvar = nn.Parameter((torch.ones((1, self._output_dim // 2)).
                float() / 2).to(device), requires_grad=False)
        self._min_logvar = nn.Parameter((-torch.ones((1, self._output_dim // 2)).
                float() * 10).to(device), requires_grad=False)

        self.layer1 = FCLayer(state_dim + action_dim, 200, ensemble_size, Swish())
        self.layer2 = FCLayer(200, 200, ensemble_size, Swish())
        self.layer3 = FCLayer(200, 200, ensemble_size, Swish())
        self.layer4 = FCLayer(200, 200, ensemble_size, Swish())
        self.layer5 = FCLayer(200, self._output_dim, ensemble_size, nn.Identity())
        self.apply(init_weights) # 初始化环境模型中的参数
        self.optimizer = torch.optim.Adam(self.parameters(), lr=learning_rate)
```

```
    def forward(self, x, return_log_var=False):
        ret = self.layer5(self.layer4(self.layer3(self.layer2(self.layer1(x)))))
        mean = ret[:, :, :self._output_dim // 2]
        # 在 PETS 算法中,将方差控制在最小值和最大值之间
        logvar = self._max_logvar - F.softplus(self._max_logvar - ret[:, :,
                self._output_dim // 2:])
        logvar = self._min_logvar + F.softplus(logvar - self._min_logvar)
        return mean, logvar if return_log_var else torch.exp(logvar)

    def loss(self, mean, logvar, labels, use_var_loss=True):
        inverse_var = torch.exp(-logvar)
        if use_var_loss:
            mse_loss = torch.mean(torch.mean(torch.pow(mean - labels, 2) *
                    inverse_var, dim=-1), dim=-1)
            var_loss = torch.mean(torch.mean(logvar, dim=-1), dim=-1)
            total_loss = torch.sum(mse_loss) + torch.sum(var_loss)
        else:
            mse_loss = torch.mean(torch.pow(mean - labels, 2), dim=(1, 2))
            total_loss = torch.sum(mse_loss)
        return total_loss, mse_loss

    def train(self, loss):
        self.optimizer.zero_grad()
        loss += 0.01 * torch.sum(self._max_logvar) - 0.01 * torch.sum(self._min_logvar)
        loss.backward()
        self.optimizer.step()
```

接下来，我们定义一个 EnsembleDynamicsModel 类，把模型集成的训练设计得更加精细化。具体而言，我们并不会选择模型训练的轮数，而是在每次训练的时候将一部分数据单独取出来，用于验证模型的表现，在 5 次没有获得表现提升时就结束训练。

```
class EnsembleDynamicsModel:
    ''' 环境模型集成,加入精细化的训练 '''
    def __init__(self, state_dim, action_dim, num_network=5):
        self._num_network = num_network
        self._state_dim, self._action_dim = state_dim, action_dim
        self.model = EnsembleModel(state_dim, action_dim, ensemble_size=num_network)
        self._epoch_since_last_update = 0

    def train(self, inputs, labels, batch_size=64, holdout_ratio=0.1, max_iter=20):
        # 设置训练集与验证集
        permutation = np.random.permutation(inputs.shape[0])
        inputs, labels = inputs[permutation], labels[permutation]
        num_holdout = int(inputs.shape[0] * holdout_ratio)
        train_inputs, train_labels = inputs[num_holdout:], labels[num_holdout:]
        holdout_inputs, holdout_labels = inputs[:num_holdout], labels[:num_holdout]
        holdout_inputs = torch.from_numpy(holdout_inputs).float().to(device)
        holdout_labels = torch.from_numpy(holdout_labels).float().to(device)
        holdout_inputs = holdout_inputs[None, :, :].repeat([self._num_network, 1, 1])
        holdout_labels = holdout_labels[None, :, :].repeat([self._num_network, 1, 1])
```

```
        # 保留最好的结果
        self._snapshots = {i: (None, 1e10) for i in range(self._num_network)}

        for epoch in itertools.count():
            # 定义每一个网络的训练数据
            train_index = np.vstack([np.random.permutation(train_inputs.shape[0])
                    for _ in range(self._num_network)])
            # 所有真实数据都用来训练
            for batch_start_pos in range(0, train_inputs.shape[0], batch_size):
                batch_index = train_index[:, batch_start_pos: batch_start_pos +
                        batch_size]
                train_input = torch.from_numpy(train_inputs[batch_index]).float().
                        to(device)
                train_label = torch.from_numpy(train_labels[batch_index]).float().
                        to(device)

                mean, logvar = self.model(train_input, return_log_var=True)
                loss, _ = self.model.loss(mean, logvar, train_label)
                self.model.train(loss)

            with torch.no_grad():
                mean, logvar = self.model(holdout_inputs, return_log_var=True)
                _, holdout_losses = self.model.loss(mean, logvar, holdout_labels,
                        use_var_loss=False)
                holdout_losses = holdout_losses.cpu()
                break_condition = self._save_best(epoch, holdout_losses)
                if break_condition or epoch > max_iter: # 结束训练
                    break

    def _save_best(self, epoch, losses, threshold=0.1):
        updated = False
        for i in range(len(losses)):
            current = losses[i]
            _, best = self._snapshots[i]
            improvement = (best - current) / best
            if improvement > threshold:
                self._snapshots[i] = (epoch, current)
                updated = True
        self._epoch_since_last_update = 0 if updated else self._epoch_since_last_
            update + 1
        return self._epoch_since_last_update > 5

    def predict(self, inputs, batch_size=64):
        mean, var = [], []
        for i in range(0, inputs.shape[0], batch_size):
            input = torch.from_numpy(inputs[i:min(i + batch_size, inputs.shape[0])]).
                    float().to(device)
            cur_mean, cur_var = self.model(input[None, :, :].repeat([self._num_network,
                    1, 1]), return_log_var=False)
            mean.append(cur_mean.detach().cpu().numpy())
```

```
            var.append(cur_var.detach().cpu().numpy())
        return np.hstack(mean), np.hstack(var)
```

有了环境模型之后，我们就可以定义一个 FakeEnv，主要用于实现给定状态和动作，用模型集成来进行预测。该功能会用在 MPC 算法中。

```
class FakeEnv:
    def __init__(self, model):
        self.model = model

    def step(self, obs, act):
        inputs = np.concatenate((obs, act), axis=-1)
        ensemble_model_means, ensemble_model_vars = self.model.predict(inputs)
        ensemble_model_means[:, :, 1:] += obs.numpy()
        ensemble_model_stds = np.sqrt(ensemble_model_vars)
        ensemble_samples = ensemble_model_means + np.random.normal(size=ensemble_
                model_means.shape) * ensemble_model_stds

        num_models, batch_size, _ = ensemble_model_means.shape
        models_to_use = np.random.choice([i for i in range(self.model._num_network)],
                size=batch_size)
        batch_inds = np.arange(0, batch_size)
        samples = ensemble_samples[models_to_use, batch_inds]
        rewards, next_obs = samples[:, :1], samples[:, 1:]
        return rewards, next_obs

    def propagate(self, obs, actions):
        with torch.no_grad():
            obs = np.copy(obs)
            total_reward = np.expand_dims(np.zeros(obs.shape[0]), axis=-1)
            obs, actions = torch.as_tensor(obs), torch.as_tensor(actions)
            for i in range(actions.shape[1]):
                action = torch.unsqueeze(actions[:, i], 1)
                rewards, next_obs = self.step(obs, action)
                total_reward += rewards
                obs = torch.as_tensor(next_obs)
            return total_reward
```

接下来定义经验回放池的类 Replay Buffer。与之前的章节对比，此处经验回放缓冲区会额外实现一个返回所有数据的函数。

```
class ReplayBuffer:
    def __init__(self, capacity):
        self.buffer = collections.deque(maxlen=capacity)

    def add(self, state, action, reward, next_state, done):
        self.buffer.append((state, action, reward, next_state, done))

    def size(self):
        return len(self.buffer)

    def return_all_samples(self):
```

```
        all_transitions = list(self.buffer)
        state, action, reward, next_state, done = zip(*all_transitions)
        return np.array(state), action, reward, np.array(next_state), done
```

接下来是 PETS 算法的主体部分。

```
class PETS:
    ''' PETS算法 '''
    def __init__(self, env, replay_buffer, n_sequence, elite_ratio, plan_horizon,
            num_episodes):
        self._env = env
        self._env_pool = replay_buffer

        obs_dim = env.observation_space.shape[0]
        self._action_dim = env.action_space.shape[0]
        self._model = EnsembleDynamicsModel(obs_dim, self._action_dim)
        self._fake_env = FakeEnv(self._model)
        self.upper_bound = env.action_space.high[0]
        self.lower_bound = env.action_space.low[0]

        self._cem = CEM(n_sequence, elite_ratio, self._fake_env, self.upper_bound,
                self.lower_bound)
        self.plan_horizon = plan_horizon
        self.num_episodes = num_episodes

    def train_model(self):
        env_samples = self._env_pool.return_all_samples()
        obs = env_samples[0]
        actions = np.array(env_samples[1])
        rewards = np.array(env_samples[2]).reshape(-1, 1)
        next_obs = env_samples[3]
        inputs = np.concatenate((obs, actions), axis=-1)
        labels = np.concatenate((rewards, next_obs - obs), axis=-1)
        self._model.train(inputs, labels)

    def mpc(self):
        mean = np.tile((self.upper_bound + self.lower_bound) / 2.0, self.plan_
                horizon)
        var = np.tile(np.square(self.upper_bound - self.lower_bound) / 16, self.
                plan_horizon)
        obs, done, episode_return = self._env.reset(), False, 0
        while not done:
            actions = self._cem.optimize(obs, mean, var)
            action = actions[:self._action_dim] # 选取第一个动作
            next_obs, reward, done, _ = self._env.step(action)
            self._env_pool.add(obs, action, reward, next_obs, done)
            obs = next_obs
            episode_return += reward
            mean = np.concatenate([np.copy(actions)[self._action_dim:], np.zeros
                    (self._action_dim)])
        return episode_return
```

```
    def explore(self):
        obs, done, episode_return = self._env.reset(), False, 0
        while not done:
            action = self._env.action_space.sample()
            next_obs, reward, done, _ = self._env.step(action)
            self._env_pool.add(obs, action, reward, next_obs, done)
            obs = next_obs
            episode_return += reward
        return episode_return

    def train(self):
        return_list = []
        explore_return = self.explore() # 先进行随机策略的探索来收集一条序列的数据
        print('episode: 1, return: %d' % explore_return)
        return_list.append(explore_return)

        for i_episode in range(self.num_episodes-1):
            self.train_model()
            episode_return = self.mpc()
            return_list.append(episode_return)
            print('episode: %d, return: %d' % (i_episode+2, episode_return))
        return return_list
```

大功告成！让我们在倒立摆环境上试一下吧，以下代码需要一定的运行时间。

```
buffer_size = 100000
n_sequence = 50
elite_ratio = 0.2
plan_horizon = 25
num_episodes = 10
env_name = 'Pendulum-v0'
env = gym.make(env_name)

replay_buffer = ReplayBuffer(buffer_size)
pets = PETS(env, replay_buffer, n_sequence, elite_ratio, plan_horizon, num_episodes)
return_list = pets.train()

episodes_list = list(range(len(return_list)))
plt.plot(episodes_list, return_list)
plt.xlabel('Episodes')
plt.ylabel('Returns')
plt.title('PETS on {}'.format(env_name))
plt.show()
```

```
episode: 1, return: -1062
episode: 2, return: -1257
episode: 3, return: -1792
episode: 4, return: -1225
episode: 5, return: -248
episode: 6, return: -124
episode: 7, return: -249
episode: 8, return: -269
```

```
episode: 9, return: -245
episode: 10, return: -119
```

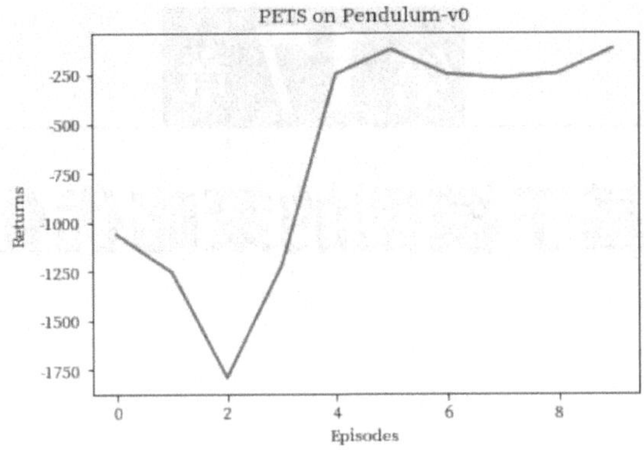

可以看出，PETS 算法的效果非常好，但是由于每次选取动作都需要在环境模型上进行大量的模拟，因此运行速度非常慢。与 SAC 算法的结果进行对比可以看出，PETS 算法大大提高了样本效率，在比 SAC 算法的环境交互次数少得多的情况下就取得了差不多的效果。

16.5 小结

通过学习与实践，我们可以看出模型预测控制（MPC）方法有着其独特的优势，例如它不需要构建和训练策略，可以更好地利用环境，可以进行更长步数的规划。但是 MPC 也有其局限性，例如模型在多步推演之后的准确性会大大降低，简单的控制策略对于复杂系统可能不够。MPC 还有一个更为严重的问题，即每次计算动作的复杂度太大，这使其在一些策略及时性要求较高的系统中应用就变得不太现实。

16.6 参考文献

[1] CHUA K, CALANDRA R, MCALLISTER R, et al. Deep reinforcement learning in a handful of trials using probabilistic dynamics models [J]. Advances in neural information processing systems, 2018: 31.

[2] LAKSHMINARAYANAN B, PRITZEL A, BLUNDELL C. Simple and scalable predictive uncertainty estimation using deep ensembles [J]. Advances in neural information processing systems, 2017: 30.

第 17 章

基于模型的策略优化

17.1 简介

第 16 章介绍的 PETS 算法是基于模型的强化学习算法中的一种，它没有显式构建一个策略（即一个从状态到动作的映射函数）。回顾一下之前介绍过的 Dyna-Q 算法，它也是一种基于模型的强化学习算法。但是 Dyna-Q 算法中的模型只存储之前遇到的数据，只适用于表格型环境。而在连续型状态和动作的环境中，我们需要像 PETS 算法一样学习一个用神经网络表示的环境模型，此时若继续利用 Dyna 的思想，可以在任意状态和动作下用环境模型来生成一些虚拟数据，这些虚拟数据可以帮助进行策略的学习。如此，通过和模型进行交互产生额外的虚拟数据，对真实环境中样本的需求量就会减少，因此通常会比无模型的强化学习算法具有更高的采样效率。本章将介绍这样一种算法——MBPO 算法。

17.2 MBPO 算法

基于模型的策略优化（model-based policy optimization，MBPO）算法是加州大学伯克利分校的研究员在 2019 年的 NeurIPS 会议中提出的。随即 MBPO 成为深度强化学习中最重要的基于模型的强化学习算法之一。

MBPO 算法基于以下两个关键的观察：

（1）随着环境模型的推演步数变长，模型累积的复合误差会快速增加，使得环境模型得出的结果变得很不可靠；

（2）必须要权衡推演步数增加后模型增加的误差带来的负面作用与步数增加后使得训练的策略更优的正面作用，二者的权衡决定了推演的步数。

MBPO 算法在这两个观察的基础之上，提出只使用模型来从之前访问过的真实状态开始进行较短步数的推演，而非从初始状态开始进行完整的推演。这就是 MBPO 中的分支推演（branched rollout）的概念，即在原来真实环境中采样的轨迹上推演出新的“短分支”，如图 17-1 所示。这样做可以使模型的累积误差不至于过大，从而保证最后的采样效率和策略表现。

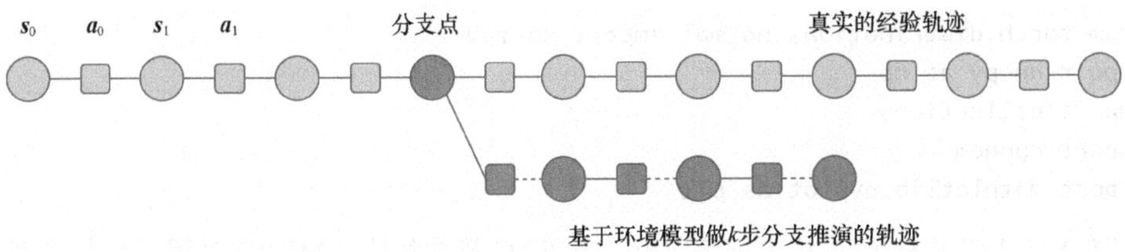

图 17-1 分支推演示意图

MBPO 与第 6 章讲解的经典的 Dyna-Q 算法十分类似。Dyna-Q 采用的无模型强化学习部分是 Q-learning，而 MBPO 采用的是 SAC。此外，MBPO 算法中环境模型的构建和 PETS 算法中一致，都使用模型集成的方式，并且其中每一个环境模型的输出都是一个高斯分布。接下来，我们来看一下 MBPO 的具体算法框架。MBPO 算法会把真实环境样本作为分支推演的起点，使用模型进行一定步数的推演，并用推演得到的模型数据来训练模型。

> 初始化策略 π_ϕ、环境模型参数 p_θ、真实环境数据集 D_{env}、模型数据集 D_{model}
> **for** 轮数 $n=1\rightarrow N$ **do**
>   通过环境数据来训练环境模型参数 p_θ
>   **for** 时间步 $t=1\rightarrow T$ **do**
>   根据策略 π_ϕ 与环境交互，并将交互的轨迹添加到 D_{env} 中
>   **for** 模型推演次数 $e=1\rightarrow E$ **do**
>   从 D_{env} 中均匀随机采样一个状态 s_t
>   以 s_t 为初始状态，在模型中使用策略 π_ϕ 进行 k 步推演，并将生成的轨迹添加到 D_{model} 中
>   **end for**
>   **for** 梯度更新次数 $g-1\rightarrow G$ **do**
>   基于模型数据 D_{model}，使用 SAC 来更新参数 π_ϕ
>   **end for**
>   **end for**
> **end for**

分支推演的长度 k 是平衡样本效率和策略性能的重要超参数。接下来我们看看 MBPO 的代码，本章最后会给出关于 MBPO 的理论推导，可以指导参数 k 的选取。

17.3 MBPO 代码实践

首先，我们导入一些必要的包。

```
import gym
from collections import namedtuple
import itertools
from itertools import count
import torch
import torch.nn as nn
import torch.nn.functional as F
```

```
from torch.distributions.normal import Normal
import numpy as np
import collections
import random
import matplotlib.pyplot as plt
```

MBPO 算法使用 SAC 算法来训练策略。和 SAC 算法相比，MBPO 多用了一些模型推演得到的数据来训练策略。要想了解 SAC 方法的详细过程，读者可以阅读第 14 章对应的内容。我们将 SAC 代码直接复制到此处。

```
class PolicyNet(torch.nn.Module):
    def __init__(self, state_dim, hidden_dim, action_dim, action_bound):
        super(PolicyNet, self).__init__()
        self.fc1 = torch.nn.Linear(state_dim, hidden_dim)
        self.fc_mu = torch.nn.Linear(hidden_dim, action_dim)
        self.fc_std = torch.nn.Linear(hidden_dim, action_dim)
        self.action_bound = action_bound

    def forward(self, x):
        x = F.relu(self.fc1(x))
        mu = self.fc_mu(x)
        std = F.softplus(self.fc_std(x))
        dist = Normal(mu, std)
        normal_sample = dist.rsample() # rsample()是重参数化采样函数
        log_prob = dist.log_prob(normal_sample)
        action = torch.tanh(normal_sample)
        # 计算 tanh_normal 分布的对数概率密度
        log_prob = log_prob - torch.log(1-torch.tanh(action).pow(2) + 1e-7)
        action = action * self.action_bound
        return action, log_prob

class QValueNet(torch.nn.Module):
    def __init__(self, state_dim, hidden_dim, action_dim):
        super(QValueNet, self).__init__()
        self.fc1 = torch.nn.Linear(state_dim + action_dim, hidden_dim)
        self.fc2 = torch.nn.Linear(hidden_dim, 1)

    def forward(self, x, a):
        cat = torch.cat([x, a], dim=1) # 拼接状态和动作
        x = F.relu(self.fc1(cat))
        return self.fc2(x)
device = torch.device("cuda") if torch.cuda.is_available() else torch.device("cpu")

class SAC:
    ''' 处理连续动作的 SAC 算法 '''
    def__init__(self, state_dim, hidden_dim, action_dim, action_bound, actor_lr,
            critic_lr, alpha_lr, target_entropy, tau, gamma):
        self.actor = PolicyNet(state_dim, hidden_dim, action_dim, action_bound).
            to(device) # 策略网络
        # 第一个 Q 网络
        self.critic_1 = QValueNet(state_dim, hidden_dim, action_dim).to(device)
```

```
        # 第二个 Q 网络
        self.critic_2 = QValueNet(state_dim, hidden_dim, action_dim).to(device)
        self.target_critic_1 = QValueNet(state_dim, hidden_dim, action_dim).to
                (device)  # 第一个目标 Q 网络
        self.target_critic_2 = QValueNet(state_dim, hidden_dim, action_dim).to
                (device)  # 第二个目标 Q 网络
        # 令目标 Q 网络的初始参数和 Q 网络一样
        self.target_critic_1.load_state_dict(self.critic_1.state_dict())
        self.target_critic_2.load_state_dict(self.critic_2.state_dict())
        self.actor_optimizer = torch.optim.Adam(self.actor.parameters(),
                lr=actor_lr)
        self.critic_1_optimizer = torch.optim.Adam(self.critic_1.parameters(),
                lr=critic_lr)
        self.critic_2_optimizer = torch.optim.Adam(self.critic_2.parameters(),
                lr=critic_lr)
        # 使用 alpha 的 log 值,可以使训练结果比较稳定
        self.log_alpha = torch.tensor(np.log(0.01), dtype=torch.float)
        self.log_alpha.requires_grad = True  # 可以对 alpha 求梯度
        self.log_alpha_optimizer = torch.optim.Adam([self.log_alpha], lr=alpha_lr)
        self.target_entropy = target_entropy  # 目标熵的大小
        self.gamma = gamma
        self.tau = tau

    def take_action(self, state):
        state = torch.tensor([state], dtype=torch.float).to(device)
        action = self.actor(state)[0]
        return [action.item()]

    def calc_target(self, rewards, next_states, dones):  # 计算目标 Q 值
        next_actions, log_prob = self.actor(next_states)
        entropy = -log_prob
        q1_value = self.target_critic_1(next_states, next_actions)
        q2_value = self.target_critic_2(next_states, next_actions)
        next_value = torch.min(q1_value, q2_value) + self.log_alpha.exp() * entropy
        td_target = rewards + self.gamma * next_value * (1 - dones)
        return td_target

    def soft_update(self, net, target_net):
        for param_target, param in zip(target_net.parameters(), net.parameters()):
            param_target.data.copy_(param_target.data * (1.0 - self.tau) + param.
                    data * self.tau)

    def update(self, transition_dict):
        states = torch.tensor(transition_dict['states'], dtype=torch.float).to(device)
        actions = torch.tensor(transition_dict['actions'], dtype=torch.float).
                view(-1, 1).to(device)
        rewards = torch.tensor(transition_dict['rewards'], dtype=torch.float).
                view(-1, 1).to(device)
        next_states = torch.tensor(transition_dict['next_states'], dtype=torch.
                float).to(device)
        dones = torch.tensor(transition_dict['dones'], dtype=torch.float).
```

```
view(-1, 1).to(device)
        rewards = (rewards + 8.0) / 8.0 # 对倒立摆环境的奖励进行重塑

        # 更新两个 Q 网络
        td_target = self.calc_target(rewards, next_states, dones)
        critic_1_loss = torch.mean(F.mse_loss(self.critic_1(states, actions),
                td_target.detach()))
        critic_2_loss = torch.mean(F.mse_loss(self.critic_2(states, actions),
                td_target.detach()))
        self.critic_1_optimizer.zero_grad()
        critic_1_loss.backward()
        self.critic_1_optimizer.step()
        self.critic_2_optimizer.zero_grad()
        critic_2_loss.backward()
        self.critic_2_optimizer.step()

        # 更新策略网络
        new_actions, log_prob = self.actor(states)
        entropy = -log_prob
        q1_value = self.critic_1(states, new_actions)
        q2_value = self.critic_2(states, new_actions)
        actor_loss = torch.mean(-self.log_alpha.exp() * entropy - torch.min
                (q1_value, q2_value))
        self.actor_optimizer.zero_grad()
        actor_loss.backward()
        self.actor_optimizer.step()

        # 更新 alpha 值
        alpha_loss = torch.mean((entropy - self.target_entropy).detach() * self.
                log_alpha.exp())
        self.log_alpha_optimizer.zero_grad()
        alpha_loss.backward()
        self.log_alpha_optimizer.step()

        self.soft_update(self.critic_1, self.target_critic_1)
        self.soft_update(self.critic_2, self.target_critic_2)
```

接下来定义环境模型，注意这里的环境模型和 PETS 算法中的环境模型是一样的，由多个高斯分布策略的集成来构建。我们也沿用 PETS 算法中的模型构建代码。

```
class Swish(nn.Module):
    ''' Swish 激活函数 '''
    def __init__(self):
        super(Swish, self).__init__()

    def forward(self, x):
        return x * torch.sigmoid(x)


def init_weights(m):
    ''' 初始化模型权重 '''
    def truncated_normal_init(t, mean=0.0, std=0.01):
```

```
        torch.nn.init.normal_(t, mean=mean, std=std)
        while True:
            cond = (t < mean - 2 * std) | (t > mean + 2 * std)
            if not torch.sum(cond):
                break
            t = torch.where(cond, torch.nn.init.normal_(torch.ones(t.shape,
                    device=device), mean=mean, std=std), t)
        return t

    if type(m) == nn.Linear or isinstance(m, FCLayer):
        truncated_normal_init(m.weight, std=1/(2 * np.sqrt(m._input_dim)))
        m.bias.data.fill_(0.0)

class FCLayer(nn.Module):
    ''' 集成之后的全连接层 '''
    def __init__(self, input_dim, output_dim, ensemble_size, activation):
        super(FCLayer, self).__init__()
        self._input_dim, self._output_dim = input_dim, output_dim
        self.weight = nn.Parameter(torch.Tensor(ensemble_size, input_dim,
                output_dim).to(device))
        self._activation = activation
        self.bias = nn.Parameter(torch.Tensor(ensemble_size, output_dim).to(device))

    def forward(self, x):
        return self._activation(torch.add(torch.bmm(x, self.weight), self.bias
                [:, None, :]))
```

接着，我们就可以定义集成模型了，其中就会用到刚刚定义的全连接层。

```
class EnsembleModel(nn.Module):
    ''' 环境模型集成 '''
    def__init__(self, state_dim, action_dim, model_alpha, ensemble_size=5,
             learning_rate=1e-3):
        super(EnsembleModel, self).__init__()
        # 输出包括均值和方差,因此是状态与奖励维度之和的两倍
        self._output_dim = (state_dim + 1) * 2
        self._model_alpha = model_alpha # 模型损失函数中加权时的权重
        self._max_logvar = nn.Parameter((torch.ones((1, self._output_dim // 2)).
                float() / 2).to(device), requires_grad=False)
        self._min_logvar = nn.Parameter((-torch.ones((1, self._output_dim // 2)).
                float() * 10).to(device), requires_grad=False)

        self.layer1 = FCLayer(state_dim + action_dim, 200, ensemble_size, Swish())
        self.layer2 = FCLayer(200, 200, ensemble_size, Swish())
        self.layer3 = FCLayer(200, 200, ensemble_size, Swish())
        self.layer4 = FCLayer(200, 200, ensemble_size, Swish())
        self.layer5 = FCLayer(200, self._output_dim, ensemble_size, nn.Identity())
        self.apply(init_weights) # 初始化环境模型中的参数
        self.optimizer = torch.optim.Adam(self.parameters(), lr=learning_rate)

    def forward(self, x, return_log_var=False):
        ret = self.layer5(self.layer4(self.layer3(self.layer2(self.layer1(x)))))
```

```
        mean = ret[:, :, :self._output_dim // 2]
        # 在 PETS 算法中,将方差控制在最小值和最大值之间
        logvar = self._max_logvar - F.softplus(self._max_logvar - ret[:, :,
                self._output_dim // 2:])
        logvar = self._min_logvar + F.softplus(logvar - self._min_logvar)
        return mean, logvar if return_log_var else torch.exp(logvar)

    def loss(self, mean, logvar, labels, use_var_loss=True):
        inverse_var = torch.exp(-logvar)
        if use_var_loss:
            mse_loss = torch.mean(torch.mean(torch.pow(mean - labels, 2) * inverse_var,
                    dim=-1), dim=-1)
            var_loss = torch.mean(torch.mean(logvar, dim=-1), dim=-1)
            total_loss = torch.sum(mse_loss) + torch.sum(var_loss)
        else:
            mse_loss = torch.mean(torch.pow(mean - labels, 2), dim=(1, 2))
            total_loss = torch.sum(mse_loss)
        return total_loss, mse_loss

    def train(self, loss):
        self.optimizer.zero_grad()
        loss += self._model_alpha * torch.sum(self._max_logvar) - self._model_alpha *
                torch.sum(self._min_logvar)
        loss.backward()
        self.optimizer.step()
class EnsembleDynamicsModel:
    ''' 环境模型集成,加入精细化的训练 '''
    def __init__(self, state_dim, action_dim, model_alpha=0.01, num_network=5):
        self._num_network = num_network
        self._state_dim, self._action_dim = state_dim, action_dim
        self.model = EnsembleModel(state_dim, action_dim, model_alpha,
                ensemble_size=num_network)
        self._epoch_since_last_update = 0

    def train(self, inputs, labels, batch_size=64, holdout_ratio=0.1, max_iter=20):
        # 设置训练集与验证集
        permutation = np.random.permutation(inputs.shape[0])
        inputs, labels = inputs[permutation], labels[permutation]
        num_holdout = int(inputs.shape[0] * holdout_ratio)
        train_inputs, train_labels = inputs[num_holdout:], labels[num_holdout:]
        holdout_inputs, holdout_labels = inputs[:num_holdout], labels[:num_holdout]
        holdout_inputs = torch.from_numpy(holdout_inputs).float().to(device)
        holdout_labels = torch.from_numpy(holdout_labels).float().to(device)
        holdout_inputs = holdout_inputs[None, :, :].repeat([self._num_network, 1, 1])
        holdout_labels = holdout_labels[None, :, :].repeat([self._num_network, 1, 1])

        # 保留最好的结果
        self._snapshots = {i: (None, 1e10) for i in range(self._num_network)}

        for epoch in itertools.count():
```

```
            # 定义每一个网络的训练数据
            train_index = np.vstack([np.random.permutation(train_inputs.shape[0])
                    for _ in range(self._num_network)])
            # 所有真实数据都用来训练
            for batch_start_pos in range(0, train_inputs.shape[0], batch_size):
                batch_index = train_index[:, batch_start_pos: batch_start_pos +
                        batch_size]
                train_input = torch.from_numpy(train_inputs[batch_index]).float().
                        to(device)
                train_label = torch.from_numpy(train_labels[batch_index]).float().
                        to(device)

                mean, logvar = self.model(train_input, return_log_var=True)
                loss, _ = self.model.loss(mean, logvar, train_label)
                self.model.train(loss)

            with torch.no_grad():
                mean, logvar = self.model(holdout_inputs, return_log_var=True)
                _, holdout_losses = self.model.loss(mean, logvar, holdout_labels,
                        use_var_loss=False)
                holdout_losses = holdout_losses.cpu()
                break_condition = self._save_best(epoch, holdout_losses)
                if break_condition or epoch > max_iter: # 结束训练
                    break

    def _save_best(self, epoch, losses, threshold=0.1):
        updated = False
        for i in range(len(losses)):
            current = losses[i]
            _, best = self._snapshots[i]
            improvement = (best - current) / best
            if improvement > threshold:
                self._snapshots[i] = (epoch, current)
                updated = True
        self._epoch_since_last_update = 0 if updated else self._epoch_since_
                last_update + 1
        return self._epoch_since_last_update > 5

    def predict(self, inputs, batch_size=64):
        inputs = np.tile(inputs, (self._num_network, 1, 1))
        inputs = torch.tensor(inputs, dtype=torch.float).to(device)
        mean, var = self.model(inputs, return_log_var=False)
        return mean.detach().cpu().numpy(), var.detach().cpu().numpy()

class FakeEnv:
    def __init__(self, model):
        self.model = model

    def step(self, obs, act):
        inputs = np.concatenate((obs, act), axis=-1)
        ensemble_model_means, ensemble_model_vars = self.model.predict(inputs)
```

```
        ensemble_model_means[:, :, 1:] += obs
        ensemble_model_stds = np.sqrt(ensemble_model_vars)
        ensemble_samples = ensemble_model_means + np.random.normal(size=ensemble_
            model_means.shape) * ensemble_model_stds

        num_models, batch_size,_ = ensemble_model_means.shape
        models_to_use = np.random.choice([i for i in range(self.model._num_network)],
            size=batch_size)
        batch_inds = np.arange(0, batch_size)
        samples = ensemble_samples[models_to_use, batch_inds]
        rewards, next_obs = samples[:, :1][0][0], samples[:, 1:][0]
        return rewards, next_obs
```

最后，我们来实现 MBPO 算法的具体流程。

```
class MBPO:
    def __init__(self, env, agent, fake_env, env_pool, model_pool, rollout_length,
 rollout_batch_size, real_ratio, num_episode):

        self.env = env
        self.agent = agent
        self.fake_env = fake_env
        self.env_pool = env_pool
        self.model_pool = model_pool
        self.rollout_length = rollout_length
        self.rollout_batch_size = rollout_batch_size
        self.real_ratio = real_ratio
        self.num_episode = num_episode

    def rollout_model(self):
        observations, _, _, _, _ = self.env_pool.sample(self.rollout_batch_size)
        for obs in observations:
            for i in range(self.rollout_length):
                action = self.agent.take_action(obs)
                reward, next_obs = self.fake_env.step(obs, action)
                self.model_pool.add(obs, action, reward, next_obs, False)
                obs = next_obs

    def update_agent(self, policy_train_batch_size = 64):
        env_batch_size = int(policy_train_batch_size * self.real_ratio)
        model_batch_size = policy_train_batch_size - env_batch_size
        for epoch in range(10):
            env_obs, env_action, env_reward, env_next_obs, env_done = self.
                env_pool.sample(env_batch_size)
            if self.model_pool.size() > 0:
                model_obs, model_action, model_reward, model_next_obs,
                    model_done = self.model_pool.sample(model_batch_size)
                obs = np.concatenate((env_obs, model_obs), axis=0)
                action = np.concatenate((env_action, model_action), axis=0)
                next_obs = np.concatenate((env_next_obs, model_next_obs), axis=0)
                reward = np.concatenate((env_reward, model_reward), axis=0)
                done = np.concatenate((env_done, model_done), axis=0)
```

```
            else:
                obs, action, next_obs, reward, done = env_obs, env_action,
                        env_next_obs, env_reward, env_done
            transition_dict = {'states': obs, 'actions': action, 'next_states':
                    next_obs, 'rewards': reward, 'dones': done}
            self.agent.update(transition_dict)

    def train_model(self):
        obs, action, reward, next_obs, done = self.env_pool.return_all_samples()
        inputs = np.concatenate((obs, action), axis=-1)
        reward = np.array(reward)
        labels = np.concatenate((np.reshape(reward, (reward.shape[0], -1)),
                next_obs - obs), axis=-1)
        self.fake_env.model.train(inputs, labels)

    def explore(self):
        obs, done, episode_return = self.env.reset(), False, 0
        while not done:
            action = self.agent.take_action(obs)
            next_obs, reward, done, _ = self.env.step(action)
            self.env_pool.add(obs, action, reward, next_obs, done)
            obs = next_obs
            episode_return += reward
        return episode_return

    def train(self):
        return_list = []
        explore_return = self.explore() # 随机探索采取数据
        print('episode: 1, return: %d' % explore_return)
        return_list.append(explore_return)

        for i_episode in range(self.num_episode-1):
            obs, done, episode_return = self.env.reset(), False, 0
            step = 0
            while not done:
                if step % 50 == 0:
                    self.train_model()
                    self.rollout_model()
                action = self.agent.take_action(obs)
                next_obs, reward, done, _ = self.env.step(action)
                self.env_pool.add(obs, action, reward, next_obs, done)
                obs = next_obs
                episode_return += reward

                self.update_agent()
                step += 1
            return_list.append(episode_return)
            print('episode: %d, return: %d' % (i_episode+2, episode_return))
        return return_list
```

```
class ReplayBuffer:
    def __init__(self, capacity):
        self.buffer = collections.deque(maxlen=capacity)

    def add(self, state, action, reward, next_state, done):
        self.buffer.append((state, action, reward, next_state, done))

    def size(self):
        return len(self.buffer)

    def sample(self, batch_size):
        if batch_size > len(self.buffer):
            return self.return_all_samples()
        else:
            transitions = random.sample(self.buffer, batch_size)
            state, action, reward, next_state, done = zip(*transitions)
            return np.array(state), action, reward, np.array(next_state), done

    def return_all_samples(self):
        all_transitions = list(self.buffer)
        state, action, reward, next_state, done = zip(*all_transitions)
        return np.array(state), action, reward, np.array(next_state), done
```

对于不同的环境，我们需要设置不同的参数。这里以 OpenAI Gym 中的 Pendulum-v0 环境为例，给出一组效果较为不错的参数。读者可以试着自己调节参数，观察调节后的效果。

```
real_ratio = 0.5
env_name = 'Pendulum-v0'
env = gym.make(env_name)
num_episodes = 20
actor_lr = 5e-4
critic_lr = 5e-3
alpha_lr = 1e-3
hidden_dim = 128
gamma = 0.98
tau = 0.005 # 软更新参数
buffer_size = 10000
target_entropy = -1
model_alpha = 0.01 # 模型损失函数中的加权权重
state_dim = env.observation_space.shape[0]
action_dim = env.action_space.shape[0]
action_bound = env.action_space.high[0] # 动作最大值

rollout_batch_size = 1000
rollout_length = 1 # 推演长度 k，推荐更多尝试
model_pool_size = rollout_batch_size * rollout_length

agent = SAC(state_dim, hidden_dim, action_dim, action_bound, actor_lr, critic_lr,
alpha_lr, target_entropy, tau, gamma)
model = EnsembleDynamicsModel(state_dim, action_dim, model_alpha)
fake_env = FakeEnv(model)
env_pool = ReplayBuffer(buffer_size)
```

```
model_pool = ReplayBuffer(model_pool_size)
mbpo = MBPO(env, agent, fake_env, env_pool, model_pool, rollout_length,
rollout_batch_size, real_ratio, num_episodes)

return_list = mbpo.train()

episodes_list = list(range(len(return_list)))
plt.plot(episodes_list, return_list)
plt.xlabel('Episodes')
plt.ylabel('Returns')
plt.title('MBPO on {}'.format(env_name))
plt.show()
```

```
episode: 1, return: -1083
episode: 2, return: -1324
episode: 3, return: -979
episode: 4, return: -130
episode: 5, return: -246
episode: 6, return: -2
episode: 7, return: -239
episode: 8, return: -2
episode: 9, return: -122
episode: 10, return: -236
episode: 11, return: -238
episode: 12, return: -2
episode: 13, return: -127
episode: 14, return: -128
episode: 15, return: -125
episode: 16, return: -124
episode: 17, return: -125
episode: 18, return: -247
episode: 19, return: -127
episode: 20, return: -129
```

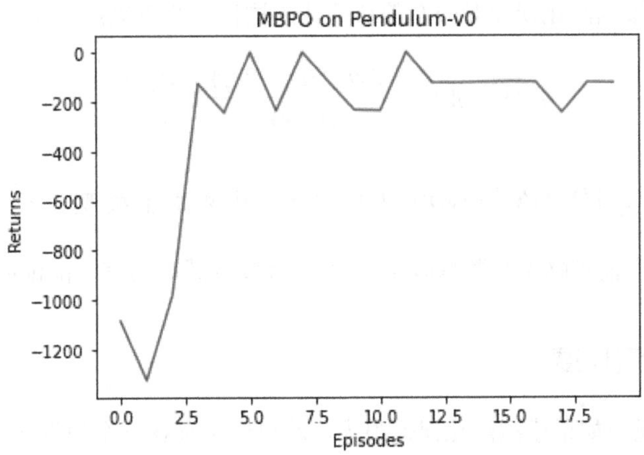

可以看到，相比无模型的强化学习算法，基于模型的方法 MBPO 在样本效率上要高很多。虽然这里的效果可能不如 16.3 节提到的 PETS 算法优秀，但是在许多更加复杂的环境中（如

Hopper 和 HalfCheetah)，MBPO 的表现远远好于 PETS 算法。

17.4 小结

MBPO 算法是一种前沿的基于模型的强化学习算法，它提出了一个重要的概念——分支推演。在各种复杂的环境中，作者验证了 MBPO 的效果超过了之前基于模型的方法。MBPO 对于基于模型的强化学习的发展起着重要的作用，不少之后的工作都是在此基础上进行的。

除了算法的有效性，MBPO 的重要贡献还包括给出了关于分支推演步数与模型误差、策略偏移程度之间的定量关系，进而阐明了什么时候我们可以相信并使用环境模型，什么样的环境导出的最优分支推演步数为 0，进而建议不使用环境模型。相应的理论分析在 17.5 节给出。

17.5 拓展阅读：MBPO 理论分析

17.5.1 性能提升的单调性保障

基于模型的方法往往是在模型环境中提升策略的性能，但这并不能保证在真实环境中策略性能也有所提升。因此，我们希望模型环境和真实环境中的结果的差距有一定的限制，具体可形式化为：

$$\eta[\pi] \geqslant \hat{\eta}[\pi] - C,$$

其中，$\eta[\pi]$ 表示策略在真实环境中的期望回报，而 $\hat{\eta}[\pi]$ 表示策略在模型环境中的期望回报。这一公式保证了在模型环境中提高策略性能超过 C 时，就可以在真实环境中取得策略性能的提升。

在 MBPO 中，根据泛化误差和分布偏移估计出这样一个下界：

$$\eta[\pi] \geqslant \hat{\eta}[\pi] - \left[\frac{2\gamma r_{\max}(\epsilon_m + 2\epsilon_\pi)}{(1-\gamma)^2} + \frac{4 r_{\max}\epsilon_\pi}{1-\gamma}\right],$$

其中，$\epsilon_m = \max_t \mathrm{E}_{s\sim\pi_{D,t}}[D_{TV}(P(s',r\mid \boldsymbol{s},\boldsymbol{a}) \parallel P_\theta(s',r\mid \boldsymbol{s},\boldsymbol{a}))]$ 刻画了模型泛化误差，而 $\epsilon_\pi = \max_s D_{TV}(\pi \parallel \pi_D)$ 刻画了当前策略 π 与数据收集策略 π_D 之间的策略转移（policy shift）。

17.5.2 模型推演长度

在上面的公式里，如果模型泛化误差很大，就可能不存在一个使得误差 C 最小的正数推演步数 k，进而无法使用模型。因此作者提出了分支推演（branched rollout）的办法，即从之前访问过的状态开始进行有限制的推演，从而保证模型工作时的泛化误差不要太大。

如果我们使用当前策略 π_t 而非本轮之前的数据收集策略 $\pi_{D,t}$ 来估计模型误差（记为 $\epsilon_m{}'$），那么有：

$$\epsilon_m{}' = \max_t \mathrm{E}_{s\sim\pi_t}[D_{TV}(P(\boldsymbol{s}',r\mid \boldsymbol{s},\boldsymbol{a}) \| p_\theta(\boldsymbol{s}',r\mid \boldsymbol{s},\boldsymbol{a}))]$$

并且对其进行线性近似：

$$\epsilon_m{}' \approx \epsilon_m + \epsilon_\pi \frac{\mathrm{d}\epsilon_m{}'}{\mathrm{d}\epsilon_\pi}$$

结合前 k 步分支推演，我们就可以得到一个新的策略期望回报界：

$$\eta[\pi] \geqslant \eta^{\text{branch}}[\pi] - 2r_{\max}\left[\frac{\gamma^{k+1}\epsilon_\pi}{(1-\gamma)^2} + \frac{\gamma^k\epsilon_\pi}{1-\gamma} + \frac{k}{1-\gamma}\epsilon_m{}'\right]$$

其中，$\eta^{\text{branch}}[\pi]$ 表示使用分支推演的方法得到的策略期望回报。通过以上公式，我们就可以得到理论最优的推演步长，即：

$$k^* = \arg\min_k\left[\frac{\gamma^{k+1}\epsilon_\pi}{(1-\gamma)^2} + \frac{\gamma^k\epsilon_\pi}{1-\gamma} + \frac{k}{1-\gamma}\epsilon_{m'}\right]$$

在上式中可以看到，对于 $\gamma \in (0,1)$，当推演步数变大时，$\frac{\gamma^{k+1}\epsilon_\pi}{(1-\gamma)^2} + \frac{\gamma^k\epsilon_\pi}{1-\gamma}$ 变小，而 $\frac{k}{1-\gamma}\epsilon_{m'}$ 变大。更进一步，如果 $\epsilon_m{}'$ 足够小的话，由 $\epsilon_m{}' \approx \epsilon_m + \epsilon_\pi \frac{\mathrm{d}\epsilon_m{}'}{\mathrm{d}\epsilon_\pi}$ 的关系可知，如果 $\frac{\mathrm{d}\epsilon_m{}'}{\mathrm{d}\epsilon_\pi}$ 足够小，那么最优推演步长 k 就为正数，此时分支推演（或者说使用基于模型的方法）就是一个有效的方法。

MBPO 论文展示了在主流的机器人运动环境 Mojoco 的典型场景中，$\frac{\mathrm{d}\epsilon_m{}'}{\mathrm{d}\epsilon_\pi}$ 的数量级非常小，大约都在 $[10^{-4}, 10^{-2}]$ 区间，而且可以看出它随着训练数据的增多而不断下降，说明模型的泛化能力逐渐增强，而我们对于推演步长为正数的假设也是合理的。但要知道，并不是所有的强化学习环境都可以有如此小的 $\frac{\mathrm{d}\epsilon_m{}'}{\mathrm{d}\epsilon_\pi}$。例如在高随机性的离散状态环境中，往往模型环境的拟合精度较低，以至于 $\frac{\mathrm{d}\epsilon_m{}'}{\mathrm{d}\epsilon_\pi}$ 较大，此时使用基于分支推演的方法效果有限。

17.6 参考文献

[1] JANNER M, FU J, ZHANG M, et al. When to trust your model: model-based policy optimization [J]. Advances in neural information processing systems 2019, 32: 12519-12530.

第 18 章

离线强化学习

18.1 简介

在前面的学习中，我们已经对强化学习有了不少了解。无论是在线策略（on-policy）算法还是离线策略（off-policy）算法，都有一个共同点：智能体在训练过程中可以不断和环境交互，得到新的反馈数据。二者的区别主要在于在线策略算法会直接使用这些反馈数据，而离线策略算法会先将这些反馈数据存入经验回放池中，需要时再采样。然而，在现实生活中的许多场景下，让尚未学习好的智能体和环境交互可能会导致危险发生，或者造成巨大损失。例如，在训练自动驾驶的规控智能体时，如果让智能体从零开始和真实环境交互，那么在训练的最初阶段，它操控的汽车无疑会横冲直撞，造成各种事故。再例如，在推荐系统中，用户的反馈往往比较滞后，统计智能体策略的回报需要很长时间。而如果策略存在问题，早期的用户体验不佳，就会导致用户流失等后果。因此，离线强化学习（offline reinforcement learning）的目标是，在智能体不和环境交互的情况下，仅从已经收集好的确定的数据集中，通过强化学习算法得到比较好的策略。离线强化学习和在线策略算法、离线策略算法的区别如图 18-1 所示。

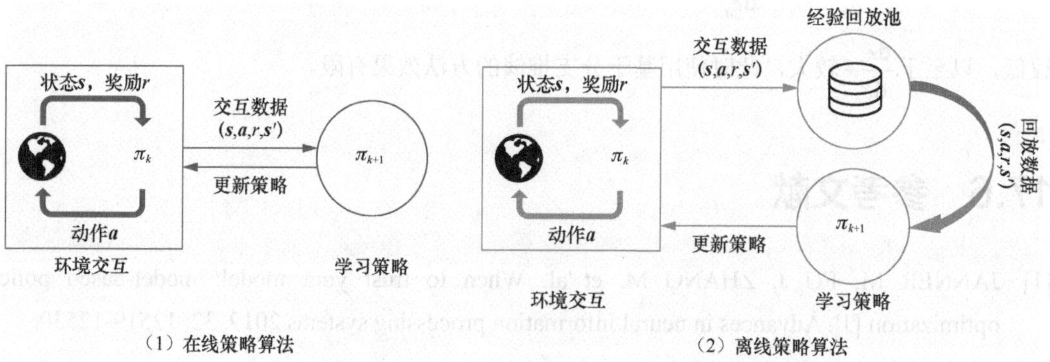

图 18-1　离线强化学习和在线策略算法、离线策略算法的区别

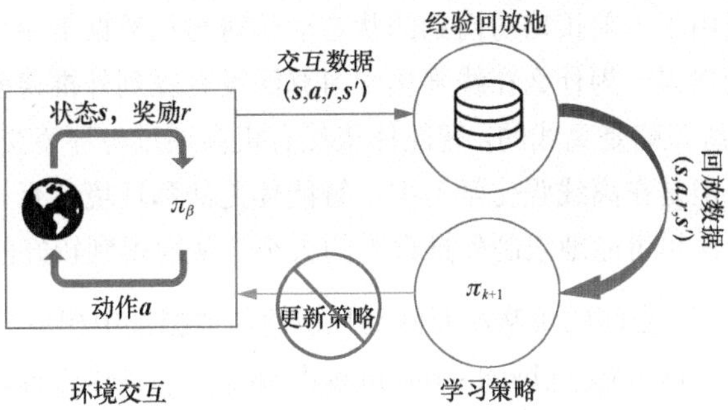

（3）离线强化学习

图 18-1 离线强化学习和在线策略算法、离线策略算法的区别（续）

18.2 批量限制 Q-learning 算法

图 18-1 中的离线强化学习和离线策略强化学习很像，都要从经验回放池中采样进行训练，并且离线策略算法的策略评估方式也多种多样。因此，研究者们最开始尝试将离线策略算法直接照搬到离线的环境下，仅仅去掉算法中和环境交互的部分。然而，这种做法完全失败了。研究者进行了 3 个简单的实验。第一个实验，研究者使用 DDPG 算法训练一个智能体，并将智能体与环境交互的所有数据都记录下来，再用这些数据训练离线 DDPG 智能体。第二个实验，在线 DDPG 算法在训练时每次从经验回放池中采样，并用相同的数据同步训练离线 DDPG 智能体，这样两个智能体甚至连训练时用到的数据顺序都完全相同。第三个实验，在线 DDPG 算法在训练完毕后作为专家，在环境中采集大量数据，供离线 DDPG 智能体学习。这 3 个实验，即完全回放、同步训练、模仿训练的结果依次如图 18-2 所示（另见彩插图 5）。

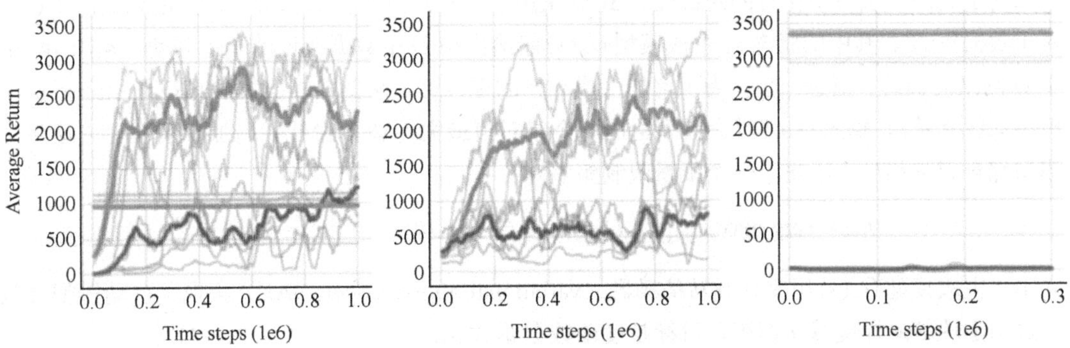

图 18-2 在线算法（橙色）和对应的离线算法（蓝色）的实验结果，从左到右依次为完全回放、同步训练、模仿训练

让人惊讶的是，3 个实验中，离线 DDPG 智能体的表现都远远差于在线 DDPG 智能体，即便是第二个实验的同步训练都无法提高离线智能体的表现。在第三个模仿训练实验中，离线智能体面对非常优秀的数据样本却什么都没学到！针对这种现象，研究者指出，外推误差（extrapolation error）是离线策略算法不能直接迁移到离线环境中的原因。

外推误差，是指由于当前策略访问到的状态动作对与从数据集中采样得到的状态动作对的分布不匹配而产生的误差。为什么在线强化学习算法没有受到外推误差的影响呢？因为对于在线强化学习，即使训练策略是离线的，智能体依然有机会通过与环境交互及时采样到新的数据，从而修正这些误差。但是在离线强化学习中，智能体无法和环境交互。因此，一般来说，离线强化学习算法要想办法尽可能地限制外推误差的大小，从而得到较好的策略。

为了减少外推误差，当前的策略需要做到只访问与数据集中相似的(s,a)数据。满足这一要求的策略被称为批量限制策略（batch-constrained policy）。具体来说，这样的策略在选择动作时有 3 个目标：

- 最小化选择的动作与数据集中的数据的距离；
- 采取动作后能到达与离线数据集中的状态相似的状态；
- 最大化函数 Q。

对于标准的表格（tabular）型环境，状态空间和动作空间都是离散且有限的。标准的 Q-learning 更新公式可以写为：

$$Q(s,a) \leftarrow (1-\alpha)Q(s,a)+\alpha(r+\gamma Q(s', \arg\max_{a'} Q(s',a')))$$

这时，只需要把策略π能选择的动作限制在数据集D内，就能满足上述 3 个目标的平衡，这样就得到了表格设定下的批量限制 Q-learning（batch-constrained Q-learning，BCQ）算法：

$$Q(s,a) \leftarrow (1-\alpha)Q(s,a)+\alpha(r+\gamma Q(s', \arg\max_{a' \text{s.t.} (s',a') \in D} Q(s',a')))$$

可以证明，如果数据中包含所有可能的(s,a)对，按上式进行迭代可以收敛到最优的价值函数Q^*。

连续状态和动作的情况要复杂一些，因为批量限制策略的目标需要被更详细地定义。例如，该如何定义两个状态动作对的距离呢？BCQ 采用了一种巧妙的方法：训练一个生成模型$G_\omega(s)$。对于数据集D和其中的状态s，生成模型$G_\omega(s)$能给出与D中数据接近的一系列动作$a_1,\cdots,a_n$用于 Q 网络的训练。更进一步，为了增加生成动作的多样性，减少生成次数，BCQ 还引入了扰动模型$\xi_\phi(s,a,\Phi)$。输入(s,a)时，模型给出一个绝对值最大为Φ的微扰并附加在动作上。这两个模型综合起来相当于给出了一个批量限制策略π：

$$\pi(s) = \arg\max_{a_i+\xi_\phi(s,a_i,\Phi)} Q_\theta(s,a_i+\xi_\phi(s,a_i,\Phi)), \qquad \{a_i \sim G_\omega(s)\}_{i=1}^n$$

其中，生成模型$G_\omega(s)$用变分自动编码器（variational auto-encoder, VAE）实现；扰动模型直接通过确定性策略梯度算法训练，目标是使函数Q最大化：

$$\phi \leftarrow \arg\max_\phi \sum_{(s,a)\in D} Q_\theta(s,a+\xi_\phi(s,a,\Phi))$$

总结起来，BCQ 算法的流程如下：

随机初始化 Q 网络Q_θ、扰动模型ξ_ϕ、生成模型 $G_\omega=\{E_{\omega_1},D_{\omega_2}\}$
用θ初始化目标 Q 网络$Q_{\theta'}$，用ϕ初始化目标扰动网络$\xi_{\phi'}$
for 训练次数$e=1\to E$ **do**

> 从数据集 D 中采样一定数量的 $(\boldsymbol{s},\boldsymbol{a},r,\boldsymbol{s}')$
> 编码器生成均值和标准差 $\mu,\sigma=\mathrm{E}_{\omega_1}(\boldsymbol{s},\boldsymbol{a})$
> 解码器生成动作 $\tilde{\boldsymbol{a}}=D_{\omega_2}(\boldsymbol{s},z)$，其中 $z\sim\mathcal{N}(\mu,\sigma)$
> 更新生成模型：$\omega\leftarrow\arg\min_{\omega}\sum(\boldsymbol{a}-\tilde{\boldsymbol{a}})^2+D_{KL}(\mathcal{N}(\mu,\sigma)\,\|\,\mathcal{N}(0,1))$
> 从生成模型中采样 n 个动作：$\{\boldsymbol{a}_i\sim G_{\omega}(\boldsymbol{s}')\}_{i=1}^{n}$
> 对每个动作施加扰动：$\{\boldsymbol{a}_i\leftarrow\boldsymbol{a}_i+\xi_{\phi}(\boldsymbol{s}',\boldsymbol{a}_i,\phi)\}_{i=1}^{n}$
> 计算 Q 网络的目标值 $y=r+\gamma\max_{\boldsymbol{a}_i}Q_{\theta^-}(\boldsymbol{s}',\boldsymbol{a}_i)$
> 更新 Q 网络：$\theta\leftarrow\arg\min_{\theta}\sum(y-Q_{\theta}(\boldsymbol{s},\boldsymbol{a}))^2$
> 更新扰动模型：$\phi\leftarrow\arg\max_{\phi}\sum Q_{\theta}(\boldsymbol{s},\boldsymbol{a}+\xi_{\phi}(\boldsymbol{s},\boldsymbol{a},\Phi)),\boldsymbol{a}\sim G_{\omega}(\boldsymbol{s})$
> 更新目标 Q 网络：$\theta^-\leftarrow\tau\theta+(1-\tau)\theta^-$
> 更新目标扰动模型：$\phi'\leftarrow\tau\phi+(1-\tau)\phi'$
>
> **end for**

除此之外，BCQ 还使用了一些实现上的小技巧，但这不是 BCQ 算法的重点，此处不再赘述。考虑到 VAE 不属于本书的讨论范围，并且 BCQ 的代码中有较多技巧，有兴趣的读者可以参阅 BCQ 原文，自行实现代码。此处介绍 BCQ 算法，一是因为它对离线强化学习的误差分析和实验很有启发性，二是因为它是无模型离线强化学习中限制策略集合算法中的经典方法。下面我们介绍另一类直接限制函数 Q 的算法的代表：保守 Q-learning。

18.3 保守 Q-learning 算法

18.2 节已经讲到，离线强化学习面对的巨大挑战是如何减少外推误差。实验证明，外推误差主要会导致在远离数据集的点上函数 Q 的过高估计，甚至常常出现 Q 值向上发散的情况。因此，如果能用某种方法将算法中偏离数据集的点上的函数 Q 保持在很低的值，或许能消除部分外推误差的影响，这就是保守 Q-learning（conservative Q-learning，CQL）算法的基本思想。CQL 通过在普通的贝尔曼方程上引入一些额外的限制项，达到了这一目标。接下来一步步介绍 CQL 算法的思路。

在普通的 Q-learning 中，Q 的更新方程可以写为：

$$\tilde{Q}^{k+1}\leftarrow\arg\min_{Q}\mathrm{E}_{(\boldsymbol{s},\boldsymbol{a})\sim D}[(Q(\boldsymbol{s},\boldsymbol{a})-\hat{B}^{\pi}\hat{Q}^{k}(\boldsymbol{s},\boldsymbol{a}))^2]$$

其中，$\hat{B}^{\pi}$ 是实际计算时策略 π 的贝尔曼算子。为了防止 Q 值在各个状态上（尤其是不在数据集中的状态上）的过高估计，我们要对某些状态上的高 Q 值进行惩罚。考虑一般情况，我们希望 Q 在某个特定分布 $\mu(\boldsymbol{s},\boldsymbol{a})$ 上的期望值最小。在上式中，$\hat{B}^{\pi}$ 的计算需要用到 $\boldsymbol{s}$、$\boldsymbol{a}$、$\boldsymbol{s}'$、$\boldsymbol{a}'$，但只有 $\boldsymbol{a}'$ 是生成的，可能不在数据集中。因此，我们对数据集中状态 $\boldsymbol{s}$ 按策略 μ 得到的动作进行惩罚：

$$\hat{Q}^{k+1}\leftarrow\arg\min_{Q}\beta\mathrm{E}_{\boldsymbol{s}\sim D,\boldsymbol{a}\sim\mu(\boldsymbol{a}|\boldsymbol{s})}[Q(\boldsymbol{s},\boldsymbol{a})]+\frac{1}{2}\mathrm{E}_{(\boldsymbol{s},\boldsymbol{a})\sim D}[(Q(\boldsymbol{s},\boldsymbol{a})-\hat{B}^{\pi}\hat{Q}^{k}(\boldsymbol{s},\boldsymbol{a}))^2]$$

其中，β 是平衡因子。可以证明，上式迭代收敛给出的函数 Q 在任何 $(\boldsymbol{s},\boldsymbol{a})$ 上的值都比真实值要小。不过，如果我们放宽条件，只追求 Q 在 $\pi(\boldsymbol{a}\mid\boldsymbol{s})$ 上的期望值 V^{π} 比真实值小的话，就可以略微放松对上式的约束。一个自然的想法是，对于符合用于生成数据集的行为策略 π_b 的数据点，我们可以认为 Q 对这些点的估值较为准确，在这些点上不必限制让 Q 值很小。作为对第一项的补偿，将上式改为：

$$\hat{Q}^{k+1} \leftarrow \arg\min_Q \beta\left(\mathrm{E}_{s\sim D,a\sim\mu(a|s)}[Q(\boldsymbol{s},\boldsymbol{a})]-\mathrm{E}_{s\sim D,a\sim\hat{\pi}_b(a|s)}[Q(\boldsymbol{s},\boldsymbol{a})]\right)+\frac{1}{2}\mathrm{E}_{(s,a)\sim D}[(Q(\boldsymbol{s},\boldsymbol{a})-\hat{B}^{\pi}\hat{Q}^{k}(\boldsymbol{s},\boldsymbol{a}))^2]$$

将行为策略 π_b 写为 $\hat{\pi}_b$ 是因为我们无法获知真实的行为策略，只能通过数据集中已有的数据近似得到。可以证明，当 $\mu=\pi$ 时，上式迭代收敛得到的函数 Q 虽然不是在每一个点上都小于真实值，但其期望值是小于真实值的，即 $\mathrm{E}_{\pi(a|s)}[\hat{Q}^{\pi}(\boldsymbol{s},\boldsymbol{a})]\leqslant V^{\pi}(\boldsymbol{s})$。

至此，CQL 算法已经有了理论上的保证，但仍有一个缺陷：计算的时间开销太大了。当令 $\mu=\pi$ 时，在 Q 迭代的每一步，算法都要先对策略 $\hat{\pi}^{k}$ 做完整的离线策略评估来计算上式中的 arg min 值，再进行一次策略迭代，而离线策略评估是非常耗时的。既然 π 并非与 Q 独立，而是通过 Q 值最大的动作衍生出来的，那么我们完全可以用使 Q 取最大值的 μ 去近似 π，即：

$$\pi \approx \max_{\mu} \mathrm{E}_{s\sim D,a\sim\mu(a|s)}[Q(\boldsymbol{s},\boldsymbol{a})]$$

为了防止过拟合，再加上正则项 $R(\mu)$。综合起来就得到完整的迭代方程：

$$\hat{Q}^{k+1} \leftarrow \arg\min_Q \max_{\mu} \beta\left(\mathrm{E}_{s\sim D,a\sim\mu(a|s)}[Q(\boldsymbol{s},\boldsymbol{a})]-\mathrm{E}_{s\sim D,a\sim\hat{\pi}_b(a|s)}[Q(\boldsymbol{s},\boldsymbol{a})]\right)+$$
$$\frac{1}{2}\mathrm{E}_{(s,a)\sim D}[(Q(\boldsymbol{s},\boldsymbol{a})-\hat{B}^{\pi}\hat{Q}^{k}(\boldsymbol{s},\boldsymbol{a}))^2]+R(\mu)$$

正则项采用和某个先验策略 $\rho(\boldsymbol{a}\mid\boldsymbol{s})$ 的 KL 距离，即 $R(\mu)=-D_{KL}(\mu,\rho)$。一般来说，取 $\rho(\boldsymbol{a}\mid\boldsymbol{s})$ 为均匀分布 $U(\boldsymbol{a})$ 即可，这样可以将迭代方程化简为：

$$\hat{Q}^{k+1} \leftarrow \arg\min_Q \beta\mathrm{E}_{s\sim D}\left[\log\sum_{a}\exp(Q(\boldsymbol{s},\boldsymbol{a}))-\mathrm{E}_{a\sim\hat{\pi}_b(a|s)}[Q(\boldsymbol{s},\boldsymbol{a})]\right]+\frac{1}{2}\mathrm{E}_{(s,a)\sim D}[(Q(\boldsymbol{s},\boldsymbol{a})-\hat{B}^{\pi}\hat{Q}^{k}(\boldsymbol{s},\boldsymbol{a}))^2]$$

可以注意到，简化后式中已经不含 μ，为计算提供了很大方便。该化简需要进行一些数学推导，详细过程附在 18.6 节中，感兴趣的读者也可以先尝试自行推导。

上面给出了函数 Q 的迭代方法。CQL 属于直接在函数 Q 上做限制的一类算法，对策略 π 没有特殊要求，因此参考文献中分别给出了基于 DQN 和 SAC 两种框架的 CQL 算法。考虑到后者应用更广泛，且参考文献中大部分的实验结果都是基于后者得出的，这里只介绍基于 SAC 的版本。对 SAC 的策略迭代和自动调整熵正则系数不熟悉的读者，可以先阅读第 14 章的相关内容。

总结起来，CQL 算法流程如下：

初始化 Q 网络 Q_{θ}、目标 Q 网络 $Q_{\theta'}$ 和策略 π_{ϕ}、熵正则系数 α

for 训练次数 $t=1\rightarrow T$ **do**

　更新熵正则系数：$\alpha_t \leftarrow \alpha_{t-1}-\eta_{\alpha}\nabla_{\alpha}\mathrm{E}_{s\sim D,a\sim\pi_{\phi}(a|s)}[-\alpha_{t-1}\log\pi_{\phi}(\boldsymbol{a}\mid\boldsymbol{s})-\alpha_{t-1}H]$

更新函数 Q：

$$\theta_t \leftarrow \theta_{t-1} - \eta_Q \nabla_\theta \left(\alpha \cdot \mathrm{E}_{s\sim D}\left[\log\sum_a \exp(Q_\theta(s,a)) - \mathrm{E}_{a\sim\hat{\pi}_b(a|s)}[Q_\theta(s,a)] \right] + \frac{1}{2}\mathrm{E}_{(s,a)\sim D}[(Q(s,a) - \hat{B}^\pi Q_\theta(s,a))^2] \right)$$

更新策略：$\phi_t \leftarrow \phi_{t-1} - \eta_\pi \nabla_\phi \mathrm{E}_{s\sim D, a\sim\pi_\phi(a|s)}[\alpha \log\pi_\phi(a|s) - Q_\theta(s,a)]$

end for

18.4 CQL 代码实践

下面在倒立摆环境中实现基础的 CQL 算法。该环境在前面的章节中已出现多次，这里不再重复介绍。首先导入必要的库。

```
import numpy as np
import gym
from tqdm import tqdm
import random
import rl_utils
import torch
import torch.nn as nn
import torch.nn.functional as F
from torch.distributions import Normal
import matplotlib.pyplot as plt
```

为了生成数据集，在倒立摆环境中从零开始训练一个在线 SAC 智能体，直到算法达到收敛效果，把训练过程中智能体采集的所有轨迹保存下来作为数据集。这样，数据集中既包含训练初期较差策略的采样，又包含训练后期较好策略的采样，是一个混合数据集。下面给出生成数据集的代码，SAC 部分直接使用 14.5 节中的代码，因此不再详细解释。

```
class PolicyNetContinuous(torch.nn.Module):
    def __init__(self, state_dim, hidden_dim, action_dim, action_bound):
        super(PolicyNetContinuous, self).__init__()
        self.fc1 = torch.nn.Linear(state_dim, hidden_dim)
        self.fc_mu = torch.nn.Linear(hidden_dim, action_dim)
        self.fc_std = torch.nn.Linear(hidden_dim, action_dim)
        self.action_bound = action_bound

    def forward(self, x):
        x = F.relu(self.fc1(x))
        mu = self.fc_mu(x)
        std = F.softplus(self.fc_std(x))
        dist = Normal(mu, std)
        normal_sample = dist.rsample() # rsample()是重参数化采样
        log_prob = dist.log_prob(normal_sample)
        action = torch.tanh(normal_sample)
        # 计算 tanh_normal 分布的对数概率密度
        log_prob = log_prob - torch.log(1-torch.tanh(action).pow(2) + 1e-7)
        action = action * self.action_bound
        return action, log_prob
```

```
class QValueNetContinuous(torch.nn.Module):
    def __init__(self, state_dim, hidden_dim, action_dim):
        super(QValueNetContinuous, self).__init__()
        self.fc1 = torch.nn.Linear(state_dim + action_dim, hidden_dim)
        self.fc2 = torch.nn.Linear(hidden_dim, hidden_dim)
        self.fc_out = torch.nn.Linear(hidden_dim, 1)

    def forward(self, x, a):
        cat = torch.cat([x, a], dim=1)
        x = F.relu(self.fc1(cat))
        x = F.relu(self.fc2(x))
        return self.fc_out(x)

class SACContinuous:
    ''' 处理连续动作的SAC算法 '''
    def __init__(self, state_dim, hidden_dim, action_dim, action_bound, actor_lr,
            critic_lr, alpha_lr, target_entropy, tau, gamma, device):
        self.actor = PolicyNetContinuous(state_dim, hidden_dim, action_dim,
                action_bound).to(device) # 策略网络
        self.critic_1 = QValueNetContinuous(state_dim, hidden_dim, action_dim).
                to(device) # 第一个Q网络
        self.critic_2 = QValueNetContinuous(state_dim, hidden_dim, action_dim).
                to(device) # 第二个Q网络
        self.target_critic_1 = QValueNetContinuous(state_dim, hidden_dim, action_dim).
                to(device) # 第一个目标Q网络
        self.target_critic_2 = QValueNetContinuous(state_dim, hidden_dim, action_dim).
                to(device) # 第二个目标Q网络
        # 令目标Q网络的初始参数和Q网络一样
        self.target_critic_1.load_state_dict(self.critic_1.state_dict())
        self.target_critic_2.load_state_dict(self.critic_2.state_dict())
        self.actor_optimizer = torch.optim.Adam(self.actor.parameters(), lr=actor_lr)
        self.critic_1_optimizer = torch.optim.Adam(self.critic_1.parameters(),
                lr=critic_lr)
        self.critic_2_optimizer = torch.optim.Adam(self.critic_2.parameters(),
                lr=critic_lr)
        # 使用alpha的log值,可以使训练结果比较稳定
        self.log_alpha = torch.tensor(np.log(0.01), dtype=torch.float)
        self.log_alpha.requires_grad = True #对alpha求梯度
        self.log_alpha_optimizer = torch.optim.Adam([self.log_alpha], lr=alpha_lr)
        self.target_entropy = target_entropy # 目标熵的大小
        self.gamma = gamma
        self.tau = tau
        self.device = device

    def take_action(self, state):
        state = torch.tensor([state], dtype=torch.float).to(self.device)
        action = self.actor(state)[0]
        return [action.item()]

    def calc_target(self, rewards, next_states, dones): # 计算目标Q值
```

```
        next_actions, log_prob = self.actor(next_states)
        entropy = -log_prob
        q1_value = self.target_critic_1(next_states, next_actions)
        q2_value = self.target_critic_2(next_states, next_actions)
        next_value = torch.min(q1_value, q2_value) + self.log_alpha.exp() * entropy
        td_target = rewards + self.gamma * next_value * (1 - dones)
        return td_target

    def soft_update(self, net, target_net):
        for param_target, param in zip(target_net.parameters(), net.parameters()):
            param_target.data.copy_(param_target.data * (1.0 - self.tau) + param.
                    data * self.tau)

    def update(self, transition_dict):
        states = torch.tensor(transition_dict['states'], dtype=torch.float).
                to(self.device)
        actions = torch.tensor(transition_dict['actions'], dtype=torch.float).
                view(-1, 1).to(self.device)
        rewards = torch.tensor(transition_dict['rewards'], dtype=torch.float).
                view(-1, 1).to(self.device)
        next_states = torch.tensor(transition_dict['next_states'], dtype=torch.
                float).to(self.device)
        dones = torch.tensor(transition_dict['dones'], dtype=torch.float).view(-1, 1).
                to(self.device)
        rewards = (rewards + 8.0) / 8.0 # 对倒立摆环境的奖励进行重塑

        # 更新两个 Q 网络
        td_target = self.calc_target(rewards, next_states, dones)
        critic_1_loss = torch.mean(F.mse_loss(self.critic_1(states, actions),
                td_target.detach()))
        critic_2_loss = torch.mean(F.mse_loss(self.critic_2(states, actions),
                td_target.detach()))
        self.critic_1_optimizer.zero_grad()
        critic_1_loss.backward()
        self.critic_1_optimizer.step()
        self.critic_2_optimizer.zero_grad()
        critic_2_loss.backward()
        self.critic_2_optimizer.step()

        # 更新策略网络
        new_actions, log_prob = self.actor(states)
        entropy = -log_prob
        q1_value = self.critic_1(states, new_actions)
        q2_value = self.critic_2(states, new_actions)
        actor_loss = torch.mean(-self.log_alpha.exp() * entropy - torch.min(q1_value,
                q2_value))
        self.actor_optimizer.zero_grad()
        actor_loss.backward()
        self.actor_optimizer.step()
```

```
        # 更新alpha值
        alpha_loss = torch.mean((entropy - self.target_entropy).detach() * self.
            log_alpha.exp())
        self.log_alpha_optimizer.zero_grad()
        alpha_loss.backward()
        self.log_alpha_optimizer.step()

        self.soft_update(self.critic_1, self.target_critic_1)
        self.soft_update(self.critic_2, self.target_critic_2)

env_name = 'Pendulum-v0'
env = gym.make(env_name)
state_dim = env.observation_space.shape[0]
action_dim = env.action_space.shape[0]
action_bound = env.action_space.high[0] # 动作最大值
random.seed(0)
np.random.seed(0)
env.seed(0)
torch.manual_seed(0)

actor_lr = 3e-4
critic_lr = 3e-3
alpha_lr = 3e-4
num_episodes = 100
hidden_dim = 128
gamma = 0.99
tau = 0.005 # 软更新参数
buffer_size = 100000
minimal_size = 1000
batch_size = 64
target_entropy = -env.action_space.shape[0]
device = torch.device("cuda") if torch.cuda.is_available() else torch.device("cpu")

replay_buffer = rl_utils.ReplayBuffer(buffer_size)
agent = SACContinuous(state_dim, hidden_dim, action_dim, action_bound, actor_lr,
critic_lr, alpha_lr, target_entropy, tau, gamma, device)

return_list = rl_utils.train_off_policy_agent(env, agent, num_episodes,
replay_buffer, minimal_size, batch_size)
```

```
Iteration 0: 100%|██████████| 10/10 [00:08<00:00,  1.19s/it, episode=10,
return=-1534.655]
Iteration 1: 100%|██████████| 10/10 [00:16<00:00,  1.62s/it, episode=20,
return=-1085.715]
Iteration 2: 100%|██████████| 10/10 [00:16<00:00,  1.66s/it, episode=30,
return=-377.923]
Iteration 3: 100%|██████████| 10/10 [00:16<00:00,  1.66s/it, episode=40,
return=-284.440]
Iteration 4: 100%|██████████| 10/10 [00:17<00:00,  1.73s/it, episode=50,
return=-183.556]
Iteration 5: 100%|██████████| 10/10 [00:17<00:00,  1.76s/it, episode=60,
return=-202.841]
```

```
Iteration 6: 100%|██████████| 10/10 [00:17<00:00,  1.75s/it, episode=70,
return=-193.436]
Iteration 7: 100%|██████████| 10/10 [00:17<00:00,  1.76s/it, episode=80,
return=-131.132]
Iteration 8: 100%|██████████| 10/10 [00:17<00:00,  1.73s/it, episode=90,
return=-181.888]
Iteration 9: 100%|██████████| 10/10 [00:17<00:00,  1.73s/it, episode=100,
return=-139.574]

episodes_list = list(range(len(return_list)))
plt.plot(episodes_list, return_list)
plt.xlabel('Episodes')
plt.ylabel('Returns')
plt.title('SAC on {}'.format(env_name))
plt.show()
```

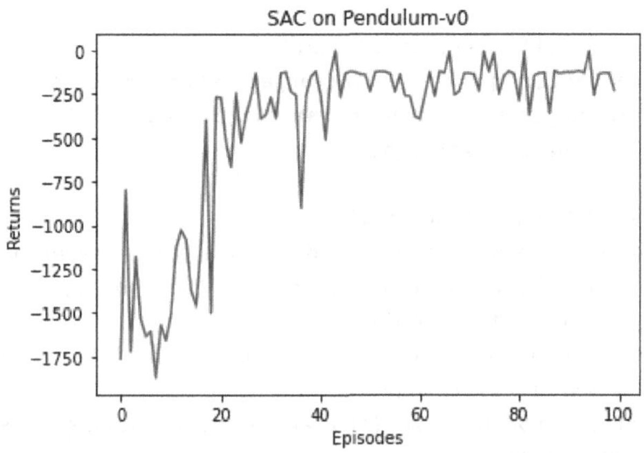

下面实现本章重点讨论的 CQL 算法，它在 SAC 的代码基础上做了修改。

```
class CQL:
    ''' CQL 算法 '''
    def __init__(self, state_dim, hidden_dim, action_dim, action_bound, actor_lr,
          critic_lr, alpha_lr, target_entropy, tau, gamma, device, beta, num_random):
        self.actor = PolicyNetContinuous(state_dim, hidden_dim, action_dim,
              action_bound).to(device)
        self.critic_1 = QValueNetContinuous(state_dim, hidden_dim, action_dim).
              to(device)
        self.critic_2 = QValueNetContinuous(state_dim, hidden_dim, action_dim).
              to(device)
        self.target_critic_1 = QValueNetContinuous(state_dim, hidden_dim,
              action_dim).to(device)
        self.target_critic_2 = QValueNetContinuous(state_dim, hidden_dim,
              action_dim).to(device)
        self.target_critic_1.load_state_dict(self.critic_1.state_dict())
        self.target_critic_2.load_state_dict(self.critic_2.state_dict())
        self.actor_optimizer = torch.optim.Adam(self.actor.parameters(), lr=actor_lr)
        self.critic_1_optimizer = torch.optim.Adam(self.critic_1.parameters(),
              lr=critic_lr)
```

```
        self.critic_2_optimizer = torch.optim.Adam(self.critic_2.parameters(),
                lr=critic_lr)
        self.log_alpha = torch.tensor(np.log(0.01), dtype=torch.float)
        self.log_alpha.requires_grad = True #对 alpha 求梯度
        self.log_alpha_optimizer = torch.optim.Adam([self.log_alpha], lr=alpha_lr)
        self.target_entropy = target_entropy # 目标熵的大小
        self.gamma = gamma
        self.tau = tau

        self.beta = beta # CQL 损失函数中的系数
        self.num_random = num_random # CQL 中的动作采样数

    def take_action(self, state):
        state = torch.tensor([state], dtype=torch.float).to(device)
        action = self.actor(state)[0]
        return [action.item()]

    def soft_update(self, net, target_net):
        for param_target, param in zip(target_net.parameters(), net.parameters()):
            param_target.data.copy_(param_target.data * (1.0 - self.tau) + param.
                    data * self.tau)

    def update(self, transition_dict):
        states = torch.tensor(transition_dict['states'], dtype=torch.float).to(device)
        actions = torch.tensor(transition_dict['actions'], dtype=torch.float).
                view(-1, 1).to(device)
        rewards = torch.tensor(transition_dict['rewards'], dtype=torch.float).
                view(-1, 1).to(device)
        next_states = torch.tensor(transition_dict['next_states'], dtype=torch.
                float).to(device)
        dones = torch.tensor(transition_dict['dones'], dtype=torch.float).
                view(-1, 1).to(device)
        rewards = (rewards + 8.0) / 8.0 # 对倒立摆环境的奖励进行重塑

        next_actions, log_prob = self.actor(next_states)
        entropy = -log_prob
        q1_value = self.target_critic_1(next_states, next_actions)
        q2_value = self.target_critic_2(next_states, next_actions)
        next_value = torch.min(q1_value, q2_value) + self.log_alpha.exp() * entropy
        td_target = rewards + self.gamma * next_value * (1 - dones)
        critic_1_loss = torch.mean(F.mse_loss(self.critic_1(states, actions),
                td_target.detach()))
        critic_2_loss = torch.mean(F.mse_loss(self.critic_2(states, actions),
                td_target.detach()))

        # 以上与 SAC 相同,以下 Q 网络更新是 CQL 的额外部分
        batch_size = states.shape[0]
        random_unif_actions = torch.rand([batch_size * self.num_random, actions.
                shape[-1]], dtype=torch.float).uniform_(-1, 1).to(device)
        random_unif_log_pi = np.log(0.5 ** next_actions.shape[-1])
        tmp_states = states.unsqueeze(1).repeat(1, self.num_random, 1).view(-1,
                states.shape[-1])
```

```
tmp_next_states = next_states.unsqueeze(1).repeat(1, self.num_random, 1).
        view(-1, next_states.shape[-1])
random_curr_actions, random_curr_log_pi = self.actor(tmp_states)
random_next_actions, random_next_log_pi = self.actor(tmp_next_states)
q1_unif = self.critic_1(tmp_states, random_unif_actions).view(-1, self.
        num_random, 1)
q2_unif = self.critic_2(tmp_states, random_unif_actions).view(-1, self.
        num_random, 1)
q1_curr = self.critic_1(tmp_states, random_curr_actions).view(-1, self.
        num_random, 1)
q2_curr = self.critic_2(tmp_states, random_curr_actions).view(-1, self.
        num_random, 1)
q1_next = self.critic_1(tmp_states, random_next_actions).view(-1, self.
        num_random, 1)
q2_next = self.critic_2(tmp_states, random_next_actions).view(-1, self.
        num_random, 1)
q1_cat = torch.cat([q1_unif - random_unif_log_pi, q1_curr - random_curr_log_pi.
        detach().view(-1, self.num_random, 1), q1_next - random_next_log_pi.
        detach().view(-1, self.num_random, 1)], dim=1)
q2_cat = torch.cat([q2_unif - random_unif_log_pi, q2_curr - random_curr_log_pi.
        detach().view(-1, self.num_random, 1), q2_next - random_next_log_pi.
        detach().view(-1, self.num_random, 1)], dim=1)

qf1_loss_1 = torch.logsumexp(q1_cat, dim=1).mean()
qf2_loss_1 = torch.logsumexp(q2_cat, dim=1).mean()
qf1_loss_2 = self.critic_1(states, actions).mean()
qf2_loss_2 = self.critic_2(states, actions).mean()
qf1_loss = critic_1_loss + self.beta * (qf1_loss_1 - qf1_loss_2)
qf2_loss = critic_2_loss + self.beta * (qf2_loss_1 - qf2_loss_2)

self.critic_1_optimizer.zero_grad()
qf1_loss.backward(retain_graph=True)
self.critic_1_optimizer.step()
self.critic_2_optimizer.zero_grad()
qf2_loss.backward(retain_graph=True)
self.critic_2_optimizer.step()

# 更新策略网络
new_actions, log_prob = self.actor(states)
entropy = -log_prob
q1_value = self.critic_1(states, new_actions)
q2_value = self.critic_2(states, new_actions)
actor_loss = torch.mean(-self.log_alpha.exp() * entropy - torch.min(q1_value,
        q2_value))
self.actor_optimizer.zero_grad()
actor_loss.backward()
self.actor_optimizer.step()

# 更新 alpha 值
alpha_loss = torch.mean((entropy - self.target_entropy).detach() *
        self. log_alpha.exp())
```

```
        self.log_alpha_optimizer.zero_grad()
        alpha_loss.backward()
        self.log_alpha_optimizer.step()

        self.soft_update(self.critic_1, self.target_critic_1)
        self.soft_update(self.critic_2, self.target_critic_2)
```

接下来设置好超参数，就可以开始训练了。最后再绘图看一下算法的表现。因为不能通过与环境交互来获得新的数据，离线算法最终的效果和数据集有很大关系，并且波动会比较大。通常来说，调参后数据集中的样本质量越高，算法的表现就越好。感兴趣的读者可以使用其他方式生成数据集，并观察算法效果的变化。

```
random.seed(0)
np.random.seed(0)
env.seed(0)
torch.manual_seed(0)

beta = 5.0
num_random = 5
num_epochs = 100
num_trains_per_epoch = 500

agent = CQL(state_dim, hidden_dim, action_dim, action_bound, actor_lr, critic_lr,
alpha_lr, target_entropy, tau, gamma, device, beta, num_random)

return_list = []
for i in range(10):
    with tqdm(total=int(num_epochs/10), desc='Iteration %d' % i) as pbar:
        for i_epoch in range(int(num_epochs/10)):
            # 此处与环境交互只是为了评估策略,最后作图用,不会用于训练
            epoch_return = 0
            state = env.reset()
            done = False
            while not done:
                action = agent.take_action(state)
                next_state, reward, done, _ = env.step(action)
                state = next_state
                epoch_return += reward
            return_list.append(epoch_return)

            for _ in range(num_trains_per_epoch):
                b_s, b_a, b_r, b_ns, b_d = replay_buffer.sample(batch_size)
                transition_dict = {'states': b_s, 'actions': b_a, 'next_states': b_ns,
                                   'rewards': b_r, 'dones': b_d}
                agent.update(transition_dict)

            if (i_epoch+1) % 10 == 0:
                pbar.set_postfix({'epoch': '%d' % (num_epochs/10 * i + i_epoch+1),
                                  'return': '%.3f' % np.mean(return_list[-10:])})
            pbar.update(1)
```

```
Iteration 0: 100%|██████████| 10/10 [01:34<00:00,  9.42s/it, epoch=10,
return=-904.511]
Iteration 1: 100%|██████████| 10/10 [01:33<00:00,  9.37s/it, epoch=20,
return=-450.740]
Iteration 2: 100%|██████████| 10/10 [01:31<00:00,  9.15s/it, epoch=30,
return=-913.236]
Iteration 3: 100%|██████████| 10/10 [01:22<00:00,  8.29s/it, epoch=40,
return=-658.278]
Iteration 4: 100%|██████████| 10/10 [01:22<00:00,  8.22s/it, epoch=50,
return=-236.583]
Iteration 5: 100%|██████████| 10/10 [01:22<00:00,  8.20s/it, epoch=60,
return=-325.743]
Iteration 6: 100%|██████████| 10/10 [01:22<00:00,  8.21s/it, epoch=70,
return=-211.936]
Iteration 7: 100%|██████████| 10/10 [01:22<00:00,  8.23s/it, epoch=80,
return=-182.652]
Iteration 8: 100%|██████████| 10/10 [01:22<00:00,  8.27s/it, epoch=90,
return=-226.983]
Iteration 9: 100%|██████████| 10/10 [01:22<00:00,  8.25s/it, epoch=100,
return=-349.087]
```

```
epochs_list = list(range(len(return_list)))
plt.plot(epochs_list, return_list)
plt.xlabel('Epochs')
plt.ylabel('Returns')
plt.title('CQL on {}'.format(env_name))
plt.show()

mv_return = rl_utils.moving_average(return_list, 9)
plt.plot(episodes_list, mv_return)
plt.xlabel('Episodes')
plt.ylabel('Returns')
plt.title('CQL on {}'.format(env_name))
plt.show()
```

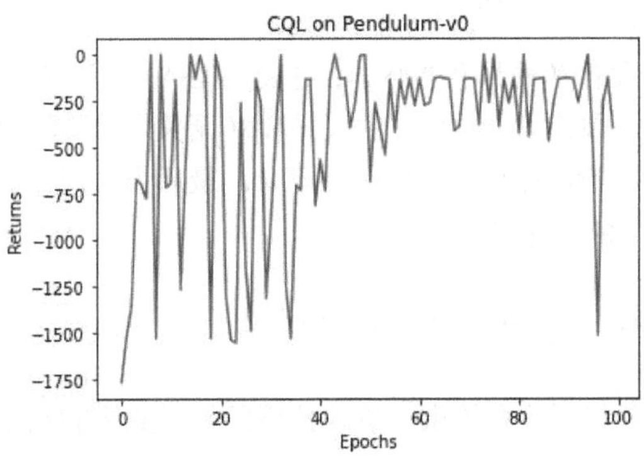

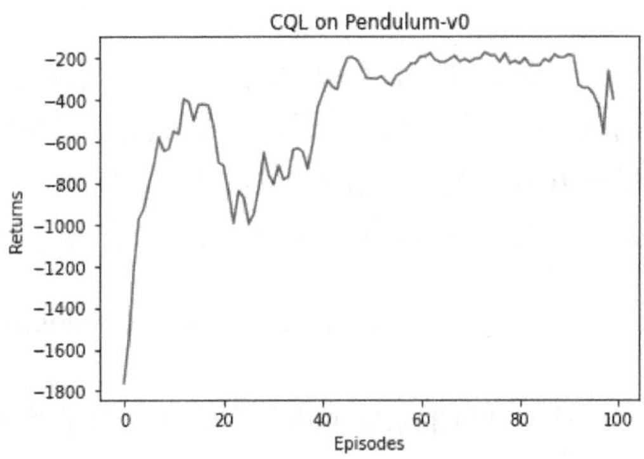

18.5 小结

本章介绍了离线强化学习的基本概念和两个与模型无关的离线强化学习算法——BCQ 和 CQL，并讲解了 CQL 的代码。事实上，离线强化学习还有一类基于模型的算法，如 model-based offline reinforcement learning（MOReL）和 model-based offline policy optimization（MOPO），本章由于篇幅原因不再介绍。这一类算法的思路基本是通过模型生成更多数据，同时通过衡量模型预测的不确定性来对生成的偏离数据集的数据进行惩罚，感兴趣的读者可以自行查阅相关资料。

离线强化学习的另一大难点是算法通常对超参数极为敏感，非常难调参。并且在实际复杂场景中通常不能像在模拟器中那样，每训练几轮就在环境中评估策略好坏，因此如何确定何时停止算法也是离线强化学习在实际应用中面临的一大挑战。此外，离线强化学习在现实场景中的落地还需要关注离散策略评估和选择、数据收集策略的保守性和数据缺失性等现实问题。不过无论如何，离线强化学习和模仿学习都是为了解决在现实中训练智能体的困难而提出的，也都是强化学习真正落地的重要途径。

18.6 扩展阅读

这里对 CQL 算法中 $R(\mu)=-D_{KL}(\mu,U(\boldsymbol{a}))$ 的情况给出详细推导。对于一般的变量 $\boldsymbol{x}\in D$ 及其概率密度函数 $\mu(\boldsymbol{x})$，首先有归一化条件：

$$\int_D \mu(\boldsymbol{x})\mathrm{d}\boldsymbol{x}=1$$

把 KL 散度展开，由于 $U(\boldsymbol{x})=1/|D|$ 是常数，因此得到

$$\begin{aligned}D_{KL}(\mu(\boldsymbol{x}),U(\boldsymbol{x}))&=\int_D \mu(\boldsymbol{x})\log\frac{\mu(\boldsymbol{x})}{U(\boldsymbol{x})}\mathrm{d}\boldsymbol{x}\\&=\int_D \mu(\boldsymbol{x})\log\mu(\boldsymbol{x})\mathrm{d}\boldsymbol{x}-\int_D \mu(\boldsymbol{x})\log U(\boldsymbol{x})\mathrm{d}\boldsymbol{x}\\&=\int_D \mu(\boldsymbol{x})\log\mu(\boldsymbol{x})\mathrm{d}\boldsymbol{x}-\log\frac{1}{|D|}\int_D \mu(\boldsymbol{x})\mathrm{d}\boldsymbol{x}\\&=\int_D \mu(\boldsymbol{x})\log\mu(\boldsymbol{x})\mathrm{d}\boldsymbol{x}+\log|D|\end{aligned}$$

回到 18.3 节，可以发现，在原迭代方程中，含有 μ 的只有 $\max_\mu \mathrm{E}_{s\sim D,a\sim\mu(a|s)}[Q(\boldsymbol{s},\boldsymbol{a})]$ 和 $R(\mu)$ 两项。在分布 $\mu(\boldsymbol{a}\,|\,\boldsymbol{s})$ 的条件下，状态 $\boldsymbol{s}$ 是给定的，因此第一项中 $\boldsymbol{s}$ 的采样和 μ 无关，第一项可以抽象为 $\max_\mu \mathrm{E}_{x\sim\mu(x)}[f(\boldsymbol{x})]$。此外，概率密度函数应恒大于零，即 $\mu(\boldsymbol{x})\geqslant 0$。最后舍去同样和 μ 无关的常数 $\log|D|$。综合起来，我们要求解如下的优化问题：

$$\max_\mu \int_D \mu(\boldsymbol{x})f(\boldsymbol{x})-\mu(\boldsymbol{x})\log\mu(\boldsymbol{x})\mathrm{d}\boldsymbol{x},\quad \text{s.t.}\int_D \mu(\boldsymbol{x})\mathrm{d}\boldsymbol{x}=1,\mu(\boldsymbol{x})\geqslant 0$$

这一问题的求解要用到变分法。对于等式约束和不等式约束，引入拉格朗日乘数 λ 和松弛

函数 $\kappa(\boldsymbol{x})^2=\mu(\boldsymbol{x})-0$，得到相应的无约束优化问题：

$$\max_{\mu} J(\mu),\quad J(\mu)=\int_D F(\boldsymbol{x},\mu,\mu')\mathrm{d}\boldsymbol{x}=\int_D f(\boldsymbol{x})\mu(\boldsymbol{x})-\mu(\boldsymbol{x})\log\mu(\boldsymbol{x})+\lambda\mu(\boldsymbol{x})\mathrm{d}\boldsymbol{x}$$

其中，μ' 是 $\frac{\mathrm{d}\mu}{\mathrm{d}\boldsymbol{x}}$ 的简写。可以发现，$F(\boldsymbol{x},\mu,\mu')$ 事实上与 μ' 无关，可以写为 $F(\boldsymbol{x},\mu)$。代入 $\kappa(\boldsymbol{x})^2=\mu(\boldsymbol{x})$，得到

$$J(\kappa)=\int_D F(\boldsymbol{x},\kappa^2)\mathrm{d}\boldsymbol{x}$$

写出欧拉-拉格朗日方程 $\frac{\partial F}{\partial\kappa}-\frac{\mathrm{d}}{\mathrm{d}\boldsymbol{x}}\frac{\partial F}{\partial\kappa'}=0$，分别计算

$$\frac{\partial F}{\partial\kappa}=\frac{\partial F}{\partial\mu}\frac{\partial\mu}{\partial\kappa}+\frac{\partial F}{\partial\mu'}\frac{\partial\mu'}{\partial\kappa}=2\kappa\frac{\partial F}{\partial\mu}+2\kappa'\frac{\partial F}{\partial\mu'}=2\kappa\frac{\partial F}{\partial\mu}$$

由于第二项 F 和 κ' 无关，直接等于 0。最终拉格朗日方程化简为：

$$2\kappa\frac{\partial F}{\partial\mu}=0$$

两项的乘积等于零，因此在每一点上，要么 $\kappa(\boldsymbol{x})=0$，即 $\mu(\boldsymbol{x})=\kappa(\boldsymbol{x})^2=0$，要么 $\mu(\boldsymbol{x})$ 满足 $\frac{\partial F}{\partial\mu}=0$。先来解后面的方程，直接计算得到

$$\frac{\partial F}{\partial\mu}=f(\boldsymbol{x})+\lambda-\log\mu(\boldsymbol{x})+1=0\quad\Rightarrow\quad\mu(\boldsymbol{x})=\mathrm{e}^{\lambda+1}\mathrm{e}^{f(\boldsymbol{x})}$$

最终的解 $\mu(\boldsymbol{x})$ 应是 $\mu(\boldsymbol{x})=\kappa(\boldsymbol{x})^2=0$ 和 $\mu(\boldsymbol{x})=\mathrm{e}^{\lambda+1}\mathrm{e}^{f(\boldsymbol{x})}$ 两者的分段组合。由于指数函数必定大于零，为了使目标泛函取到最大值，应当全部取 $\mu(\boldsymbol{x})=\mathrm{e}^{\lambda+1}\mathrm{e}^{f(\boldsymbol{x})}$ 的部分。代入归一化条件，就得到原问题的最优解：

$$\mu^*(\boldsymbol{x})=\frac{1}{Z}\mathrm{e}^{f(\boldsymbol{x})}$$

其中，$Z=\int_D\mathrm{e}^{f(\boldsymbol{x})}\mathrm{d}\boldsymbol{x}$ 是归一化系数。此时，优化问题取到最大值，为：

$$\begin{aligned}J^*&=\int_D\mu^*(\boldsymbol{x})f(\boldsymbol{x})-\mu^*(\boldsymbol{x})\log\mu^*(\boldsymbol{x})\mathrm{d}\boldsymbol{x}\\&=\int_D\frac{1}{Z}\mathrm{e}^{f(\boldsymbol{x})}f(\boldsymbol{x})-\frac{1}{Z}\mathrm{e}^{f(\boldsymbol{x})}(f(\boldsymbol{x})-\log Z)\mathrm{d}\boldsymbol{x}\\&=\frac{\log Z}{Z}\int_D\mathrm{e}^{f(\boldsymbol{x})}\mathrm{d}\boldsymbol{x}\\&=\log Z\\&=\log\int_D\mathrm{e}^{f(\boldsymbol{x})}\mathrm{d}\boldsymbol{x}\end{aligned}$$

对照原迭代方程，将 $f(\boldsymbol{x})$ 改为 $f(\boldsymbol{a})=\mathrm{E}_{s\sim D}[Q(\boldsymbol{s},\boldsymbol{a})]$，将积分改为在动作空间上求和，上

式就变为：

$$J^* = \log\sum_a \exp(\mathrm{E}_{s\sim D}[Q(s,a)])$$

此处的期望是对 s 而言的，与 a 无关，因此可以把期望移到最前面，得到

$$J^* = \mathrm{E}_{s\sim D}\left[\log\sum_a \exp(Q(s,a))\right]$$

至此，式中已经不含 μ，完成化简。

18.7　参考文献

[1] LEVINE S, KUMAR A, TUCKER. G, et al. Offline reinforcement learning: tutorial, review, and perspectives on open problems [J]. 2020.

[2] FUJIMOTO S, MEGER D, PRECUP D. Off-policy deep reinforcement learning without exploration [C] // International conference on machine learning, PMLR, 2019.

[3] KINGMA D P, WELLING M. Auto-encoding variational bayes [C] // International conference on learning representations, ICLR, 2014.

[4] KUMAR A, ZHOU A, TUCKER G, et al. Conservative Q-learning for offline reinforcement learning [J]. NeurIPS, 2020.

[5] KIDAMBL R, RAJESWARAN A, NETRAPALLI P, et al. MOReL: Model-based offline reinforcement learning [J]. Advances in neural information processing systems, 2020: 33.

[6] YU T, THOMAS G, YU L, et al. MOPO: Model-based offline policy optimization [J]. Advances in neural information processing systems, 2020: 33.

第 19 章 目标导向的强化学习

19.1 简介

前文已经学习了 PPO、SAC 等经典的深度强化学习算法，大部分算法都能在各自的任务中取得比较好的效果，但是它们都局限在单个任务上，换句话说，对于训练完的算法，在使用时它们都只能完成一个特定的任务。如果面对较为复杂的复合任务，之前的强化学习算法往往不容易训练出有效的策略。本章将介绍目标导向的强化学习（goal-oriented reinforcement learning，GoRL）以及该类别下的一种经典算法 HER。GoRL 学习一个策略，使其在不同的目标（goal）条件下奏效，以此来解决较为复杂的决策任务。

19.2 问题定义

在介绍概念之前，先介绍一个目标导向的强化学习的实际场景。例如，策略 π 要操控机械臂抓取桌子上的一个物体。值得注意的是，每一次任务开始时，物体的位置可能是不同的，也就是说，智能体需要完成一系列相似但并不相同的任务。在使用传统的强化学习算法时，采用单一策略只能抓取同一个位置的物体。对于不同的目标位置，要训练多个策略。想象一下，在悬崖漫步环境中，若目标位置变成了右上角，便只能重新训练一个策略。同一个策略无法完成一系列不同的目标。

接下来讨论 GoRL 的数学形式。有别于一般的强化学习算法中定义的马尔可夫决策过程，在目标导向的强化学习中，使用一个扩充过的元组 $\langle \mathcal{S},\mathcal{A},P,r_g,\mathcal{G},\phi \rangle$ 来定义 MDP，其中，$\mathcal{S}$ 是状态空间，$\mathcal{A}$ 是动作空间，P 是状态转移函数，$\mathcal{G}$ 是目标空间，ϕ 是一个将状态 $\boldsymbol{s}$ 从状态空间映射为目标空间内的一个目标 g 的函数，r_g 是奖励函数，与目标 g 有关。接下来详细介绍目标导向的强化学习中与一般强化学习不同的概念。

首先是补充的目标空间 $\mathcal{G}$ 和目标 g。在目标导向的强化学习中，任务是由目标定义的，并且目标本身是和状态 $\boldsymbol{s}$ 相关的，可以将一个状态 $\boldsymbol{s}$ 使用映射函数 ϕ 映射为目标 $\phi(\boldsymbol{s}) \in \mathcal{G}$。继续使用之前机械臂抓取物体的任务作为例子：状态 $\boldsymbol{s}$ 中包含机械臂的力矩、物体的位置等信息。因为任务是抓取物体，所以规定目标 g 是物体的位置，此时映射函数 ϕ 相当于一个从状态 s 中提取物体位置的函数。

然后介绍奖励函数，奖励函数不仅与状态 $\boldsymbol{s}$ 和动作 $\boldsymbol{a}$ 相关，在目标导向的强化学习中，还与设定的目标相关，以下是其中一种常见的形式：

$$r_g(\boldsymbol{s}_t,\boldsymbol{a}_t,\boldsymbol{s}_{t+1})=\begin{cases}0, & \|\phi(\boldsymbol{s}_{t+1})-g\|_2\leqslant\delta_g\\ -1, & \text{otherwise}\end{cases}$$

其中，δ_g 是一个比较小的值，表示到达目标附近就不会受到 –1 的惩罚。在目标导向的强化学习中，由于对于不同的目标，奖励函数是不同的，因此状态价值函数 $V(\boldsymbol{s},g)$ 也是基于目标的，动作价值函数 $Q(\boldsymbol{s},\boldsymbol{a},g)$ 同理。接下来介绍目标导向的强化学习的优化目标。定义 ν_0 为环境中初始状态 $\boldsymbol{s}_0$ 与目标 g 的联合分布，那么 GoRL 的目标就是优化策略 $\pi(\boldsymbol{a}\mid\boldsymbol{s},g)$，使以下目标函数最大化：

$$\mathrm{E}_{(s_0,g)\sim\nu_0}[V^{\pi}(\boldsymbol{s}_0,g)]$$

19.3 HER 算法

根据 19.2 节的定义，可以发现目标导向的强化学习的奖励往往是非常稀疏的。由于智能体在训练初期难以完成目标而只能得到 –1 的奖励，从而使整个算法的训练速度较慢。那么，有没有一种方法能有效地利用这些“失败”的经验呢？从这个角度出发，事后经验回放（hindsight experience replay，HER）算法于 2017 年神经信息处理系统（Neural Information Processing Systems，NIPS）大会中被提出，成为 GoRL 的一大经典方法。

假设现在使用策略 π 在环境中以 g 为目标进行探索，得到这样一条轨迹：$\boldsymbol{s}_1,\boldsymbol{s}_2,\cdots,\boldsymbol{s}_T$，并且 $g\neq\boldsymbol{s}_1,\boldsymbol{s}_2,\cdots,\boldsymbol{s}_T$。这意味着在这整条轨迹上，得到的奖励值都是 -1，这对训练起到的帮助很小。那么，如果换一个目标 g' 来重新审视整条轨迹呢？换句话说，虽然并没有达到目标 g，但是策略在探索的过程中，完成了 $\boldsymbol{s}_1,\boldsymbol{s}_2,\cdots,\boldsymbol{s}_T$ 等对应的目标，即完成了 $\phi(\boldsymbol{s}_1),\phi(\boldsymbol{s}_2),\cdots,\phi(\boldsymbol{s}_T)$ 等目标。如果用这些目标将原先的目标 g 替换成新的目标 g'，重新计算轨迹中的奖励值，就能使策略从失败的经验中得到对训练有用的信息。

下面来看看具体的算法流程。值得注意的是，这里的策略优化算法可以选择任意合适的算法，比如 DQN、DDPG 等。

> 初始化策略 π 的参数 θ，初始化经验回放池 R
> **For** 序列 $e=0\to E$
> 　根据环境给予的目标 g 和初始状态 $\boldsymbol{s}_0$，使用 π 在环境中采样得到轨迹 $\{\boldsymbol{s}_0,\boldsymbol{a}_0,r_0,\cdots,\boldsymbol{s}_T,\boldsymbol{a}_T,r_T,\boldsymbol{s}_{T+1}\}$，将其以 $(\boldsymbol{s},\boldsymbol{a},r,\boldsymbol{s}',g)$ 的形式存入 R 中
> 　从 R 中采样 N 个 $(\boldsymbol{s},\boldsymbol{a},r,\boldsymbol{s}',g)$ 元组
> 　对于这些元组，选择一个状态 $\boldsymbol{s}''$，将其映射为新的目标 $g'=\phi(\boldsymbol{s}'')$ 并计算新的奖励值 $r'=r_{g'}(s,a,s')$，然后用新的数据 $(\boldsymbol{s},\boldsymbol{a},r',\boldsymbol{s}',g')$ 替换原先的元组
> 　使用这些新元组，对策略 π 进行训练
> **End for**

对于算法中状态 s'' 的选择，HER 提出了 3 种不同的方案。

- future：选择与被改写的元组 $\{s,a,s',g\}$ 处于同一个轨迹并在时间上处于 s 之后的某个状态作为 s''；
- episode：选择与被改写的元组 $\{s,a,s',g\}$ 处于同一个轨迹的某个状态作为 s''。
- random：选择经验回放池中的某个状态作为 s''。

在 HER 的实验中，future 方案给出了最好的效果，该方案也最直观，因此在代码实现中用的是 future 方案。

19.4 HER 代码实践

接下来看看如何实现 HER 算法。首先定义一个简单二维平面上的环境。在一个二维网格世界上，每个维度的位置范围是[0,5]，在每一个序列的初始，智能体都处于(0,0)的位置，环境将自动从 $3.5 \leqslant x,y \leqslant 4.5$ 的矩形区域内生成一个目标。每个时刻智能体可以选择纵向和横向分别移动 $[-1,1]$ 作为这一时刻的动作。当智能体距离目标足够近的时候，它将收到值为 0 的奖励并结束任务，否则奖励为 −1 。每一条序列的最大长度为 50。环境示意图如图 19-1 所示。

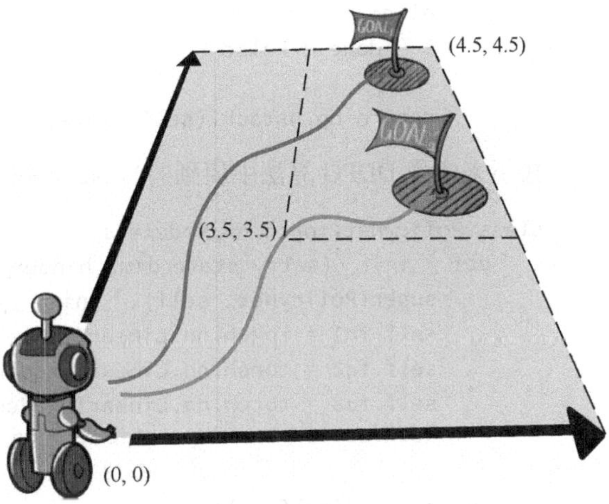

图 19-1　环境示意图

使用 Python 实现这个环境。导入一些需要用到的包，并且用代码来定义该环境。

```
import torch
import torch.nn.functional as F
import numpy as np
import random
from tqdm import tqdm
import collections
import matplotlib.pyplot as plt

class WorldEnv:
    def __init__(self):
        self.distance_threshold = 0.15
        self.action_bound = 1

    def reset(self): # 重置环境
        # 生成一个目标状态，坐标范围是[3.5~4.5, 3.5~4.5]
        self.goal = np.array([4 + random.uniform(-0.5, 0.5), 4 + random.uniform
                (-0.5, 0.5)])
```

```
        self.state = np.array([0, 0]) # 初始状态
        self.count = 0
        return np.hstack((self.state, self.goal))

    def step(self, action):
        action = np.clip(action, -self.action_bound, self.action_bound)
        x = max(0, min(5, self.state[0] + action[0]))
        y = max(0, min(5, self.state[1] + action[1]))
        self.state = np.array([x, y])
        self.count += 1

        dis = np.sqrt(np.sum(np.square(self.state - self.goal)))
        reward = -1.0 if dis > self.distance_threshold else 0
        if dis <= self.distance_threshold or self.count == 50:
            done = True
        else:
            done = False

        return np.hstack((self.state, self.goal)), reward, done
```

接下来实现 DDPG 算法中用到的与 Actor 网络和 Critic 网络的网络结构相关的代码。

```
class PolicyNet(torch.nn.Module):
    def __init__(self, state_dim, hidden_dim, action_dim, action_bound):
        super(PolicyNet, self).__init__()
        self.fc1 = torch.nn.Linear(state_dim, hidden_dim)
        self.fc2 = torch.nn.Linear(hidden_dim, hidden_dim)
        self.fc3 = torch.nn.Linear(hidden_dim, action_dim)
        self.action_bound = action_bound # action_bound 是环境可以接受的动作最大值

    def forward(self, x):
        x = F.relu(self.fc2(F.relu(self.fc1(x))))
        return torch.tanh(self.fc3(x)) * self.action_bound

class QValueNet(torch.nn.Module):
    def __init__(self, state_dim, hidden_dim, action_dim):
        super(QValueNet, self).__init__()
        self.fc1 = torch.nn.Linear(state_dim + action_dim, hidden_dim)
        self.fc2 = torch.nn.Linear(hidden_dim, hidden_dim)
        self.fc3 = torch.nn.Linear(hidden_dim, 1)

    def forward(self, x, a):
        cat = torch.cat([x, a], dim=1) # 拼接状态和动作
        x = F.relu(self.fc2(F.relu(self.fc1(cat))))
        return self.fc3(x)
```

在定义好 Actor 和 Critic 的网络结构之后，来看一下 DDPG 算法的代码。这部分代码和 13.3 节中的代码基本一致，主要区别在于 13.3 节中的 DDPG 算法是在倒立摆环境中运行的，动作只有 1 维，而这里的环境中动作有 2 维，导致一小部分代码不同。读者可以先思考一下此时应该修改哪一部分代码，然后自行对比，就能找到不同之处。

```
class DDPG:
    ''' DDPG算法 '''
    def __init__(self, state_dim, hidden_dim, action_dim, action_bound, actor_lr,
            critic_lr, sigma, tau, gamma, device):
        self.action_dim = action_dim
        self.actor = PolicyNet(state_dim, hidden_dim, action_dim, action_bound).
                to(device)
        self.critic = QValueNet(state_dim, hidden_dim, action_dim).to(device)
        self.target_actor = PolicyNet(state_dim, hidden_dim, action_dim, action_bound).
                to(device)
        self.target_critic = QValueNet(state_dim, hidden_dim, action_dim).to(device)
        # 初始化目标价值网络并使其参数和价值网络一样
        self.target_critic.load_state_dict(self.critic.state_dict())
        # 初始化目标策略网络并使其参数和策略网络一样
        self.target_actor.load_state_dict(self.actor.state_dict())
        self.actor_optimizer = torch.optim.Adam(self.actor.parameters(), lr=actor_lr)
        self.critic_optimizer = torch.optim.Adam(self.critic.parameters(), lr=critic_lr)
        self.gamma = gamma
        self.sigma = sigma # 高斯噪声的标准差,均值直接设为 0
        self.tau = tau # 目标网络软更新参数
        self.action_bound = action_bound
        self.device = device

    def take_action(self, state):
        state = torch.tensor([state], dtype=torch.float).to(self.device)
        action = self.actor(state).detach().cpu().numpy()[0]
        # 给动作添加噪声，增加探索
        action = action + self.sigma * np.random.randn(self.action_dim)
        return action

    def soft_update(self, net, target_net):
        for param_target, param in zip(target_net.parameters(), net.parameters()):
            param_target.data.copy_(param_target.data * (1.0 - self.tau) + param.
                    data * self.tau)

    def update(self, transition_dict):
        states = torch.tensor(transition_dict['states'], dtype=torch.float).
                to(self.device)
        actions =  torch.tensor(transition_dict['actions'], dtype=torch.float).
                to(self.device)
        rewards = torch.tensor(transition_dict['rewards'], dtype=torch.float).
                view(-1, 1).to(self.device)
        next_states = torch.tensor(transition_dict['next_states'], dtype=torch.float).
                to(self.device)
        dones = torch.tensor(transition_dict['dones'], dtype=torch.float).view(-1, 1).
                to(self.device)

        next_q_values = self.target_critic(next_states, self.target_actor(next_states))
        q_targets = rewards + self.gamma * next_q_values * (1 - dones)
        # MSE 损失函数
        critic_loss = torch.mean(F.mse_loss(self.critic(states, actions), q_targets))
```

```
        self.critic_optimizer.zero_grad()
        critic_loss.backward()
        self.critic_optimizer.step()

        # 策略网络就是为了使Q值最大化
        actor_loss = -torch.mean(self.critic(states, self.actor(states)))
        self.actor_optimizer.zero_grad()
        actor_loss.backward()
        self.actor_optimizer.step()

        self.soft_update(self.actor, self.target_actor) # 软更新策略网络
        self.soft_update(self.critic, self.target_critic) # 软更新价值网络
```

接下来定义一个特殊的经验回放池，此时回放池内不再存储每一步的数据，而是存储一整条轨迹。这是HER算法中的核心部分，之后可以用HER算法从该经验回放池中构建新的数据来帮助策略训练。

```
class Trajectory:
    ''' 用来记录一条完整轨迹 '''
    def __init__(self, init_state):
        self.states = [init_state]
        self.actions = []
        self.rewards = []
        self.dones = []
        self.length = 0

    def store_step(self, action, state, reward, done):
        self.actions.append(action)
        self.states.append(state)
        self.rewards.append(reward)
        self.dones.append(done)
        self.length += 1

class ReplayBuffer_Trajectory:
    ''' 存储轨迹的经验回放池 '''
    def __init__(self, capacity):
        self.buffer = collections.deque(maxlen=capacity)

    def add_trajectory(self, trajectory):
        self.buffer.append(trajectory)

    def size(self):
        return len(self.buffer)

    def sample(self, batch_size, use_her, dis_threshold=0.15, her_ratio=0.8):
        batch = dict(states=[], actions=[], next_states=[], rewards=[], dones=[])
        for _ in range(batch_size):
            traj = random.sample(self.buffer, 1)[0]
            step_state = np.random.randint(traj.length)
            state = traj.states[step_state]
            next_state = traj.states[step_state+1]
```

```
            action = traj.actions[step_state]
            reward = traj.rewards[step_state]
            done = traj.dones[step_state]

            if use_her and np.random.uniform() <= her_ratio:
                step_goal = np.random.randint(step_state+1, traj.length+1)
                goal = traj.states[step_goal][:2] # 使用HER算法的future方案设置目标
                dis = np.sqrt(np.sum(np.square(next_state[:2] - goal)))
                reward = -1.0 if dis > dis_threshold else 0
                done = False if dis > dis_threshold else True
                state = np.hstack((state[:2], goal))
                next_state = np.hstack((next_state[:2], goal))

            batch['states'].append(state)
            batch['next_states'].append(next_state)
            batch['actions'].append(action)
            batch['rewards'].append(reward)
            batch['dones'].append(done)

        batch['states'] = np.array(batch['states'])
        batch['next_states'] = np.array(batch['next_states'])
        batch['actions'] = np.array(batch['actions'])
        return batch
```

最后，便可以开始在这个有目标的环境中运行采用了 HER 的 DDPG 算法，一起来看一下效果吧。

```
actor_lr = 1e-3
critic_lr = 1e-3
hidden_dim = 128
state_dim = 4
action_dim = 2
action_bound = 1
sigma = 0.1
tau = 0.005
gamma = 0.98
num_episodes = 2000
n_train = 20
batch_size = 256
minimal_episodes = 200
buffer_size = 10000
device = torch.device("cuda") if torch.cuda.is_available() else torch.device("cpu")

random.seed(0)
np.random.seed(0)
torch.manual_seed(0)
env = WorldEnv()
replay_buffer = ReplayBuffer_Trajectory(buffer_size)
agent = DDPG(state_dim, hidden_dim, action_dim, action_bound, actor_lr, critic_lr,
sigma, tau, gamma, device)
```

```
return_list = []
for i in range(10):
    with tqdm(total=int(num_episodes/10), desc='Iteration %d' % i) as pbar:
        for i_episode in range(int(num_episodes/10)):
            episode_return = 0
            state = env.reset()
            traj = Trajectory(state)
            done = False
            while not done:
                action = agent.take_action(state)
                state, reward, done = env.step(action)
                episode_return += reward
                traj.store_step(action, state, reward, done)
            replay_buffer.add_trajectory(traj)
            return_list.append(episode_return)
            if replay_buffer.size() >= minimal_episodes:
                for _ in range(n_train):
                    transition_dict = replay_buffer.sample(batch_size, True)
                    agent.update(transition_dict)
            if (i_episode+1) % 10 == 0:
                pbar.set_postfix({'episode': '%d' % (num_episodes/10 * i +
                    i_episode+1), 'return': '%.3f' % np.mean(return_list[-10:])})
            pbar.update(1)

episodes_list = list(range(len(return_list)))
plt.plot(episodes_list, return_list)
plt.xlabel('Episodes')
plt.ylabel('Returns')
plt.title('DDPG with HER on {}'.format('GridWorld'))
plt.show()
```

```
Iteration 0: 100%|██████████| 200/200 [00:03<00:00, 58.91it/s, episode=200,
return=-50.000]
Iteration 1: 100%|██████████| 200/200 [01:17<00:00,  2.56it/s, episode=400,
return=-4.200]
Iteration 2: 100%|██████████| 200/200 [01:18<00:00,  2.56it/s, episode=600,
return=-4.700]
Iteration 3: 100%|██████████| 200/200 [01:18<00:00,  2.56it/s, episode=800,
return=-4.300]
Iteration 4: 100%|██████████| 200/200 [01:17<00:00,  2.57it/s, episode=1000,
return=-3.800]
Iteration 5: 100%|██████████| 200/200 [01:17<00:00,  2.57it/s, episode=1200,
return=-4.800]
Iteration 6: 100%|██████████| 200/200 [01:18<00:00,  2.54it/s, episode=1400,
return=-4.500]
Iteration 7: 100%|██████████| 200/200 [01:19<00:00,  2.52it/s, episode=1600,
return=-4.400]
Iteration 8: 100%|██████████| 200/200 [01:18<00:00,  2.55it/s, episode=1800,
return=-4.200]
Iteration 9: 100%|██████████| 200/200 [01:18<00:00,  2.55it/s, episode=2000,
return=-4.300]
```

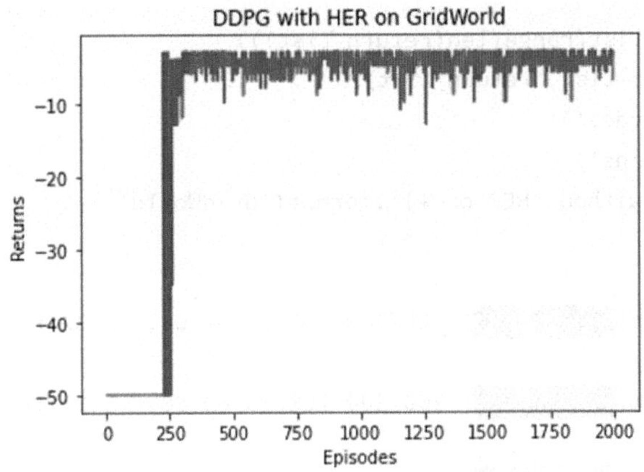

接下来尝试不采用 HER 重新构造数据，而是直接使用收集的数据训练一个策略，看看是什么效果。

```
random.seed(0)
np.random.seed(0)
torch.manual_seed(0)
env = WorldEnv()
replay_buffer = ReplayBuffer_Trajectory(buffer_size)
agent = DDPG(state_dim, hidden_dim, action_dim, action_bound, actor_lr, critic_lr,
sigma, tau, gamma, device)

return_list = []
for i in range(10):
    with tqdm(total=int(num_episodes/10), desc='Iteration %d' % i) as pbar:
        for i_episode in range(int(num_episodes/10)):
            episode_return = 0
            state = env.reset()
            traj = Trajectory(state)
            done = False
            while not done:
                action = agent.take_action(state)
                state, reward, done = env.step(action)
                episode_return += reward
                traj.store_step(action, state, reward, done)
            replay_buffer.add_trajectory(traj)
            return_list.append(episode_return)
            if replay_buffer.size() >= minimal_episodes:
                for _ in range(n_train):
                    # 和使用 HER 训练的唯一区别
                    transition_dict = replay_buffer.sample(batch_size, False)
                    agent.update(transition_dict)
            if (i_episode+1) % 10 == 0:
                pbar.set_postfix({'episode': '%d' % (num_episodes/10 * i +
        i_episode+1), 'return': '%.3f' % np.mean(return_list[-10:])})
            pbar.update(1)
```

```
episodes_list = list(range(len(return_list)))
plt.plot(episodes_list, return_list)
plt.xlabel('Episodes')
plt.ylabel('Returns')
plt.title('DDPG without HER on {}'.format('GridWorld'))
plt.show()

Iteration 0: 100%|██████████| 200/200 [00:03<00:00, 62.82it/s, episode=200,
return=-50.000]
Iteration 1: 100%|██████████| 200/200 [00:39<00:00,  5.01it/s, episode=400,
return=-50.000]
Iteration 2: 100%|██████████| 200/200 [00:41<00:00,  4.83it/s, episode=600,
return=-50.000]
Iteration 3: 100%|██████████| 200/200 [00:41<00:00,  4.82it/s, episode=800,
return=-50.000]
Iteration 4: 100%|██████████| 200/200 [00:41<00:00,  4.81it/s, episode=1000,
return=-50.000]
Iteration 5: 100%|██████████| 200/200 [00:41<00:00,  4.79it/s, episode=1200,
return=-50.000]
Iteration 6: 100%|██████████| 200/200 [00:42<00:00,  4.76it/s, episode=1400,
return=-45.500]
Iteration 7: 100%|██████████| 200/200 [00:41<00:00,  4.80it/s, episode=1600,
return=-42.600]
Iteration 8: 100%|██████████| 200/200 [00:40<00:00,  4.92it/s, episode=1800,
return=-4.800]
Iteration 9: 100%|██████████| 200/200 [00:40<00:00,  4.99it/s, episode=2000,
return=-4.800]
```

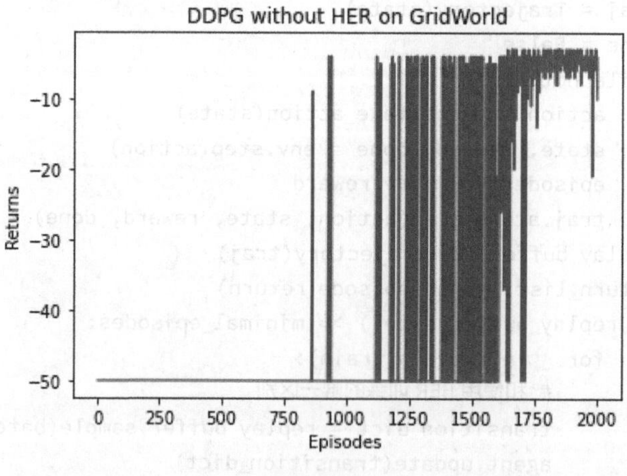

通过实验对比，可以观察到使用HER算法后，效果有显著提升。这里HER算法的主要好处是通过重新对历史轨迹设置其目标（使用future方案）而使得奖励信号更加稠密，进而从原本失败的数据中学习到使“新任务”成功的经验，提升训练的稳定性和样本效率。

19.5 小结

本章介绍了目标导向的强化学习（GoRL）的基本定义，以及一个解决 GoRL 的有效的经典算法 HER。通过代码实践，HER 算法的效果得到了很好的呈现。我们从 HER 算法的代码实践中还可以领会一种思维方式，即可以通过整条轨迹的信息来改善每个转移片段带给智能体策略的学习价值。例如，在 HER 算法的 future 方案中，采样当前轨迹后续的状态作为目标，然后根据下一步状态是否离目标足够近来修改当前步的奖励信号。此外，HER 算法只是一个经验回放的修改方式，并没有对策略网络和价值网络的架构做出任何修改。而在后续的部分 GoRL 研究中，策略函数和动作价值函数会被显式建模成 $\pi(\boldsymbol{a} \mid \boldsymbol{s}, g)$ 和 $Q(\boldsymbol{s}, \boldsymbol{a}, g)$，即构建较为复杂的策略架构，使其直接知晓当前状态和目标，并使用更大的网络容量去完成目标。有兴趣的读者可以自行查阅相关的文献。

19.6 参考文献

[1] ANDRYCHOWICZ M, WOLSKI F, RAY A, et al. Hindsight Experience Replay [J]. Advances in neural information processing systems, 2017: 5055-5065.

[2] FLORENSA C, HELD D, GENG X Y, et al. Automatic goal generation for reinforcement learning agents [C]// International conference on machine learning, PMLR, 2018: 1515-1528.

[3] REN Z Z, DONG K, ZHOU Y, et al. Exploration via Hindsight Goal Generation [J]. Advances in neural information processing systems, 2019, 32: 13485-13496.

[4] PITIS S, CHAN H, ZHAO S, et al. Maximum entropy gain exploration for long horizon multi-goal reinforcement learning [C]// International conference on machine learning, PMLR, 2020: 7750-7761.

第 20 章 多智能体强化学习入门

20.1 简介

扫码观看视频课程

本书之前介绍的算法都是单智能体强化学习算法，其基本假设是动态环境是稳态的（stationary），即状态转移概率和奖励函数不变，并依此来设计相应的算法。而如果环境中还有其他智能体进行交互和学习，那么任务则上升为多智能体强化学习（multi-agent reinforcement learning, MARL），如图 20-1 所示。

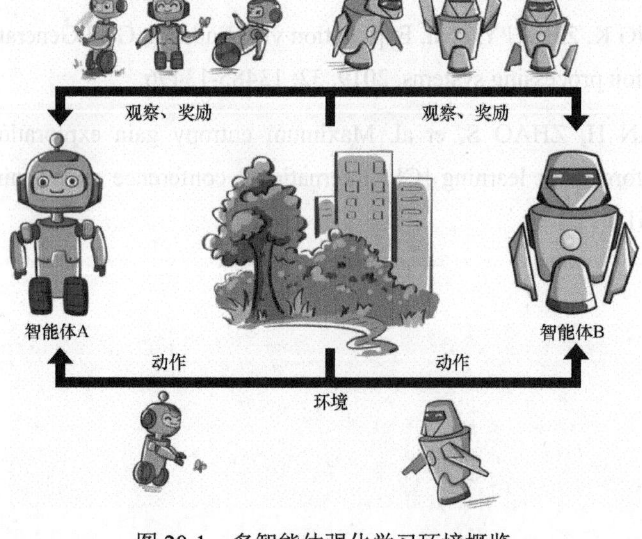

图 20-1 多智能体强化学习环境概览

多智能体的情形相比于单智能体更加复杂，因为每个智能体在和环境交互的同时也在和其他智能体进行直接或者间接的交互。因此，多智能体强化学习要比单智能体更困难，其难点主要体现在以下几点：

- 由于多个智能体在环境中进行实时动态交互，并且每个智能体在不断学习并更新自身策略，因此在每个智能体的视角下，环境是非稳态的（non-stationary），即对一个智能体而言，即使在相同的状态下采取相同的动作，得到的状态转移和奖励信号的分布也可能在不断改变；

- 多个智能体的训练可能是多目标的，不同智能体需要最大化自己的利益；
- 训练评估的复杂度会增加，可能需要大规模分布式训练来提高效率。

20.2 问题建模

将一个多智能体环境用一个元组 $(N,\mathcal{S},\mathcal{A},\mathcal{R},P)$ 表示，其中 N 是智能体的数目，$\mathcal{S}=\boldsymbol{S}_1\times\cdots\times\boldsymbol{S}_N$ 是所有智能体的状态集合，$\mathcal{A}=\boldsymbol{A}_1\times\cdots\times\boldsymbol{A}_N$ 是所有智能体的动作集合，$\mathcal{R}=r_1\times\cdots\times r_N$ 是所有智能体奖励函数的集合，P 是环境的状态转移概率。一般多智能体强化学习的目标是为每个智能体学习一个策略来最大化其自身的累积奖励。

20.3 多智能体强化学习的基本求解范式

面对上述问题形式，最直接的想法是基于已经熟悉的单智能体算法来进行学习，这主要分为两种思路。

- *完全中心化*（fully centralized）*方法*：将多个智能体进行决策当作一个超级智能体在进行决策，即把所有智能体的状态聚合在一起当作一个全局的超级状态，把所有智能体的动作连起来作为一个联合动作。这样做的好处是，由于已经知道了所有智能体的状态和动作，因此对这个超级智能体来说，环境依旧是稳态的，一些单智能体的算法的收敛性依旧可以得到保证。然而，这样的做法不能很好地扩展到智能体数量很多或者环境很大的情况，因为这时候将所有的信息简单暴力地拼接在一起会导致维度爆炸，训练复杂度巨幅提升的问题往往不可解决。
- *完全去中心化*（fully decentralized）*方法*：与完全中心化方法相反的范式便是假设每个智能体都在自身的环境中独立地进行学习，不考虑其他智能体的改变。完全去中心化方法直接对每个智能体用一个单智能体强化学习算法来学习。这样做的缺点是环境是非稳态的，训练的收敛性不能得到保证，但是这种方法的好处在于随着智能体数量的增加有比较好的扩展性，不会遇到维度灾难而导致训练不能进行下去。

本章介绍完全去中心化方法，在原理解读和代码实践之后，进一步通过实验结果图看看这种方法的效果。第 21 章会进一步介绍进阶的多智能体强化学习的求解范式。

20.4 IPPO 算法

接下来将介绍一个完全去中心化的算法，此类算法被称为*独立学习*（independent learning）。由于对于每个智能体使用单智能体算法 PPO 进行训练，因此这个算法叫作*独立 PPO*（Independent PPO，IPPO）算法。具体而言，这里使用的 PPO 算法版本为 PPO-截断，其算法流程如下：

> 对于 N 个智能体，为每个智能体初始化各自的策略以及价值函数
> **for** 训练轮数 $k=0,1,2\cdots$ **do**
> 　　所有智能体在环境中交互分别获得各自的一条轨迹数据
> 　　对每个智能体，基于当前的价值函数用 GAE 计算优势函数的估计
> 　　对每个智能体，通过最大化其 PPO-截断的目标来更新其策略
> 　　对每个智能体，通过均方误差损失函数优化其价值函数
> **end for**

20.5 IPPO 代码实践

下面介绍一下要使用的多智能体环境：ma_gym 库中的 Combat 环境。Combat 是一个在二维的格子世界上进行的两个队伍的对战模拟游戏，每个智能体的动作集合为：向四周移动 1 格，攻击周围 3×3 格范围内的其他敌对智能体，或者不采取任何动作。起初每个智能体有 3 点生命值，如果智能体在敌人的攻击范围内被攻击到了，则会扣 1 点生命值，生命值掉为 0 则死亡，最后存活的队伍获胜。每个智能体的攻击有一轮的冷却时间。

在游戏中，我们能够控制一个队伍的所有智能体与另一个队伍的智能体对战。另一个队伍的智能体使用固定的算法：攻击在范围内最近的敌人，如果攻击范围内没有敌人，则向敌人靠近。图 20-2 是一个简单的 Combat 环境示例（请扫描二维码查看动图）。

扫码查看动图

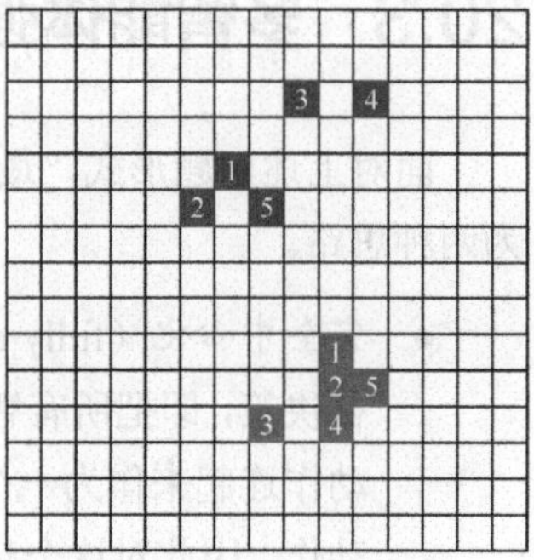

图 20-2　Combat 环境示例

首先仍然导入一些需要用到的包，然后从 GitHub 中克隆 ma-gym 仓库到本地，并导入其中的 Combat 环境。

```
import torch
import torch.nn.functional as F
import numpy as np
import rl_utils
from tqdm import tqdm
import matplotlib.pyplot as plt

! git clone https://github.com/boyu-ai/ma-gym.git
import sys
sys.path.append("./ma-gym")
from ma_gym.envs.combat.combat import Combat

fatal: destination path 'ma-gym' already exists and is not an empty directory.
```

接下来的代码块与 12.4 节介绍过的 PPO 代码实践基本一致，不再赘述。

```
class PolicyNet(torch.nn.Module):
    def __init__(self, state_dim, hidden_dim, action_dim):
```

```
        super(PolicyNet, self).__init__()
        self.fc1 = torch.nn.Linear(state_dim, hidden_dim)
        self.fc2 = torch.nn.Linear(hidden_dim, hidden_dim)
        self.fc3 = torch.nn.Linear(hidden_dim, action_dim)

    def forward(self, x):
        x = F.relu(self.fc2(F.relu(self.fc1(x))))
        return  F.softmax(self.fc3(x),dim=1)

class ValueNet(torch.nn.Module):
    def __init__(self, state_dim, hidden_dim):
        super(ValueNet, self).__init__()
        self.fc1 = torch.nn.Linear(state_dim, hidden_dim)
        self.fc2 = torch.nn.Linear(hidden_dim, hidden_dim)
        self.fc3 = torch.nn.Linear(hidden_dim, 1)

    def forward(self, x):
        x = F.relu(self.fc2(F.relu(self.fc1(x))))
        return self.fc3(x)

class PPO:
    ''' PPO算法,采用截断方式 '''
    def __init__(self, state_dim, hidden_dim, action_dim, actor_lr, critic_lr, lmbda,
            eps, gamma, device):
        self.actor = PolicyNet(state_dim, hidden_dim, action_dim).to(device)
        self.critic = ValueNet(state_dim, hidden_dim).to(device)
        self.actor_optimizer = torch.optim.Adam(self.actor.parameters(), lr=actor_lr)
        self.critic_optimizer = torch.optim.Adam(self.critic.parameters(), lr=critic_lr)
        self.gamma = gamma
        self.lmbda = lmbda
        self.eps = eps # PPO中截断范围的参数
        self.device = device

    def take_action(self, state):
        state = torch.tensor([state], dtype=torch.float).to(self.device)
        probs = self.actor(state)
        action_dist = torch.distributions.Categorical(probs)
        action = action_dist.sample()
        return action.item()

    def update(self, transition_dict):
        states = torch.tensor(transition_dict['states'], dtype=torch.float).to(self.
                device)
        actions = torch.tensor(transition_dict['actions']).view(-1, 1).to(self.device)
        rewards = torch.tensor(transition_dict['rewards'], dtype=torch.float).
                view(-1, 1).to(self.device)
        next_states = torch.tensor(transition_dict['next_states'], dtype=torch.float).
                to(self.device)
        dones = torch.tensor(transition_dict['dones'], dtype=torch.float).view(-1, 1).
                to(self.device)
        td_target = rewards + self.gamma * self.critic(next_states) * (1 - dones)
```

```
        td_delta = td_target - self.critic(states)
        advantage = rl_utils.compute_advantage(self.gamma, self.lmbda, td_delta.
            cpu()).to(self.device)
        old_log_probs = torch.log(self.actor(states).gather(1, actions)).detach()

        log_probs = torch.log(self.actor(states).gather(1, actions))
        ratio = torch.exp(log_probs - old_log_probs)
        surr1 = ratio * advantage
        surr2 = torch.clamp(ratio, 1-self.eps, 1+self.eps) * advantage # 截断
        actor_loss = torch.mean(-torch.min(surr1, surr2)) # PPO损失函数
        critic_loss = torch.mean(F.mse_loss(self.critic(states), td_target.detach()))
        self.actor_optimizer.zero_grad()
        self.critic_optimizer.zero_grad()
        actor_loss.backward()
        critic_loss.backward()
        self.actor_optimizer.step()
        self.critic_optimizer.step()
```

现在进入IPPO代码实践最主要的部分。值得注意的是，在训练时使用了参数共享（parameter sharing）的技巧，即对于所有智能体使用同一套策略参数，这样做的好处是能够使模型训练数据更多，同时训练更稳定。能够这样做的前提是，两个智能体是同质的（homogeneous），即它们的状态空间和动作空间是完全一致的，并且它们的优化目标也完全一致。感兴趣的读者也可以自行实现非参数共享版本的IPPO，此时每个智能体就是一个独立的PPO的实例。

和之前的一些实验不同，这里不再展示智能体获得的回报，而是将 IPPO 训练的两个智能体团队的胜率作为主要的实验结果。接下来就可以开始训练IPPO了！

```
actor_lr = 3e-4
critic_lr = 1e-3
num_episodes = 100000
hidden_dim = 64
gamma = 0.99
lmbda = 0.97
eps = 0.2
device = torch.device("cuda") if torch.cuda.is_available() else torch.device("cpu")

team_size = 2
grid_size = (15, 15)
#创建Combat环境，格子世界的大小为15x15，己方智能体和敌方智能体数量都为2
env = Combat(grid_shape=grid_size, n_agents=team_size, n_opponents=team_size)

state_dim = env.observation_space[0].shape[0]
action_dim = env.action_space[0].n
#两个智能体共享同一个策略
agent = PPO(state_dim, hidden_dim, action_dim, actor_lr, critic_lr, lmbda, eps, gamma, device)

win_list = []
for i in range(10):
    with tqdm(total=int(num_episodes/10), desc='Iteration %d' % i) as pbar:
        for i_episode in range(int(num_episodes/10)):
```

```
        transition_dict_1 = {'states': [], 'actions': [], 'next_states': [],
                'rewards': [], 'dones': []}
        transition_dict_2 = {'states': [], 'actions': [], 'next_states': [],
                'rewards': [], 'dones': []}
        s = env.reset()
        terminal = False
        while not terminal:
            a_1 = agent.take_action(s[0])
            a_2 = agent.take_action(s[1])
            next_s, r, done, info = env.step([a_1, a_2])
            transition_dict_1['states'].append(s[0])
            transition_dict_1['actions'].append(a_1)
            transition_dict_1['next_states'].append(next_s[0])
            transition_dict_1['rewards'].append(r[0]+100 if info['win'] else r[0]-0.1)
            transition_dict_1['dones'].append(False)
            transition_dict_2['states'].append(s[1])
            transition_dict_2['actions'].append(a_2)
            transition_dict_2['next_states'].append(next_s[1])
            transition_dict_2['rewards'].append(r[1]+100 if info['win'] else r[1]-0.1)
            transition_dict_2['dones'].append(False)
            s = next_s
            terminal = all(done)
        win_list.append(1 if info["win"] else 0)
        agent.update(transition_dict_1)
        agent.update(transition_dict_2)
        if (i_episode+1) % 100 == 0:
            pbar.set_postfix({'episode': '%d' % (num_episodes/10 * i + i_episode+1),
                    'return': '%.3f' % np.mean(win_list[-100:])})
        pbar.update(1)
```

```
/usr/local/lib/python3.7/dist-packages/gym/logger.py:30: UserWarning:[33mWARN:
Box bound precision lowered by casting to float32[0m
  warnings.warn(colorize('%s: %s'%('WARN', msg % args), 'yellow'))

Iteration 0: 100%|██████████| 10000/10000 [05:22<00:00, 31.02it/s, episode=10000,
return=0.220]
Iteration 1: 100%|██████████| 10000/10000 [04:03<00:00, 41.07it/s, episode=20000,
return=0.400]
Iteration 2: 100%|██████████| 10000/10000 [03:37<00:00, 45.96it/s, episode=30000,
return=0.670]
Iteration 3: 100%|██████████| 10000/10000 [03:13<00:00, 51.55it/s, episode=40000,
return=0.590]
Iteration 4: 100%|██████████| 10000/10000 [02:58<00:00, 56.07it/s, episode=50000,
return=0.750]
Iteration 5: 100%|██████████| 10000/10000 [02:58<00:00, 56.09it/s, episode=60000,
return=0.660]
Iteration 6: 100%|██████████| 10000/10000 [02:57<00:00, 56.42it/s, episode=70000,
return=0.660]
Iteration 7: 100%|██████████| 10000/10000 [03:04<00:00, 54.20it/s, episode=80000,
return=0.720]
```

```
Iteration 8: 100%|██████████| 10000/10000 [02:59<00:00, 55.84it/s, episode=90000,
return=0.530]
Iteration 9: 100%|██████████| 10000/10000 [03:03<00:00, 54.55it/s, episode=100000,
return=0.710]
```

接下来绘制胜率结果图，更加直观地进行展示。

```
win_array = np.array(win_list)
#每 100 条轨迹取一次平均
win_array = np.mean(win_array.reshape(-1, 100), axis=1)

episodes_list = np.arange(win_array.shape[0]) * 100
plt.plot(episodes_list, win_array)
plt.xlabel('Episodes')
plt.ylabel('Win rate')
plt.title('IPPO on Combat')
plt.show()
```

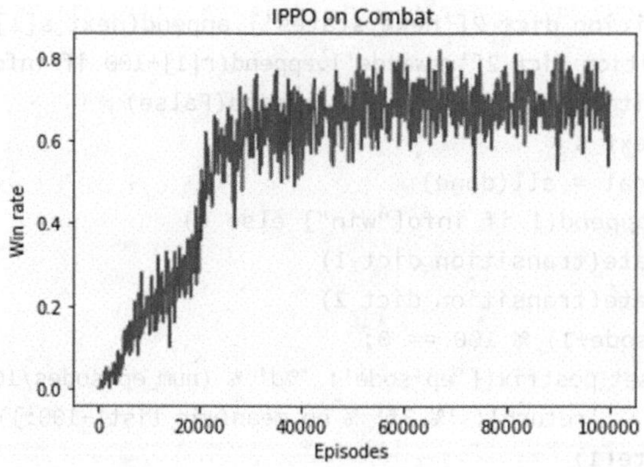

可以看出，当智能体数量较少的时候，IPPO 这种完全去中心化学习在一定程度上能够取得好的效果，但是最终达到的胜率也比较有限。这可能是因为多个智能体之间无法有效地通过合作来共同完成目标。同时，好奇的读者也可以尝试增加智能体的数量，比较一下训练结果。当数量增加到 5 时，这种完全去中心化学习的训练效果就不是很好了。这时候可能就需要引入更多的算法来考虑多个智能体之间的交互行为，或者使用中心化训练去中心化执行（centralized training with decentralized execution，CTDE）的范式来进行多智能体训练，该方法将在第 21 章中详细介绍。

20.6 小结

本章介绍了多智能体强化学习的概念和两类基本的解决范式，并针对其中的完全去中心化方法进行了详细的介绍，讲解了一个具体的算法 IPPO，即用 PPO 算法为各个智能体训练各自的策略。在 Combat 环境中，我们共享了两个智能体之间的策略，以达到更好的效果。但这仅限于多个智能体同质的情况，若它们的状态空间或动作空间不一致，那便无法进行策略共享。

20.7 参考文献

[1] HERNANDEZ L P, BILAL K, TAYLOR M E. A survey and critique of multiagent deep reinforcement learning[J]. Autonomous Agents and Multi-Agent Systems, 2019, 33(6): 750-797.

[2] TAMPUU A, MATIISEN T, KODELJA D, et al. Multiagent cooperation and competition with deep reinforcement learning [J]. PloS One, 2017, 12(4): e0172395.

[3] TAN M. Multi-agent reinforcement learning: independent vs. cooperative agents [C]// International conference on machine learning, 1993: 330-337.

[4] Combat 环境（参见 GitHub 网站中的 koulanurag/ma-gym 项目）.

第21章 多智能体强化学习进阶

21.1 简介

第 20 章已经初步介绍了多智能体强化学习研究的问题和最基本的求解范式。本章来介绍一种比较经典且效果不错的进阶范式：中心化训练去中心化执行（centralized training with decentralized execution，CTDE）。所谓中心化训练去中心化执行是指在训练的时候使用一些单个智能体看不到的全局信息以达到更好的训练效果，而在执行时不使用这些信息，每个智能体完全根据自己的策略直接动作以达到去中心化执行的效果。中心化训练去中心化执行算法能够在训练时有效地利用全局信息以达到更好且更稳定的训练效果，同时在进行策略模型推断时可以仅利用局部信息，使得算法具有一定的扩展性。CTDE 可以类比成一个足球队的训练和比赛过程：在训练时，11 个球员可以直接获得教练的指导从而完成球队的整体配合，而教练本身掌握着比赛全局信息，教练的指导也是从整支队、整场比赛的角度进行的；而训练好的 11 个球员在上场比赛时，则根据场上的实时情况直接做出决策，不再有教练的指导。

CTDE 算法主要分为两种：一种是基于值函数的方法，例如 VDN、QMIX 等；另一种是基于 Actor-Critic 的方法，例如 MADDPG 和 COMA 等。本章将重点介绍 MADDPG 算法。

21.2 MADDPG 算法

多智能体 DDPG（multi-agent DDPG，MADDPG）算法从字面意思上来看就是对每个智能体实现一个 DDPG 的算法。所有智能体共享一个中心化的 Critic 网络，该 Critic 网络在训练的过程中同时对每个智能体的 Actor 网络给出指导，而执行时每个智能体的 Actor 网络则完全独立做出动作，即去中心化地执行。

CTDE 算法的应用场景通常可以被建模为一个部分可观测马尔可夫博弈（partially observable Markov game）：用$\mathcal{S}$代表N个智能体所有可能的状态空间，这是全局的信息。对于每个智能体i，其动作空间为$\mathcal{A}_i$，观测空间为$\mathcal{O}_i$，每个智能体的策略$\pi_{\theta_i}:\mathcal{O}_i\times\mathcal{A}_i\rightarrow[0,1]$是一个概率分布，用来表示智能体在每个观测下采取各个动作的概率。环境的状态转移函数为$P:\mathcal{S}\times\mathcal{A}_1\times\cdots\times\mathcal{A}_N\rightarrow\omega(\mathcal{S})$。每

个智能体的奖励函数为$r_i: \mathcal{S} \times \mathcal{A} \to \mathbf{R}$，每个智能体从全局状态得到的部分观测信息为$\boldsymbol{o}_i: \mathcal{S} \to \mathcal{O}_i$，初始状态分布为$\rho: \mathcal{S} \to [0,1]$。每个智能体的目标是最大化其期望累积奖励$R_i = \sum_{t=0}^{T} \gamma^t r_i^t$。

接下来我们看一下 MADDPG 算法的主要细节吧！如图 21-1 所示，每个智能体用 Actor-Critic 的方法训练，但不同于传统单智能体的情况，在 MADDPG 中每个智能体的 Critic 部分都能够获得其他智能体的策略信息。具体来说，考虑一个有 N 个智能体的博弈，每个智能体的策略参数为$\theta = \{\theta_1, \cdots, \theta_N\}$，记$\pi = \{\pi_1, \cdots, \pi_N\}$为所有智能体的策略集合，那么我们可以写出在随机性策略情况下每个智能体的期望收益的策略梯度：

$$\nabla_{\theta_i} J(\theta_i) = \mathrm{E}_{s \sim p^{\mu}, a \sim \pi_i} [\nabla_{\theta_i} \log \pi_i(\boldsymbol{a}_i \mid \boldsymbol{o}_i) Q_i^{\pi}(\boldsymbol{x}, \boldsymbol{a}_1, \cdots, \boldsymbol{a}_N)]$$

其中，$Q_i^{\pi}(\boldsymbol{x}, \boldsymbol{a}_1, \cdots, \boldsymbol{a}_N)$就是一个中心化的动作价值函数。为什么说$Q_i$是一个中心化的动作价值函数呢？一般来说$\boldsymbol{x} = (o_1, \cdots, o_N)$包含所有智能体的观测，另外$Q_i$也需要输入所有智能体在此刻的动作，因此$Q_i$工作的前提就是所有智能体要同时给出自己的观测和相应的动作。

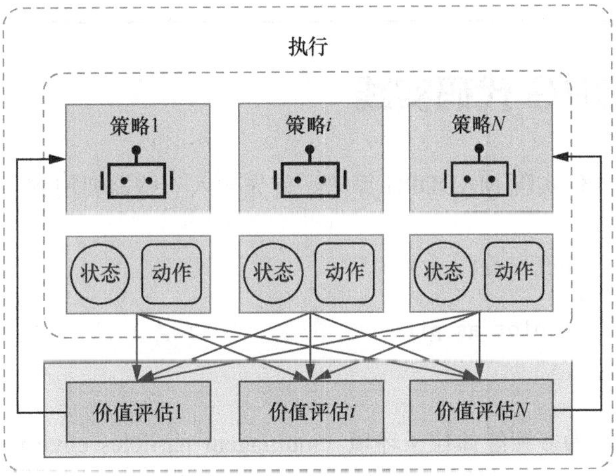

图 21-1 MADDPG 算法总览图

对于确定性策略，考虑现在有 N 个连续的策略μ_{θ_i}，可以得到 DDPG 的梯度公式：

$$\nabla_{\theta_i} J(\mu_i) = \mathrm{E}_{\boldsymbol{x} \sim D} [\nabla_{\theta_i} \mu_i(\boldsymbol{o}_i) \nabla_{\boldsymbol{a}_i} Q_i^{\mu}(\boldsymbol{x}, \boldsymbol{a}_1, \cdots, \boldsymbol{a}_N) |_{\boldsymbol{a}_i = \mu_i(\boldsymbol{o}_i)}]$$

其中，D 是我们用来存储数据的经验回放池，它存储的每一个数据为$(\boldsymbol{x}, \boldsymbol{x}', \boldsymbol{a}_1, \cdots, \boldsymbol{a}_N, r_1, \cdots, r_N)$。而在 MADDPG 中，中心化动作价值函数可以按照下面的损失函数来更新：

$$L(\omega_i) = \mathrm{E}_{\boldsymbol{x}, \boldsymbol{a}, r, \boldsymbol{x}'} [(Q_i^{\mu}(\boldsymbol{x}, \boldsymbol{a}_1, \cdots, \boldsymbol{a}_N) - y)^2], \quad y = r_i + \gamma Q_i^{\mu'}(\boldsymbol{x}', \boldsymbol{a}_1', \cdots, \boldsymbol{a}_N') |_{\boldsymbol{a}_j' = \mu_j'(\boldsymbol{o}_j)}$$

其中，$\mu' = (\mu_{\theta_1}', \cdots, \mu_{\theta_N}')$是更新价值函数中使用的目标策略的集合，它们有着延迟更新的参数。

MADDPG 的具体算法流程如下：

随机初始化每个智能体的 Actor 网络和 Critic 网络
for 序列 $e=1 \to E$ **do**
　初始化一个随机过程 $\mathcal{N}$，用于动作探索
　获取所有智能体的初始观测 $\boldsymbol{x}$
　for $t=1 \to T$ **do**:
　　对于每个智能体 i，用当前的策略选择一个动作 $\boldsymbol{a}_i=\mu_{\theta_i}(o_i)+\mathcal{N}_t$
　　执行动作 $\boldsymbol{a}=(\boldsymbol{a}_1,\cdots,\boldsymbol{a}_N)$ 并获得奖励 r 和新的观测 $\boldsymbol{x}'$
　　把 $(\boldsymbol{x},\boldsymbol{a},r,\boldsymbol{x}')$ 存储到经验回放池 D 中
　　从 D 中随机采样一些数据
　　对于每个智能体 i，中心化训练 Critic 网络
　　对于每个智能体 i，训练自身的 Actor 网络
　　对每个智能体 i，更新目标 Actor 网络和目标 Critic 网络
　end for
end for

21.3 MADDPG 代码实践

下面我们来看看如何实现 MADDPG 算法。首先导入一些需要用到的包。

```
import torch
import torch.nn.functional as F
import numpy as np
import matplotlib.pyplot as plt
import random
import rl_utils
```

我们要使用的环境为多智能体粒子环境（multiagent particles environment，MPE），它是一些面向多智能体交互的环境的集合，在这个环境中，粒子智能体可以移动、通信、“看”到其他智能体，也可以和固定位置的地标交互。

接下来安装环境，由于 MPE 的官方仓库的代码已经不再维护了，而其依赖于 gym 的旧版本，因此我们需要重新安装 gym 库。

```
!git clone https://github.com/boyu-ai/multiagent-particle-envs.git --quiet
!pip install -e multiagent-particle-envs
import sys
sys.path.append("multiagent-particle-envs")
# 由于multiagent-pariticle-env底层的实现有一些版本问题,因此gym需要改为可用的版本
!pip install --upgrade gym==0.10.5 -q
import gym
from multiagent.environment import MultiAgentEnv
import multiagent.scenarios as scenarios
def make_env(scenario_name):
    # 从环境文件脚本中创建环境
    scenario = scenarios.load(scenario_name + ".py").Scenario()
    world = scenario.make_world()
```

```
    env = MultiAgentEnv(world, scenario.reset_world, scenario.reward, scenario.
        observation)
    return env
```

本章选择 MPE 中的 `simple_adversary` 环境作为代码实践的示例，如图 21-2 所示（请扫描二维码查看动图）。该环境中有 1 个红色的对抗智能体（即 adversary）、N 个蓝色的正常智能体，以及 N 个地点（一般 $N=2$），这 N 个地点中有一个是目标地点（绿色）。这 N 个正常智能体知道哪一个地点是目标地点，但对抗智能体不知道。正常智能体之间是合作关系：它们其中任意一个距离目标地点足够近，则每个正常智能体都能获得相同的奖励。对抗智能体如果距离目标地点足够近，也能获得奖励，但它需要猜测哪一个才是目标地点。因此，正常智能体需要进行合作，分散到不同的坐标点，以此欺骗对抗智能体。

扫码查看动图

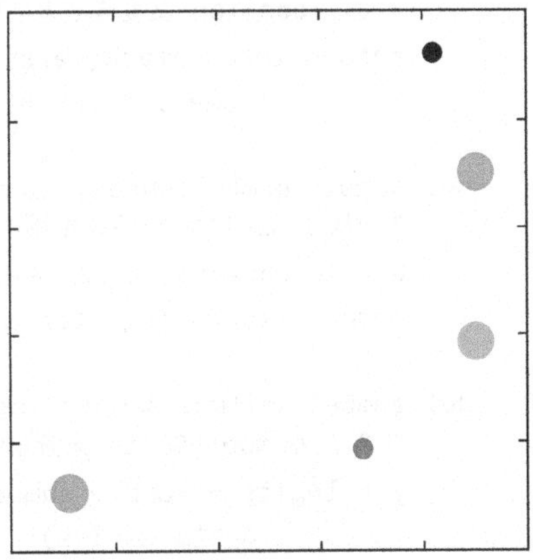

图 21-2 MPE 中的 `simple_adversary` 环境

需要说明的是，MPE 环境中的每个智能体的动作空间是离散的。第 13 章介绍过的 DDPG 算法本身需要使智能体的动作对于其策略参数可导，这对连续的动作空间来说是成立的，但是对于离散的动作空间并不成立。但这并不意味着当前的任务不能使用 MADDPG 算法求解，因为我们可以使用一种叫作 Gumbel-Softmax 的方法来得到离散分布的近似采样。下面我们对其原理进行简要的介绍并给出实现代码。

假设有一个随机变量 Z 服从某个离散分布 $\mathcal{K}=(\boldsymbol{a}_1,\cdots,\boldsymbol{a}_k)$。其中，$\boldsymbol{a}_i\in[0,1]$ 表示 $P(Z=i)$ 且满足 $\sum_{i=1}^{k}\boldsymbol{a}_i=1$。当我们希望按照这个分布即（$z\sim\mathcal{K}$）进行采样时，可以发现这种离散分布的采样是不可导的。

那有没有什么办法可以让离散分布的采样可导呢？答案是肯定的！那就是重参数化方法，这一方法在第 14 章的 SAC 算法中已经介绍过，而这里要用的是 Gumbel-Softmax 技巧。具体来说，我们引入一个重参数因子 g_i，它是一个采样自 Gumbel(0,1) 的噪声：

$$g_i=-\log(-\log u),\quad u\sim \text{Uniform}(0,1)$$

Gumbel-Softmax 采样可以写成

$$y_i=\frac{\exp((\log \boldsymbol{a}_i+g_i)/\tau)}{\sum_{j=1}^{k}\exp((\log \boldsymbol{a}_j+g_i)/\tau)},\ i=1,\cdots,k$$

此时，如果通过 $z=\arg\max_i y_i$ 计算离散值，该离散值就近似等价于离散采样 $z\sim\mathcal{K}$ 的值。更进一步，采样的结果 $\boldsymbol{y}$ 中自然地引入了对于 $\boldsymbol{a}$ 的梯度。τ 被称作分布的温度参数（$\tau>0$），通过调整它可以控制生成的 Gumbel-Softmax 分布与离散分布的近似程度：τ 越小，生成的分布越趋向于 $\text{onehot}(\arg\max_i(\log \boldsymbol{a}_i+g_i))$ 的结果；τ 越大，生成的分布越趋向于均匀分布。

接着再定义一些需要用到的工具函数，其中包括让 DDPG 可以适用于离散动作空间的

Gumbel Softmax 采样的相关函数。

```
def onehot_from_logits(logits, eps=0.01):
    ''' 生成最优动作的独热(one-hot)形式 '''
    argmax_acs = (logits == logits.max(1, keepdim=True)[0]).float()
    # 生成随机动作,转换成独热形式
    rand_acs = torch.autograd.Variable(torch.eye(logits.shape[1])[[np.random.choice(
            range(logits.shape[1]), size=logits.shape[0])]],
            requires_grad=False).to(logits.device)
    # 通过 epsilon-贪婪算法来选择用哪个动作
    return torch.stack([argmax_acs[i] if r > eps else rand_acs[i] for i, r in
            enumerate(torch.rand(logits.shape[0]))])

def sample_gumbel(shape, eps=1e-20, tens_type=torch.FloatTensor):
    """从 Gumbel(0,1)分布中采样"""
    U = torch.autograd.Variable(tens_type(*shape).uniform_(), requires_grad=False)
    return -torch.log(-torch.log(U + eps) + eps)

def gumbel_softmax_sample(logits, temperature):
    """ 从 Gumbel-Softmax 分布中采样"""
    y = logits + sample_gumbel(logits.shape, tens_type=type(logits.data)).to(
            logits.device)
    return F.softmax(y / temperature, dim=1)

def gumbel_softmax(logits, temperature=1.0):
    """从 Gumbel-Softmax 分布中采样,并进行离散化"""
    y = gumbel_softmax_sample(logits, temperature)
    y_hard = onehot_from_logits(y)
    y = (y_hard.to(logits.device) - y).detach() + y
    # 返回一个 y_hard 的独热量,但是它的梯度是 y,我们既能够得到一个与环境交互的离散动作,又可以
    # 正确地反传梯度
    return y
```

接着实现单智能体的 DDPG。其中包含 Actor 网络与 Critic 网络，以及计算动作的函数，这在第 13 章中已经介绍过，此处不再赘述。但这里没有更新网络参数的函数，其将会在 MADDPG 类中被实现。

```
class TwoLayerFC(torch.nn.Module):
    def __init__(self, num_in, num_out, hidden_dim):
        super().__init__()
        self.fc1 = torch.nn.Linear(num_in, hidden_dim)
        self.fc2 = torch.nn.Linear(hidden_dim, hidden_dim)
        self.fc3 = torch.nn.Linear(hidden_dim, num_out)

    def forward(self, x):
        x = F.relu(self.fc1(x))
        x = F.relu(self.fc2(x))
        return self.fc3(x)

class DDPG:
    ''' DDPG 算法 '''
```

```
    def__init__(self, state_dim, action_dim, critic_input_dim, hidden_dim, actor_lr,
            critic_lr, device):
        self.actor = TwoLayerFC(state_dim, action_dim, hidden_dim).to(device)
        self.target_actor = TwoLayerFC(state_dim, action_dim, hidden_dim).to(device)
        self.critic = TwoLayerFC(critic_input_dim, 1, hidden_dim).to(device)
        self.target_critic = TwoLayerFC(critic_input_dim, 1, hidden_dim).to(device)
        self.target_critic.load_state_dict(self.critic.state_dict())
        self.target_actor.load_state_dict(self.actor.state_dict())
        self.actor_optimizer = torch.optim.Adam(self.actor.parameters(), lr=actor_lr)
        self.critic_optimizer = torch.optim.Adam(self.critic.parameters(),
                lr=critic_lr)

    def take_action(self, state, explore=False):
        action = self.actor(state)
        if explore:
            action = gumbel_softmax(action)
        else:
            action = onehot_from_logits(action)
        return action.detach().cpu().numpy()[0]

    def soft_update(self, net, target_net, tau):
        for param_target, param in zip(target_net.parameters(), net.parameters()):
            param_target.data.copy_(param_target.data * (1.0 - tau) + param.data * tau)
```

接下来正式实现一个 MADDPG 类，该类对于每个智能体都会维护一个 DDPG 算法。它们的策略更新和价值函数更新使用的是 21.2 节中关于 $J(\mu_i)$ 和 $L(\omega_i)$ 的公式给出的形式。

```
class MADDPG:
    def __init__(self, env, device, actor_lr, critic_lr, hidden_dim, state_dims,
            action_dims, critic_input_dim, gamma, tau):
        self.agents = []
        for i in range(len(env.agents)):
            self.agents.append(DDPG(state_dims[i], action_dims[i], critic_input_
                    dim, hidden_dim, actor_lr, critic_lr, device))
        self.gamma = gamma
        self.tau = tau
        self.critic_criterion = torch.nn.MSELoss()
        self.device = device
        self.num_agents = len(env.agents)

    @property
    def policies(self):
        return [agt.actor for agt in self.agents]
    @property
    def target_policies(self):
        return [agt.target_actor for agt in self.agents]

    def take_action(self, states, explore):
        states = [torch.tensor([states[i]], dtype=torch.float, device=self.device)
                for i in range(self.num_agents)]
        return [agent.take_action(state, explore) for agent, state in zip(self.agents,
                states)]

    def update(self, sample, i_agent):
        obs, act, rew, next_obs, done = sample
```

```
        cur_agent = self.agents[i_agent]

        cur_agent.critic_optimizer.zero_grad()
        all_target_act = [onehot_from_logits(pi(_next_obs)) for pi, _next_obs in
            zip(self.target_policies, next_obs)]
        target_critic_input = torch.cat((*next_obs, *all_target_act), dim=1)
        target_critic_value = rew[i_agent].view(-1, 1) + self.gamma * cur_agent.
            target_critic(target_critic_input) * (1 - done[i_agent].view(-1, 1))
        critic_input = torch.cat((*obs, *act), dim=1)
        critic_value = cur_agent.critic(critic_input)
        critic_loss = self.critic_criterion(critic_value, target_critic_value.detach())
        critic_loss.backward()
        cur_agent.critic_optimizer.step()

        cur_agent.actor_optimizer.zero_grad()
        cur_actor_out = cur_agent.actor(obs[i_agent])
        cur_act_vf_in = gumbel_softmax(cur_actor_out)
        all_actor_acs = []
        for i, (pi, _obs) in enumerate(zip(self.policies, obs)):
            if i == i_agent:
                all_actor_acs.append(cur_act_vf_in)
            else:
                all_actor_acs.append(onehot_from_logits(pi(_obs)))
        vf_in = torch.cat((*obs, *all_actor_acs), dim=1)
        actor_loss = - cur_agent.critic(vf_in).mean()
        actor_loss += (cur_actor_out**2).mean() * 1e-3
        actor_loss.backward()
        cur_agent.actor_optimizer.step()

    def update_all_targets(self):
        for agt in self.agents:
            agt.soft_update(agt.actor, agt.target_actor, self.tau)
            agt.soft_update(agt.critic, agt.target_critic, self.tau)
```

现在我们来定义一些超参数，创建环境、智能体以及经验回放池并准备训练。

```
num_episodes = 5000
episode_length = 25 # 每条序列的最大长度
buffer_size = 100000
hidden_dim = 64
actor_lr = 1e-2
critic_lr = 1e-2
gamma = 0.95
tau = 1e-2
batch_size = 1024
device = torch.device("cuda" if torch.cuda.is_available() else "cpu")
update_interval = 100
minimal_size = 4000

env_id = "simple_adversary"
env = make_env(env_id)
replay_buffer = rl_utils.ReplayBuffer(buffer_size)
```

```
state_dims = []
action_dims = []
for action_space in env.action_space:
    action_dims.append(action_space.n)
for state_space in env.observation_space:
    state_dims.append(state_space.shape[0])
critic_input_dim = sum(state_dims) + sum(action_dims)

maddpg = MADDPG(env, device, actor_lr, critic_lr, hidden_dim, state_dims, action_dims,
        critic_input_dim, gamma, tau)
```

接下来实现以下评估策略的方法，之后就可以开始训练了！

```
def evaluate(env_id, maddpg, n_episode=10, episode_length=25):
    # 对学习的策略进行评估,此时不会进行探索
    env = make_env(env_id)
    returns = np.zeros(len(env.agents))
    for _ in range(n_episode):
        obs = env.reset()
        for t_i in range(episode_length):
            actions = maddpg.take_action(obs, explore=False)
            obs, rew, done, info = env.step(actions)
            rew = np.array(rew)
            returns += rew / n_episode
    return returns.tolist()

return_list = [] # 记录每一轮的回报(return)
total_step = 0
for i_episode in range(num_episodes):
    state = env.reset()
    # ep_returns = np.zeros(len(env.agents))
    for e_i in range(episode_length):
        actions = maddpg.take_action(state, explore=True)
        next_state, reward, done, _ = env.step(actions)
        replay_buffer.add(state, actions, reward, next_state, done)
        state = next_state

        total_step += 1
        if replay_buffer.size() >= minimal_size and total_step % update_interval == 0:
            sample = replay_buffer.sample(batch_size)
            def stack_array(x):
                rearranged = [[sub_x[i] for sub_x in x] for i in range(len(x[0]))]
                return [torch.FloatTensor(np.vstack(aa)).to(device) for aa in
                        rearranged]
            sample = [stack_array(x) for x in sample]
            for a_i in range(len(env.agents)):
                maddpg.update(sample, a_i)
            maddpg.update_all_targets()
    if (i_episode+1) % 100 == 0:
        ep_returns = evaluate(env_id, maddpg, n_episode=100)
        return_list.append(ep_returns)
```

```
        print(f"Episode: {i_episode+1}, {ep_returns}")

Episode: 100, [-139.85078880125366, 24.84409588589504, 24.84409588589504]

/content/rl_utils.py:17: VisibleDeprecationWarning: Creating an ndarray from ragged nested sequences (which is a list-or-tuple of lists-or-tuples-or ndarrays with different lengths or shapes) is deprecated. If you meant to do this, you must specify 'dtype=object' when creating the ndarray
  return np.array(state), action, reward, np.array(next_state), done

Episode: 200, [-105.11447331630691, -4.667816632926483, -4.667816632926483]
Episode: 300, [-31.04371751870054, 2.367667721218739, 2.367667721218739]
Episode: 400, [-25.856803405338162, -1.6019954659169862, -1.6019954659169862]
Episode: 500, [-14.863629584466256, -6.493559215483058, -6.493559215483058]
Episode: 600, [-11.753253499724337, 1.1278364537452759, 1.1278364537452759]
Episode: 700, [-12.55948132966949, 0.36995365890528387, 0.36995365890528387]
Episode: 800, [-11.204469505024559, 5.799833097835371, 5.799833097835371]
Episode: 900, [-12.793323601010943, 7.0357387891514716, 7.0357387891514716]
Episode: 1000, [-9.731828562147946, 5.203205531782827, 5.203205531782827]
Episode: 1100, [-8.510131349426718, 5.2461119857635135, 5.2461119857635135]
Episode: 1200, [-9.585692738161287, 6.777259476592237, 6.777259476592237]
Episode: 1300, [-9.826005870972006, 7.207743730178556, 7.207743730178556]
Episode: 1400, [-8.566589499183216, 6.2620796176791, 6.2620796176791]
Episode: 1500, [-8.543261572521422, 5.8545569515458755, 5.8545569515458755]
Episode: 1600, [-9.719611039111387, 6.136607469223544, 6.136607469223544]
Episode: 1700, [-8.2925932025312, 5.435361693227948, 5.435361693227948]
Episode: 1800, [-8.959067279108076, 5.990426636679429, 5.990426636679429]
Episode: 1900, [-8.8242500783286, 5.307928537097473, 5.307928537097473]
Episode: 2000, [-8.20281209652912, 5.689542567717828, 5.689542567717828]
Episode: 2100, [-9.04772055064216, 5.583820408577938, 5.583820408577938]
Episode: 2200, [-8.50059251561189, 5.6745737134871215, 5.6745737134871215]
Episode: 2300, [-6.878826441166284, 4.451387010062865, 4.451387010062865]
Episode: 2400, [-9.324710297045764, 5.414272587118738, 5.414272587118738]
Episode: 2500, [-8.215515333155677, 5.0714473072251085, 5.0714473072251085]
Episode: 2600, [-9.710948754211286, 5.945957102784014, 5.945957102784014]
Episode: 2700, [-6.95987837179912, 4.306175766599912, 4.306175766599912]
Episode: 2800, [-7.69945047297023, 4.63572107199487, 4.63572107199487]
Episode: 2900, [-7.640228784974167, 5.129701244255248, 5.129701244255248]
Episode: 3000, [-7.33452401443051, 4.234568124813538, 4.234568124813538]
Episode: 3100, [-7.561209771041727, 4.551318252296591, 4.551318252296591]
Episode: 3200, [-7.303825192093116, 4.1751459368803525, 4.1751459368803525]
Episode: 3300, [-7.4085041799390225, 4.324439976487989, 4.324439976487989]
Episode: 3400, [-8.831540597437234, 5.095912768930884, 5.095912768930884]
Episode: 3500, [-7.909255169344246, 4.814617328955552, 4.814617328955552]
Episode: 3600, [-8.102049625513107, 4.218137021221713, 4.218137021221713]
Episode: 3700, [-7.124044426425797, 4.22171591046473, 4.22171591046473]
Episode: 3800, [-9.855226095181644, 5.559444947358021, 5.559444947358021]
Episode: 3900, [-8.112882872673746, 4.601425710926074, 4.601425710926074]
Episode: 4000, [-7.7353843779903855, 4.842239161334104, 4.842239161334104]
Episode: 4100, [-7.877527887061531, 4.593953921896876, 4.593953921896876]
```

```
Episode: 4200, [-7.401751185392445, 4.52101055148277, 4.52101055148277]
Episode: 4300, [-8.233404140017905, 4.713286609882572, 4.713286609882572]
Episode: 4400, [-8.653939326472079, 5.184954272702421, 5.184954272702421]
Episode: 4500, [-9.767723118921353, 6.570082634111054, 6.570082634111054]
Episode: 4600, [-9.30060260689829, 5.242836047978754, 5.242836047978754]
Episode: 4700, [-8.964009029648428, 4.901113456984634, 4.901113456984634]
Episode: 4800, [-10.22982114177131, 5.669039384469422, 5.669039384469422]
Episode: 4900, [-10.568961308877448, 4.479337463298422, 4.479337463298422]
Episode: 5000, [-8.700993807143094, 4.4632810497979705, 4.4632810497979705]
```

训练结束，我们来看看训练效果如何。

```
return_array = np.array(return_list)
for i, agent_name in enumerate(["adversary_0", "agent_0", "agent_1"]):
    plt.figure()
    plt.plot(np.arange(return_array.shape[0]) * 100, rl_utils.moving_average
            (return_array[:, i], 9))
    plt.xlabel("Episodes")
    plt.ylabel("Returns")
    plt.title(f"{agent_name} by MADDPG")
```

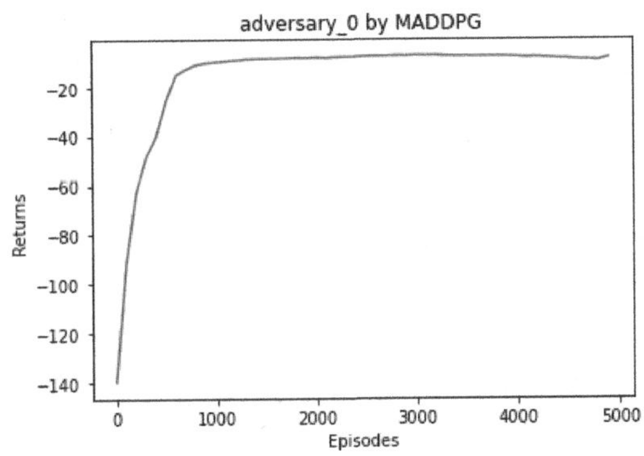

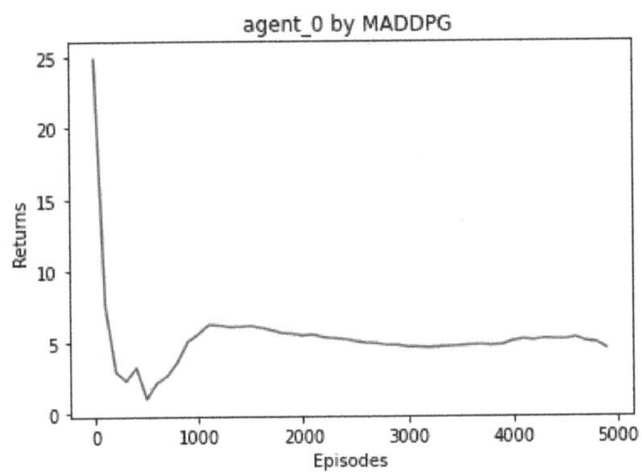

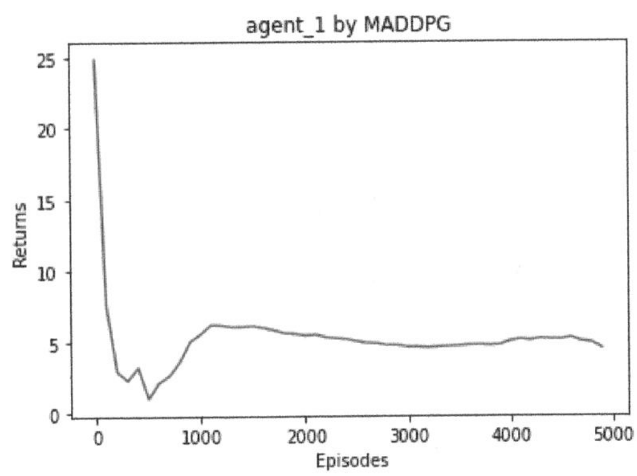

可以看到，正常智能体 agent_0 和 agent_1 的回报结果完全一致，这是因为它们的奖励函数完全一样。正常智能体最终保持了正向的回报，说明它们通过合作成功地占领了两个不同的地点，进而让对抗智能体无法知道哪个地点是目标地点。另外，我们也可以发现 MADDPG 的收敛速度和稳定性都比较不错。

21.4 小结

本章讲解了多智能体强化学习 CTDE 范式下的经典算法 MADDPG，MADDPG 后续也衍生了不少多智能体强化学习算法。因此，理解 MADDPG 对深入探究多智能体算法非常关键，有兴趣的读者可阅读 MADDPG 原论文加深理解。

21.5 参考文献

[1] LOWE R, WU Y, TAMAR A, et al. Multi-agent actor-critic for mixed cooperative-competitive environments [J]. Advances in neural information processing systems 2017, 30: 6379-6390.

[2] MPE benchmarks（参见 GitHub 网站中 google/maddpg-replication 项目的 maddpg_replication.ipynb 文件）.

总结与展望

总结

亲爱的读者，你已经完成了对本书内容的学习，包括：

- 强化学习基础中关于强化学习的基本概念和基础的表格型强化学习算法；
- 强化学习进阶中关于深度强化学习的思维方式、深度价值函数和深度策略学习方法；
- 强化学习前沿中关于模仿学习、模型预测控制、基于模型的策略优化、离线强化学习、目标导向的强化学习和多智能体强化学习。

至此，你已经掌握了强化学习的基本知识，更拥有了第一手的强化学习代码实践经验。

但我们要知道，对于强化学习的学习是无止境的，本书只是探索强化学习浩瀚世界的开始。近年来强化学习的科研进展极快，主流的机器学习和人工智能顶级学术会议超过五分之一的论文都是关于强化学习的，计算机视觉、智能语音、自然语言处理、数据挖掘、信息检索、计算机图形学、计算机网络等方向越来越多的学术会议和期刊的研究工作在使用强化学习来解决其领域中的关键决策优化问题。越来越多的企业开始在实际业务中使用强化学习技术，让它们的决策系统变得越来越智能，而一些以强化学习为核心技术的国内外初创公司则开始在业界崭露头角。几乎每天，我们都可以从各种渠道了解到强化学习技术最新的科研进展和产业落地情况，其中的很多成果都会让人眼前一亮。

展望：克服强化学习的落地挑战

再厉害的技术都需要通过落地服务人民来创造真正的价值。强化学习技术发展的总目标就是有效落地，从而服务于广泛的决策任务。本书作者以浅薄的学识，对强化学习的技术发展做出一些展望，希望能为读者在未来对于强化学习的学习、科研和落地应用提供一些帮助。

首先我们给出在强化学习算法研究方面的展望。

（1）*提升样本效率是强化学习一直以来的目标。*由于强化学习的交互式学习本质，策略或者价值函数是否能从交互得到的数据中获得有效的提升并没有保证，以至于强化学习算法总是存在样本效率低的问题（尤其是深度强化学习）。在本书的第三部分中，我们已经从多方面讨论了当前主流的提升强化学习样本效率的方法，包括模仿学习、基于模型的策略优化、目标导向的强化学习等。这些方法目前都是强化学习的前沿研究方向，但各自都具有较强的局限性。我们有理由相信，在未来的研究中，强化学习算法的样本效率会持续提升，最终在算力需求和数据采样需求方面都能降低到可观的水平。

（2）*在奖励函数并不明确的场景下学习有效的策略*。在标准的强化学习任务中，奖励函数总是确定的。在不少现实场景中，甚至人类也无法确定什么样的奖励函数是好的，但可以给出一个不错的行为控制。对于这个问题，模仿学习目前是一类主流的解决方案，主要方法包括行为克隆、逆向强化学习和占用度量匹配。尽管逆向强化学习和占用度量匹配在模仿学习的研究中占主体，但其训练过程复杂、训练不稳定等问题限制了其在实际场景中的广泛应用。近年来*自模仿学习*（self-imitation learning）的一些研究开始进入人们的视野，其基本框架就是最简单的行为克隆，但需要对学习的目标行为做一些筛选或者权重分配，进而在训练十分简单的前提下使学习策略的性能获得可观的提升。类似这样的方法有望在各种强化学习的实际场景中落地。

（3）*以离线的方式学习到一个较好的策略*。我们在本书中讨论到，离线强化学习使得智能体能从一个离线的经验数据中直接学习到一个较好的策略，在此过程中智能体不和环境交互。从理论上讲，这样的离线强化学习任务极大地拓展了强化学习适用的场景，但现在主流的离线强化学习研究仍然假设离线数据较为丰富，并且探索性较强，对学习到的策略总能完成在线的测试。这样的研究设定其实并不现实，根据离线强化学习评测平台 NeoRL 给出的评测结果，在离线数据较少、行为策略较为保守并且缺乏在线测试条件的情况下，大多数离线强化学习无法奏效。以学习的方式构建一个高仿真度的模拟器，进而对策略进行评测和训练，可能是一条有效的路线。

（4）*真实世界中的分布式决策智能快速发展*。场景中经常出现不止一个智能体，例如多人游戏、无人驾驶、物品排名等场景。在多智能体场景下，有效训练智能体和其他智能体之间的协作和对抗策略具有很高的挑战性，而直接评估一个具体的策略则没有太大的意义，因为给定当前策略，对手总是能训练出专门克制该策略的策略。目前刚刚兴起的一种有效的解决方案是开放博弈中的种群训练，博弈双方或多方通过构建自己的策略池以及训练采样单个策略的元策略，在开放博弈中寻找元策略的均衡点，从而得到总体不败的元策略和对训练算法的总体评估。然而，此类方法的计算复杂度过高，对算法和算力都提出了更高的要求。近期出现的流水线 PSRO 算法以及 MALib、OpenSpiel 等计算框架有望让开放博弈下的多智能体强化学习取得突破，服务于真实世界中的分布式决策任务。

此外，我们也从工业落地的具体角度，浅谈强化学习落地的实际挑战。一方面，强化学习的技术门槛较高，具备成功落地强化学习完成智能决策任务能力的工程师较少；另一方面，对具体的场景任务的领域知识的了解程度对于有效落地强化学习算法十分重要。因此，我们认为克服强化学习落地的实际挑战有两种路线。

（1）*自动化的强化学习*。在强化学习任务中需要进行选择，包括场景的设定、算法的选择、模型架构的设计、学习算法的超参数规划等。如果能设计一套自动搜索最佳选择的解决方案，则有望大幅度降低强化学习的落地使用门槛。在深度学习任务中，自动化的网络架构搜索、超参数调优等工作已经被证明能有效地自动学习超越人类设计的模型，这类方法被称为自动机器学习（automated machine learning，AutoML）。这样的思路对于强化学习的落地自然是很有希望的，但是自动化的强化学习很可能会耗费极大的算力，因为相比于深度有监督学习，深度强化学习中单个策略的训练已经需要高于一个数量级以上的算力了，那么自动化的强化学习则需要比 AutoML 耗费更多的算力。

（2）**培养深入各个场景一线的强化学习工程师。**另外一个可以使强化学习平民化的路线其实更加直接，即积极培养针对不同实际场景的强化学习工程师。长期深入具体场景一线的工程师能够精准地把握强化学习问题的具体设定，例如奖励函数的设计、策略的限制、数据量是否足够、场景的探索是否充分等要素，从而通过人类智慧高效地完成强化学习的训练任务。本书则希望为强化学习工程师的培养略尽绵薄之力。

中英文术语对照表与符号表

中英文术语对照表

中文术语	英文术语
贝尔曼方程	Bellman equation
贝尔曼期望方程	Bellman expectation equation
贝尔曼最优方程	Bellman optimality equation
边缘化	marginalization
变分自动编码器	variational auto-encoder
伯努利分布	Bernoulli distribution
部分可观测马尔可夫博弈	partially observable Markov games
策略迭代	policy iteration
策略评估	policy evaluation
策略梯度	policy gradient
策略提升	policy improvement
次线性	sublinear
动作价值函数	action-value function
多臂老虎机	multi-armed bandit
多项分布	multinomial distribution
多智能体强化学习	multi-agent reinforcement learning
复合误差	compounding error
高斯分布	gaussian distribution
共轭梯度	conjugate gradient
广义策略迭代	generalized policy iteration
广义优势估计	generalized advantage estimation
轨迹	trajectory
过高估计	overestimation
黑塞矩阵	Hessian matrix
霍夫丁不等式	Hoeffding's inequality
基线函数	baseline function
基于策略的方法	policy-based method

续表

中文术语	英文术语
基于模型的强化学习	model-based reinforcement learning
基于值函数的方法	value-based method
价值迭代	value iteration
累积懊悔	cumulative regret
离线策略	off-policy
离线强化学习	offline reinforcement learning
利用	exploitation
马尔可夫过程	Markov process
马尔可夫奖励过程	Markov reward process
马尔可夫决策过程	Markov decision process
马尔可夫性质	Markov property
蒙特卡洛	Monte-Carlo
目标导向的强化学习	goal-oriented reinforcement learning
偶然不确定性	aleatoric uncertainty
认知不确定性	epistemic uncertainty
熵	entropy
上置信界	upper confidence bound
时序差分	temporal difference
事后经验回放	hindsight experience replay
试错型学习	trial-and-error learning
随机打靶法	random shooting method
随机过程	stochastic process
探索	exploration
汤普森采样	Thompson sampling
外推误差	extrapolation error
完全去中心化训练	fully decentralized training
完全中心化训练	fully centralized training
无模型的强化学习	model-free reinforcement learning
信任区域	trust region
序列	episode
压缩算子	contraction operator
样本效率	sample efficiency
优势函数	advantage function
在线策略	on-policy
占用度量	occupancy measure
中心化训练去中心化执行	centralized training with decentralized execution
重参数化技巧	reparameterization trick
状态动作对	state-action pair
状态访问分布	state visitation distribution
状态价值函数	state-value function
最大熵强化学习	maximum entropy RL

符号表

符号	含义
$\mathcal{S}$	状态空间
$\mathcal{A}$	动作空间
$r(\boldsymbol{s})$、$r(\boldsymbol{s},\boldsymbol{a})$	奖励函数
P	状态转移函数
p	概率密度函数
γ	折扣因子
π	策略
π^*	最优策略
$\boldsymbol{S}_t$	时刻 t 的状态的随机变量
$\boldsymbol{s}_t$、$\boldsymbol{s}_j$	具体的状态取值
$\boldsymbol{A}_t$	时刻 t 的动作的随机变量
$\boldsymbol{a}_t$、$\boldsymbol{a}_j$	具体的动作取值
R_t	时刻 t 获得的奖励的随机变量
r_t	具体的奖励取值
G_t	时刻 t 开始获得的回报的随机变量
$\rho^{\pi}(\boldsymbol{s},\boldsymbol{a})$	策略 π 的占用度量
$\nu^{\pi}(\boldsymbol{s})$	策略 π 的状态访问分布
$V^{\pi}(\boldsymbol{s})$	策略 π 的状态价值函数
$V^*(\boldsymbol{s})$	最优状态价值函数
$Q^{\pi}(\boldsymbol{s},\boldsymbol{a})$	策略 π 的动作价值函数
$Q^*(\boldsymbol{s},\boldsymbol{a})$	最优动作价值函数
$A^{\pi}(\boldsymbol{s},\boldsymbol{a})$	策略 π 的优势函数
$A^*(\boldsymbol{s},\boldsymbol{a})$	最优优势函数
E	期望函数